科技大讲堂丛书

UML软件建模技术

基于IBM RSA工具 第2版·微课视频版

高科华 吴银婷◎主编

李　娜 邝楚文 肖国金 高国宏◎副主编

U0387698

清华大学出版社

北京

内 容 简 介

本书是一本软件建模技术方面的实用教程，基于软件的开发过程，以软件开发者的视角，利用著名的 IBM Rational Software Architect 软件建模工具，带领读者学习 UML 软件建模技术。本书中全新的讲解方式使得复杂的知识不再难以学习。本书的主要内容有为什么需要 UML 建模、UML 建模工具、UML 与面向对象开发方法、需求分析建模阶段的用例模型、系统分析建模阶段的分析模型、系统设计建模阶段的设计模型、RSA 对系统实现阶段的支持、RSA 数据库建模、综合实训等。

本书的最大特点是理论与实际操作有机结合，实训任务丰富，图文并茂，深入浅出，讲解详尽，实践性强。本书可作为大专院校计算机软件工程、软件技术、计算机应用技术、计算机信息管理、软件与信息服务等相关专业的教材，也可作为广大软件行业从业人员（程序员、系统设计师、系统分析员、系统架构师、需求分析师、软件开发经理等）进行 UML 建模实践的参考指南。

图书在版编目（CIP）数据

UML 软件建模技术：基于 IBM RSA 工具：微课视频版/高科华，吴银婷主编. —2 版. —北京：清华大学出版社，2023.7

（清华科技大讲堂丛书）

ISBN 978-7-302-63160-6

Ⅰ．①U… Ⅱ．①高… ②吴… Ⅲ．①面向对象语言－程序设计－教材 Ⅳ．①TP312

中国国家版本馆 CIP 数据核字（2023）第 047794 号

责任编辑：黄 芝 李 燕
封面设计：刘 键
责任校对：郝美丽
责任印制：朱雨萌

出版发行：清华大学出版社
    网 址：http://www.tup.com.cn, http://www.wqbook.com
    地 址：北京清华大学学研大厦 A 座   邮 编：100084
    社 总 机：010-83470000   邮 购：010-62786544
    投稿与读者服务：010-62776969，c-service@tup.tsinghua.edu.cn
    质量反馈：010-62772015，zhiliang@tup.tsinghua.edu.cn
    课件下载：http://www.tup.com.cn，010-83470236

印 装 者：北京国马印刷厂
经 销：全国新华书店
开 本：185mm×260mm   印 张：16.75   字 数：408 千字
版 次：2017 年 3 月第 1 版 2023 年 7 月第 2 版   印 次：2023 年 7 月第 1 次印刷
印 数：8001～9500
定 价：59.80 元

产品编号：097782-01

本书自第 1 版出版发行以来,得到了兄弟院校师生的认可。一些将本书选作教材的教师对本书寄予了厚望,期待本书的再版,并提出了宝贵的修改意见。编者将收到的建议都记录下来,进行了认真的思考。一本好书的出版,需要作者精心策划、写作,更离不开编者与读者的互动交流。借此机会,特向对本书提出宝贵意见的教师表示衷心的感谢!

本书第 2 版与第 1 版相比,主要有如下不同。

(1) 对第 3 章的内容进行了重新组织和改写,增加了"软件架构、框架和设计模式"一节。与第 6 章增加的"设计模式的应用"一节前后呼应。

(2) 第 4～6 章的实训任务是本书的重要内容之一,其目的在于提高学生运用 UML 基础知识解决实际问题的能力。本书以"IBM Rational Architecture Management Software Model Structure Guidelines"为指导,结合"图书管理系统"的参考实现,使得第 4～6 章的实训任务更接近于软件开发实战。第 4～6 章的实训任务是"图书管理系统"软件建模参考,读者应当在此基础上完成"图书管理系统"的软件建模。

(3) 在第 6 章增加了"设计模式的应用"一节。"设计模式"是面向对象分析与设计的重要内容,一些院校开设了专门的"设计模式"课程,且有专门的"设计模式"的教材可供选用。但在已经出版的与"UML 软件建模"相关的教材中涉及"设计模式"内容的还没有见到。值得一提的是,IBM RSA 工具对"设计模式"应用的支持,为人们学习和应用"设计模式"提供了一个新的方式。编者认为,"设计模式"的应用是建立设计模型的重要方法。软件技术专业新的人才培养方案将"UML 软件建模技术"课程更名为"UML 与设计模式",反映了本专业在课程改革方面的思考。2022 年 6 月编者恰好被一所兄弟院校软件技术专业聘请为专业建设委员会专家,在审议其人才培养方案时看到该院校也开设了"UML 与设计模式"课程,印证了我们的课程改革方向是正确的。

(4) 增加了课程资源——"图书管理系统"的参考实现,并且在第 7 章增加了一个利用"图书管理系统"的参考实现的实训任务。"图书管理系统"的参考实现使用了 Spring Boot、Thymeleaf、BootStrap、JQuery、MyBatis、MySQL 等技术。"图书管理系统"的参考实现既可用作"UML 软件建模"类课程的综合实训素材,也可以用作"Spring Boot Web 应用开发"类课程的综合实训素材。通过使用"图书管理系统"的参考实现可以使读者更好地理解软件建模与软件实现的关系,将 UML 软件建模技术应用于解决实际问题。希望读者能以第 4～6 章的实训任务和"图书管理系统"的参考实现为基础,提出一个毕业设计的参考模板。

（5）图书配套资源是图书的重要组成部分,第2版将提供更多的配套资源(包括覆盖全书内容的完整的微课视频、"图书管理系统"的参考实现等)。

希望我们的努力不负期望,欢迎读者继续批评指正。

编　者

2023 年 1 月

　　软件开发从单个人的"艺术创造"到按软件工程思想组织的软件开发团队的集体制品贯穿了软件技术的发展历程,推动软件开发技术进步的思想其实很简单,就是提高开发效率、保证软件质量、按时交付软件产品。现在,从结构化方法到面向对象技术,虽然已经出现了很多软件开发方法,但软件开发技术进步的脚步并没有停止,并使软件技术不断进步,知识更新的速度很快。例如,从著名的 Rational Rose 支持 UML 1.4 到 IBM Rational Software Architect 支持 UML 2.0。作者在多年教授软件建模技术课程的过程中发现,现有的教材大多数还是使用 UML 1.4 和 Rational Rose,甚至关于 IBM Rational Software Architect 的参考书也很少。一些教材没有很好地考虑高职院校和软件行业从业人员的实际情况,使读者被众多的 UML 图搞得云里雾里,费了很大的劲儿学完后还是不知道如何在实际的软件开发过程中应用软件建模技术。一些人对软件建模技术的作用认识不足,认为软件建模是软件设计师的工作,高职院校主要培养的是程序员。其实,UML 是所有软件行业的从业人员(程序员、系统设计师、系统分析员、系统架构师、需求分析师、软件开发经理等)的沟通工具。软件开发团队的成员有些来自其他专业,例如,需求分析师一般是领域专家(熟悉某一业务的资深人士,如财务管理专家、销售管理专家、生产管理专家等)。UML 主要应用于软件系统,也可应用于其他复杂系统。在国外,也有为其他专业开设 UML 建模的课程。基于作者多年在企业带领软件开发团队实践 UML 建模的成功经验和多年在高职院校教授软件建模技术对 UML 的深刻认识,作者感到非常有必要写一本真正适合高职院校学生的 UML 建模方面的教材,并为软件开发任务繁重的软件行业从业人员提供一种实用的 UML 建模指南的书籍。这就是作者编写这本书的目的。

本书内容

　　第1章　为什么需要 UML 建模,简要介绍软件工程、UML 的起源,明确学习目的。

　　第2章　UML 建模工具,介绍了常用的 UML 建模工具,重点介绍了 IBM Rational Software Architect 软件建模工具。

　　第3章　UML 与面向对象开发方法,简要介绍了面向对象开发方法及与 UML 的关系。

　　第4章　需求分析建模阶段的 UML 图,重点介绍了业务需求建模阶段的 UML 图的用途、绘制方法。

　　第5章　系统分析建模阶段的 UML 图,重点介绍了系统分析建模阶段的 UML 图的用途、绘制方法。

　　第6章　系统设计建模阶段的 UML 图,重点介绍了系统设计建模阶段的 UML 图的用途、绘制方法。

第 7 章　RSA 对系统实现阶段的支持,重点介绍了模型与代码转换的双向工程,简要介绍了模型驱动的软件开发方法。

第 8 章　RSA 数据库建模,重点介绍了数据库建模的用途和方法。

第 9 章　综合实训,提供了完整的综合实训案例,给出了详细的建模步骤。

本书特色

本书的主要特色如下。

(1) Rational Rose 只支持 UML 1.4,IBM 在收购了 Rational 后在 Rational Rose 的基础上开发了 IBM Rational Software Architect(RSA),RSA 支持 UML 2.0。RSA 的版本还在不断更新,使学生可以跟上技术进步的步伐。

(2) IBM Rational Software Architect 8.5.1 有中文版,易于高职院校的学生学习,不会产生畏难情绪。

(3) 通过 RSA 的操作理解 UML 概念,真正做到"理论够用,重在培养技能"。

(4) 从软件开发者的角度,按照软件开发过程讲解 UML 图,使得所学内容更实用。

(5) RSA 对软件开发全过程的支持,特别是对模型驱动开发 MDD 的支持,使学生了解软件开发方法的新进展。

(6) 通过掌握面向对象开发方法与 UML 应用,使学生认识到比编程语言和开发工具更重要的是编程思想。

读者对象

大专院校计算机软件工程、软件技术、计算机应用技术、计算机信息管理、软件与信息服务等相关专业的学生;高等院校(专科、本科)相关专业有意加入软件行业的学生;软件行业从业人员(程序员、系统设计师、系统分析员、系统架构师、需求分析师、软件开发经理等)。

作者分工

刘小郎:负责第 1、2 章的编写。

李娜:负责第 3 章、第 8 章的编写。

吴银婷:负责第 4、5 章的编写。

李观金:负责第 6、7 章的编写。

高科华:负责第 9 章的编写,全书的策划,统编全稿。

致谢

感谢清华大学出版社的大力支持,才使得这本教材(国内第一本用 IBM RSA 讲解UML 软件建模技术的高校教材)早日面世。感谢惠州经济职业技术学院信息工程学院院长薛晓萍教授的鼓励、指导,才使得惠州经济职业技术学院软件工程课程组勇于创新,在课程建设方面取得了初步的成绩,本书就是课程组的教研成果之一。

编　者

2017 年 2 月

目 录

源码下载

第1章

为什么需要UML建模

知识目标

- 了解什么是 UML。
- 理解在软件开发中为什么需要 UML。

技能目标

- 利用网络获取 UML 标准的最新信息。

要回答"为什么需要 UML 建模",就必须对计算机的发展历史、软件工程的概念和 UML 的概念有所了解。

1.1 软件工程概述

观看视频

计算机系统包含硬件系统和软件系统。1946 年,第一台通用电子计算机 ENIAC 在美国诞生,宣告了一个新的时代的到来。计算机技术,特别是计算机硬件技术的发展很快,晶体管计算机、集成电路计算机和超大规模集成电路计算机相继诞生。英特尔(Intel)公司的创始人之一戈登·摩尔(Gordon Moore)提出:当价格不变时,集成电路上可容纳的元器件的数目,每隔 18～24 个月便会增加一倍,性能也将提升一倍。换言之,每一美元所能买到的计算机性能,将每隔 18～24 个月提高一倍以上。人们将戈登·摩尔提出的这一现象称为摩尔定律,这一定律揭示了计算机硬件技术进步的速度。相对于硬件系统而言,软件系统的发展却相对滞后,已经成为计算机系统发展的瓶颈。

1.1.1 软件工程的产生

在计算机系统发展的早期(20 世纪 60 年代中期以前),通用硬件相当普遍,而软件却是为每个具体应用专门编写的。那时的"软件"通常是规模较小的程序,程序编写者和使用者往往是同一个人(或同一组人),除了程序源代码以外,没有任何程序设计的文档。

从 20 世纪 60 年代中期到 70 年代中期是计算机系统发展的第二个时期,这个时期的一个重要特征是出现了"软件作坊","软件作坊"专门针对用户的需求编写程序,采用的仍然是早期的个体化软件开发方式。随着计算机应用的普及,应用的范围更加广泛,用户对软件的需求越来越多,软件的复杂程度越来越高,程序维护的难度越来越大,软件项目的成本得不到控制,许多软件开发项目不得不以失败而告终。这样就出现了所谓的"软件危机"。

"软件危机"是指落后的软件生产方式无法满足日益增长的计算机软件需求,从而导致在软件开发和维护的过程中出现了一系列严重的问题。

"软件危机"的主要表现如下。

(1) 对软件开发成本和进度的估计常常很不准确。

(2) 用户对"已完成的"软件系统不满意的现象经常发生。

(3) 软件产品的质量得不到保证。

(4) 软件常常是不可维护的。

(5) 软件开发的生产效率非常低。

产生"软件危机"的原因主要有以下几点。

(1) 用户需求不明确。

(2) 软件开发过程缺乏正确的理论指导,缺乏有力的方法学和工具方面的支持。

(3) 软件产品是一种特殊的产品。软件不同于硬件,它是计算机系统中的逻辑部件而不是物理部件。

(4) 软件规模越来越大。

(5) 软件复杂程度越来越高。

为了消除"软件危机",人们开始研究"软件"和软件开发方法。随着人们认识的深入,"程序""程序+说明书""程序+数据+文档"就是计算机发展的不同时期人们对软件的界定。1983年,电气与电子工程师协会(Institute Electrical and Electronics Engineers,IEEE)为软件下的定义是:计算机程序、方法、规则、相关的文档资料以及在计算机上运行程序时所必需的数据。

随着人们对"软件"和软件开发方法研究的不断深入,逐渐形成了一门新的学科——软件工程。

1.1.2　什么是软件工程

人们曾经给软件工程下过许多定义。其中,1993年,IEEE给出的一个定义是:"软件工程是:①把系统的、规范的、可度量的方法应用于软件、运行和维护过程,也就是把工程应用于软件;②研究①中提到的方法。"

概括地说,软件工程是指导计算机软件开发和维护的一门工程学科。采用工程的概念、原理、技术和方法开发与维护软件,把经过时间检验的正确的管理技术和开发方法结合起来,其目的是提高软件的开发效率,确保软件满足质量要求。

软件工程具有下述的本质特性。

(1) 软件工程关注的是大型程序的构造。

(2) 软件工程的中心课题是控制复杂性。

(3) 软件经常变化。

(4) 开发软件的效率非常重要。

(5) 和谐地合作是开发软件的关键。

(6) 软件必须有效地支持它的用户。

(7) 在软件工程领域中通常由具有一种文化背景的人替具有另一种文化背景的人创造产品。

自从1968年在一次国际会议上正式提出并使用"软件工程"这个术语以来,研究软件工程的专家学者陆续提出了100多条关于软件工程的准则或"信条"。著名的软件工程专家巴利·玻姆(B. W. Boehm)综合这些学者们的观点并总结了汤普森-拉莫-伍尔德里奇(Thompson-Ramo-Wooldridge)公司多年开发软件的经验,于1983年在一篇论文中提出了软件工程的如下7条基本原理。

(1) 用分阶段的生命周期计划严格管理。

(2) 坚持进行阶段评审。

(3) 实行严格的产品控制。

(4) 采用现代程序设计技术。

(5) 结果应能清楚地审查。

(6) 开发小组的人员应该少而精。

(7) 承认不断改进软件工程实践的必要性。

B. W. Boehm认为这7条原理是确保软件产品质量和开发效率的最小原理集合。这7条原理是相互独立的,其中任意6条原理的组合都不能代替另一条原理。这个最小原理集合是完备的,意思是之前提出的100多条软件工程原理都可以由这7条原理的组合蕴含或派生。

软件工程包括技术和管理两方面的内容。软件工程大致上是沿着这两个方向同时进行的。

软件工程发展的第一个方向是从软件开发管理的角度,希望实现软件开发过程的工程化。内容包括软件度量、项目计划、成本估算、进度控制、人员组织、配置管理。这方面最著名的成果是"瀑布式"生命周期模型。软件工程发展的第二个方向是软件开发技术,即对软件开发过程中分析、设计的方法的研究,主要内容包括软件开发方法学、软件工具和软件工程环境等。这方面的重要成果是20世纪70年代风靡一时的结构化开发方法。

1.1.3　软件生命周期

同其他任何事物一样,一个软件产品或软件系统也要经历孕育、诞生、成长、成熟、衰亡等阶段,一般称为软件生命周期(Software Life Cycle,SLC)。如果把整个软件生命周期划分为若干阶段,使得每个阶段都有明确的任务,则可以使规模大、结构复杂和难于管理的软件开发项目变得容易控制和管理。概括地说,软件生命周期由软件定义、软件开发和运行维护3个时期组成。每个时期又可进一步划分成若干阶段。一般来说,软件生命周期包括如下阶段。

(1) 问题定义。

(2) 可行性分析。

(3) 需求分析。

(4) 总体设计。

(5) 详细设计。

(6) 编码和单元测试。

(7) 综合测试。

(8) 软件维护。

软件生命周期阶段的划分不是一成不变的,采用不同的开发模型,就会有不同的阶段划分方法。

1.1.4 软件过程

软件过程是为了获得高质量软件所需要完成的一系列任务的框架,它规定了完成各项任务的工作步骤。换句话说,软件过程描述了为了开发出满足客户需要的软件,什么人(Who)、在什么时间(When)、做什么事(What)、如何做(How)这些事,以实现某一特定的具体目标。

软件生存周期或称软件生命周期是软件的产生直到报废的生命周期,周期内有问题定义、可行性分析、总体描述、系统设计、编码、调试和测试、验收与运行、维护升级到废弃等阶段。这种按时间划分过程的思想方法是软件工程中的一种思想原则,即按部就班、逐步推进,每个阶段都要有定义、工作、审查、形成文档以供交流或备查,以提高软件的质量。"过程"指一系列活动、任务和它们之间的关系,它们共同把一组输入转换成所需要的输出。"活动"是一个过程的组成元素。"任务"是构成活动的基本元素,由若干任务构成一项活动。

软件生存周期过程是指软件生存周期所涉及的一系列活动、任务和它们之间的关系。ISO/IEC 12207—2008《软件生存周期过程》和GB/T 8566—2001《信息技术 软件生存周期过程》是软件生存周期过程的标准化文件。软件生存周期过程也可简称为软件过程。

软件过程是软件工程研究的主要内容之一。可以说,软件工程就是研究使用什么工具、采用什么方法、按照什么过程开发软件系统。随着软件工程的发展,人们提出了各种软件过程模型。

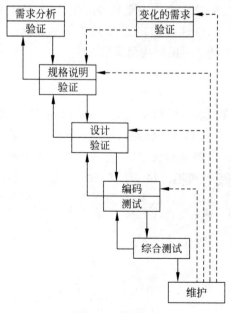

图 1.1　瀑布模型

1. 瀑布模型

瀑布模型的核心思想是阶段性地评审和验证,每一阶段结束时都要给出完整的文档。该模型的缺点是缺乏灵活性,后一阶段出现的问题需要通过前一阶段的重新确认来解决,如图 1.1所示。

2. 螺旋模型

螺旋模型把软件开发过程组成为一个逐步细化的螺旋周期,每经历一个周期,系统就得到进一步地细化和完善;整个模型紧密围绕开发中的风险分析,推动软件设计向深层扩展和求精。该模型要求开发人员与用户能经常直接进行交流,通常用来指导内部发行的大型软件项目的开发,如图 1.2 所示。

3. 增量模型

增量模型是一种渐进式的模型。第一个增量构件往往实现软件的基本需求,提供最核心的功能。其优点是能在较短的时间内向用户提交可完成部分工作的产品,如图 1.3 所示。

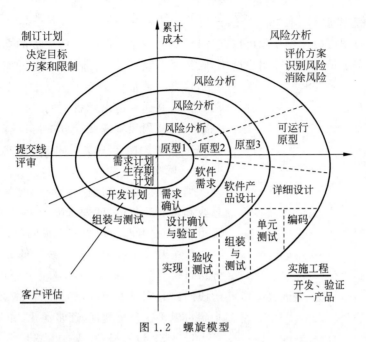

图 1.2 螺旋模型

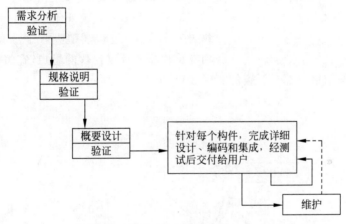

图 1.3 增量模型

4. 迭代模型

迭代模型是一种渐进式的模型。迭代模型与增量模型既相似又不同。

假设现在要开发 A、B、C、D 四个大的业务功能,每个功能都需要开发两周的时间。使用增量方法,可以将四个功能分为两次增量来完成,第一次增量完成 A、B 功能,第二次增量完成 C、D 功能;而使用迭代开发方法则是分两次迭代来开发,第一次迭代完成 A、B、C、D 四个基本业务功能,但不含复杂的业务逻辑,第二次迭代再逐渐细化补充完整相关的业务逻辑。

就对风险的消除而言,增量和迭代模型都能够很好地控制前期的风险,但迭代模型在这方面更有优势。迭代模型可以更多地从总体方面思考系统问题,一开始就给出相对完善的框架或原型,后期的每次迭代都是针对上次迭代的逐步精化。

5. 快速原型模型

快速原型模型可快速建立起可以在计算机上运行的程序,它所完成的功能往往是最终产品功能的一个子集。通过让用户试用,收集反馈意见,从而进一步获取准确的需求。

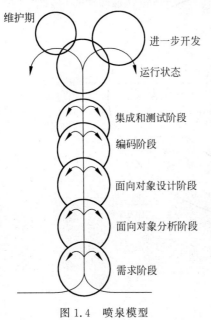

图1.4 喷泉模型

这是一种很好的启发式方法,可以快速地挖掘用户需求并达成需求理解上的一致。当用户没有信息系统的使用经验或系统分析员没有过多的需求分析和挖掘经验时,这种方法将非常有效。

6. 喷泉模型

喷泉模型认为软件生命周期的各个阶段是相互重叠和多次反复的,就像水喷上去又可以落下来,水既可以落在中间,也可以落在最底部。

整个开发过程中都使用统一的概念"对象"进行分析,使用统一的概念和符号表示分析设计过程,各阶段间没有明显的边界,即"无缝"衔接,因此各开发步骤可以多次反复迭代,逐步深化,如图1.4所示。

7. MSF过程模型

MSF(Microsoft Solution Framework,微软公司解决方案框架)过程模型吸收了瀑布模型的里程碑和螺旋模型的反复迭代的思想,它将软件过程分为5个阶段,每个阶段结束时都有明确的交付成果,如图1.5所示。

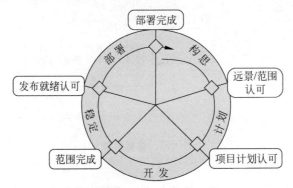

图1.5 MSF过程模型

8. 敏捷开发模型

敏捷开发是一种以人为核心,迭代、循序渐进的开发方法。在敏捷开发中,软件项目的构建被分成多个子项目,各个子项目的成果都经过测试,具备集成和可运行的特征。相比防守型的能力成熟度模型集成(Capability Maturity Model Integration,CMMI),敏捷是攻击型的,其3个特点是社会工程、轻量级、技术实践,换句话说就是以人为本、拥抱变化、持续改进。现在最流行的两种敏捷方法是Scrum和极限编程(Extreme Programming,XP)。实施Scrum相对简单一点,不像XP必须有深入的技术实践,Scrum的实践围绕一个迭代和增量的过程骨架展开,由3个角色、3种会议、3项工件组成。XP把软件开发变成自我管理的挑战,追求沟通、简单、反馈、勇气、尊重,其重要过程有测试驱动开发、持续集成、重构、现场客户、简单设计等。XP把软件开发过程重新定义为聆听、测试、编码、设计的迭代循环过程，确立了测试、编码、重构的软件开发管理思路。

9. 软件能力成熟度集成模型

软件能力成熟度集成模型以系统的框架来指导组织进行过程改进，提高了企业的质量管理素质。近几年来，很多企业都纷纷通过了CMMI 3或4级评估，使整个软件行业朝着规范化的方向发展，但同时也暴露出一些问题，如缺少有丰富实施经验的咨询团队、服务质量不高、盲目追求证书等。外包企业大多实施了CMMI，否则就会失去很多商机。

10. 统一软件过程

统一软件过程（Rational Unified Process，RUP）强调用例驱动，以架构为中心，划分多个模块并匹配相应的用例模型，一般会在IBM RSA、IBM Rational CLEARCASE（CC）、IBM Rational ClearQuest（CQ）等集成工具的辅助下进行迭代和增量开发。基于RUP的项目有4个阶段：起始、细化、构造、交付，每个阶段都会有一次或多次的迭代。RUP属于重量级过程方法而且过于理论化，从本质上说还是在强调设计和规范，仅针对一次迭代来说与传统的瀑布模式类似，不太适合小型项目。现在很多大中型企业针对不同类型的项目把RUP进行适当地裁减后也取得了很好的效果，这确实是一种可灵活适应的方法。

RUP过程模型由软件生命周期（4个阶段）和RUP的核心工作流构成一个二维空间。横轴表示项目的时间维度，包括4个阶段，纵轴表示工作流（活动）。RUP模型如图1.6所示。

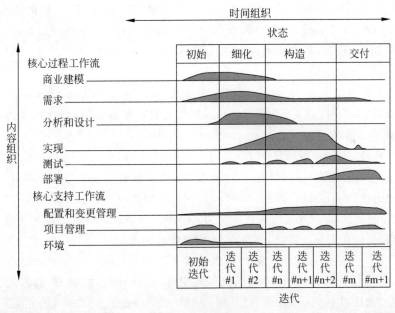

图1.6　RUP模型

1.2　UML概述

观看视频

UML（Unified Modeling Language，统一建模语言）是一种通用的、面向对象的、可视化建模语言。学习软件开发技术一定会接触到各种语言，UML是一种有别于其他程序设计语言的语言，它是一种软件设计语言，而程序设计语言是编程语言或实现语言。所谓软件设计语言更多关注的是对软件产品的设计描述,而不是具体实现。软件设计是软件产品的"蓝图",根据这个"蓝图",我们可以选择不同的编程语言实现软件产品。

1.2.1　UML 的产生和演变

随着面向对象编程语言的兴起,20 世纪 70 年代中期出现了面向对象的建模语言。从 1989—1994 年,这种设计语言的数量从不到十种猛增到五十多种。20 世纪 90 年代,一批新软件开发方法出现了,其中最引人注目的是 Booch 1993、OMT-2 和 OOSE 等。

格雷迪·布奇(Grady Booch)是面向对象方法最早的倡导者之一,他提出了面向对象软件工程的概念。1991 年,他将之前面向 Ada 语言的工作扩展到面向对象设计领域。Booch 1993 较适用于系统的设计和构造。

詹姆斯·伦堡(James Rumbaugh)等提出了面向对象的建模技术(Object Modeling Technique,OMT,一种软件开发方法),该方法采用了面向对象的概念,并引入各种独立于语言的表示符,同时使用对象模型、动态模型、功能模型和用例模型共同完成对整个系统的建模。

伊万·雅各布森(Ivan Jacobson)于 1994 年提出了面向对象的软件工程(Object-Oriented Software Engineering,OOSE)方法,该方法最大的特点是面向用例(Use-Case),并在用例的描述中引入了外部角色的概念。

此外,还有 Coad/Yourdon 方法,即著名的 OOA/OOD,它是最早的面向对象分析(Object Oriented Analyzing,OOA)和面向对象设计(Object Oriented Design,OOD)方法之一。该方法简单、易学,适合于面向对象技术的初学者使用,但由于该方法在处理能力方面的局限,目前已很少使用。

UML 的主要创始人是 James Rumbaugh、Ivan Jacobson 和 Grady Booch,他们最初都有自己的建模方法(OMT、OOSE 和 Booch),彼此之间存在着竞争。最终,他们联合起来创造了一种开放的标准。

1994 年 10 月,Grady Booch 和 James Rumbaugh 开始致力于这一工作。他们首先将 Booch 1993 和 OMT-2 统一起来,并于 1995 年 10 月发布了第一个公开版本,称为统一方法 UM 0.8(Unitied Method)。1995 年秋,OOSE 的创始人 Jacobson 加盟到这一工作。Booch、Rumbaugh 和 Jacobson 三人共同努力,于 1996 年 6 月和 10 月分别发布了两个新的版本,即 UML 0.9 和 UML 0.91,并将 UM 重新命名为 UML。

1996 年,将 UML 作为其商业策略的机构日趋增多。UML 的开发者得到了来自公众的正面反应,并倡议成立了 UML 成员协会,以完善、加强和促进 UML 的定义工作。当时的成员有 DEC、HP、I-Logix、Itellicorp、IBM、ICON Computing、MCI Systemhouse、Microsoft、Oracle、Rational Software、TI 以及 Unisys。这一机构对 UML 1.0(1997 年 1 月)及 UML 1.1(1997 年 11 月)的定义和发布起了重要的促进作用。

1997 年,对象管理组织(Object Management Group,OMG,www.omg.org)发布了统一建模语言。UML 的目标之一就是为开发团队提供标准通用的设计语言来开发和构建计算机软件。UML 提出了一套 IT 专业人员期待多年的统一的标准建模符号。通过使用 UML,这些人员能够阅读和交流系统架构和设计规划——就像建筑工人多年来所使用的建筑设计图一样。

2003年，UML已经获得了业界的认同。在国外应聘软件开发岗位的专业人员简历中，大约有75％都声称具备UML的知识。然而，面试官在同绝大多数求职人员面谈之后，可以明显地看出他们并不真正了解UML。通常地，他们仅将UML用作一个术语，或对UML一知半解。大家对UML缺乏理解，特别是在国内，UML的应用还任重道远。

2005年7月OMG发布了UML 2.0。2015年6月OMG发布了UML 2.5。2017年12月OMG发布了UML 2.5.1，详见UML官方网站。由此可见，UML仍在不断发展、完善中。它有两个主要版本，UML 1和UML 2，UML 1指的是UML规范1.1至1.5的所有版本，UML 2指的是UML规范2.0及更高版本。

1.2.2 UML的定义和特点

首先，UML融合了Booch、OMT和OOSE方法中的基本概念，而且这些基本概念与其他面向对象技术中的基本概念大多相同，因而，UML必然成为这些方法以及其他方法的使用者乐于采用的一种简单一致的建模语言；其次，UML不仅是上述方法的简单汇合，而且是在这些方法的基础上广泛征求意见，集众家之长，几经修改而完成的，它扩展了现有方法的应用范围；最后，UML是标准的建模语言，而不是标准的开发过程。尽管UML的应用必然以系统的开发过程为背景，但对于不同的组织和不同的应用领域，需要采取不同的开发过程。

作为一种建模语言，UML是一种标准的图形符号，它的定义包括UML语义和UML表示法两部分。

（1）UML语义：指UML元素符号代表的含义，UML的所有元素在语法和语义上提供了简单、一致、通用的定义和说明。使开发者能在语义上取得一致，消除了因人而异的最佳表达方式所造成的影响。此外，UML还支持元素语义的扩展。

（2）UML表示法：对UML每个元素符号的表示方法进行了规范。开发者和开发工具在使用这些图形符号时都遵循相应的UML符号的表示准则。

UML的主要特点如下。

（1）UML是统一的建模语言。UML统一了Booch、OMT和OOSE等方法中的基本概念。

（2）UML是非专利的第三代建模和规约语言。在开发阶段，UML语言用于说明、可视化、构建和书写面向对象软件制品。

（3）UML可应用于软件开发周期中的每一个阶段。OMG已将该语言作为业界的标准。

（4）UML适用于数据建模、业务建模、对象建模和组件建模。

（5）UML作为一种模型语言，它可以使开发人员专注于建立产品的模型和结构。当模型建立完成之后，模型可以被UML工具转化成指定的程序语言代码。

（6）UML具有强大的表达能力。UML的可扩展机制使得UML具有强大的表达能力。

1.2.3 UML的应用领域

UML的目标是以图的方式来表示任何类型的系统，该语言应用广泛。这种语言既可以用来为软件系统建模,也可以用来对非软件领域的其他复杂系统建模。

此外,UML适用于系统开发过程中从需求规格描述到系统完成后测试的不同阶段。在需求阶段,可以用用例来捕获用户需求,通过用例建模,描述用户感兴趣的系统功能;在静态分析阶段,主要识别系统中的类及其关系,并用UML类图来描述系统;在动态分析阶段,尝试组织多个对象,并构思对象的交互和协作,以实现和检验用例的可行性,此时可以用UML动态模型来描述。

编程是一个独立的阶段,其任务是用面向对象编程语言将设计阶段的类转换成实际的代码。在用UML建立分析和设计模型时,应尽量避免考虑把模型转换成某种特定的编程语言。因为在早期阶段,模型仅仅是理解和分析系统结构的工具,过早考虑编码问题十分不利于建立简单正确的模型。

UML模型还可作为测试阶段的依据。系统通常需要经过单元测试、集成测试、系统测试和验收测试。不同的测试小组使用不同的UML图作为测试依据:单元测试使用类图和类规格说明;集成测试使用组件图和部署图;系统测试使用用例图来验证系统的行为;验收测试由用户进行,以验证系统测试的结果是否满足在分析阶段时确定的需求。

总之,UML适用于以面向对象技术来描述任何类型的系统,而且适用于系统开发的不同阶段。

1.3 UML 建模

多年以来,业务分析人员、工程师、科学家,以及其他构建复杂结构或系统的专业人员已经为他们所构建的系统创建了模型。有时是物理模型,例如,飞机、房子或者汽车的按一定比例制作的实物大模型。有些模型是逻辑模型,如商业金融模型、市场贸易模拟以及建筑的设计图。不论是何种模型,模型作为一种抽象(即被构建的真实事物的近似代表)为人们处理复杂系统提供了一种工具。

模型是对现实世界中的物体或系统的简化或图形表示。例如,地球仪就是对地球的简化表示。建筑模型是对真实建筑物的简化表示。工程中的设计图纸,例如机器零件的设计图纸是对机器零件的图形表示。既然我们要用工程化的方法开发软件产品,自然就引入了软件模型的概念。统一建模语言(UML)可以用于对任何复杂的系统建模,最主要的还是对软件系统建模。

1.3.1 为什么软件开发需要 UML 建模

建模是管理软件开发复杂性的有效手段。使用UML给出软件的需求规格、总体设计、概要设计、详细设计等的图形表示,有助于参与软件产品开发的各方更好地交流、沟通、讨论。

多年以来,软件开发实践置于建模话题之外。由于其本质属性,软件易于创建和变更。几乎不需要固定设备,并且实际上没有制造成本。这些属性孕育了一种DIY(Do-It-Yourself)文化——每当需要时才进行构思、构建及变更,总之没有"最终"系统,那么为什么在编写代码之前还要进行构思呢?

今天,软件系统已经变得非常复杂。它们必须与其他系统进行集成,来运行日常生活中用到的对象。例如,汽车现在大规模装备了计算机及相关软件,用来控制从引擎和定速控制到所有新的车载导航和通信系统的各方面。软件还经常用于自动处理各种业务流程——例如,电子商务和电子政务中的各种业务流程。

一些软件提供与健康有关或财产有关的重要功能,这就使得开发、测试以及维护这样的软件必然很复杂。甚至那些在健康或者财产方面不是特别关键的系统,对于业务来说却非常关键。在许多组织中,软件开发已经不再是居于成本中心的孤立事物,而成为公司战略性业务流程的一个整体部分。对这些公司来说,软件已经成为市场竞争中一个关键因素。

由于很多方面的原因,开发者需要更好地理解他们正在构建什么,建模为此提供了有效的方法。同时,建模一定不要影响开发速度。客户和业务用户始终希望软件能够按时交付以及能够像所期望的那样具有随需应变的功效。

其他复杂的高风险系统建模的相同理由同样适用于软件——管理复杂性并理解设计和相关的风险。尤其是通过软件建模,开发人员能够实现如下目标。

- 在提交额外的资源需求之前创建并交流软件设计。
- 从设计追溯到需求阶段,有助于确保构建正确的系统。
- 进行迭代开发,在开发中,模型和其他的更高层次的抽象推动了快速而频繁的变更。

1.3.2 为什么一些开发人员不选择 UML 建模

尽管建模有许多优点,但是仍然有很大一部分软件开发人员不在比源代码更高的层次上进行任何形式的抽象。这是为什么呢?正如前面描述的那样,有时问题或者解决方案的实际复杂度无须建模。再一次重申,如果准备建造一间犬舍,根本就不需要雇用一个建筑师或者聘请一位建造者来做一系列的设计规格说明。但是在软件世界中,系统经常是开始时简单并且易于理解,在通过一系列成功实施的自然演进后,就变得越来越复杂。在其他情况中,开发人员不采用建模的简单理由是没有认识到建模的必要,直到很迟时才察觉到建模的必要。

许多人争论,软件建模的阻力更多的是来自文化上的因素而不是其他的。传统的程序员对于通常的编写代码的技术非常擅长。甚至遭遇到预期之外的复杂情况时,大多数开发人员仍然坚持使用他们的集成开发环境(Integrated Development Environment,IDE)和调试工具,以及在问题上花费更多的时间。因为建模需要额外的培训和工具,并且相应地需要额外的时间、财力和工作量上的投入——不是正式开发工作的时间,而是在项目开发生命周期早期的时间。传统开发人员在这方面不超前的原因在于,他们认为建模将减慢他们的速度。

1.3.3 何时进行 UML 建模

为复杂的软件系统建模有助于软件系统的开发。在以下特定情况下,建模工作是值得的。

(1) 为了更好地理解手头上的业务情况或工程情况(as-is 模型)并且为了设计更好的系统(to-be 模型)。

(2) 为了构建和设计系统的构架。

(3) 为了创建可视化代码和其他实施形式。

建模不主张全有或全无(All-Or-Nothing)。模型可以在软件开发过程的很多方面发挥作用。图1.7描述了实践模型驱动开发的方法的使用范围。

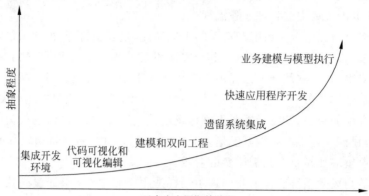

图1.7　实践模型驱动开发的方法的使用范围

在图1.7中,纵轴表示的是抽象程度,横轴表示的是软件开发过程的各个阶段。

1. 集成开发环境

在建模的最自由的概念中,集成开发环境可以看作模型驱动开发实践的入口点。现在的集成开发环境在创建和维护代码方面提供了许多提高抽象层次方面的机制。有许多工具,例如,语言敏感的编辑器、导航器、表单生成器和其他图形用户界面(Graphical User Interface,GUI),在更严格的术语上讲都不算是模型。但是,它们能够提高源代码之上的抽象层次,提高开发人员的生产率,帮助创建更可靠的代码,以及提供更高效的维护过程。所有的这些属性都是模型驱动开发的本质。

2. 代码可视化和可视化编辑

基本IDE功能之上的一个功能是以图形的方式对源代码进行可视化处理。在这里,从某个意义上说,一幅图片的功效相当于1000行代码,开发人员已经有过使用代码之上的图形形式抽象的多年经验。传统的程序流程图就是描述代码算法控制流的常见方法。结构图或者甚至简单的带箭头的方块图经常在白板上使用——方框代表函数和子程序,箭头用来表明调用的依赖关系等。在面向对象的软件开发中,可以用类图来描述各个类之间的关系,用时序图表示类之间的调用关系。

与代码可视化处理联系最密切的是可视化编辑,其中开发人员可以通过图形的方式替代惯用的IDE文本窗口来编辑代码。可视化编辑很适合那些对其他代码有系统性影响的变更。例如,在一个面向对象的系统中,该系统有与继承体系有关的一组类,类的某些特性(域成员、方法或者函数)或许随着应用程序的进行需要重新组织到不同的类中(该过程称为重构)。使用通常的代码编辑器指定这样的变更常常要做很多简单重复的操作,并且很容易出错。但是一个有效的可视化编辑器就会允许开发人员将成员函数从一个类中拖放到它的基类中,并且自动调整这种变更所影响的所有代码。

从某种意义上说,代码可视化和可视化编辑是简单地查看和编辑代码的替代方法。代码所做的变更会立即反映到与其相关联的图中,反之亦然。尽管一些人可能争论说这些描述不能构成"模型",建模的本质是抽象,并且任何代码的可视化确实也是一种抽象——有选择地揭示一些信息同时隐藏一些不必要的和不需要的细节。许多从业人员更愿意使用诸如代码模型,实施模型或特定平台模型(Platform-Specific Model,PSM)来限定这些抽象,而不使用与代码无直接关系的其他建模的更高层次的抽象形式。

3. 建模和双向工程

建模工作的下一步是新兴的模型驱动开发。开发人员在明确了需求以后,根据建模方法把需求变成高层次的分析模型,进而得到设计模型,由设计模型可以生成代码框架。最后在 IDE 中完成系统的详细编码。模型和代码是同步的,这意味着由模型可以生成代码;反过来,由代码也可获得模型。

4. 遗留系统集成

当开发人员准备集成系统时,无论是遗留系统还是新系统,他们必须首先正确地理解这些系统,知道业务如何与这些系统协同工作,并且为这些集成划分优先级。对遗留系统进行建模并不意味着要将整个系统或者它的所有的组件都包括进去;但是,开发人员应该理解遗留系统的构架,它们如何工作以及它们如何同其他系统进行交互。理解系统行为及其他的软件对该系统的依赖情况将有助于确定下一个步骤。

为遗留系统建模有很多方法。开发人员可以使用反向工程将代码放到模型中来理解它们,还可以手工建模或者两者结合起来使用。

5. 快速应用程序开发

快速应用程序开发(Rapid Application Develop,RAD)早在 20 世纪 80 年代就问世了。其宗旨是简单地提供生成代码和维护代码的高生产率的方法。RAD 是通过易于使用的、高级 IDE 的图形功能来实现的。RAD 和以代码为中心的开发及模型驱动开发不同,它提高了代码之上抽象的层次,但是它本身并没有使用"模型"。

6. 业务建模与模型执行

在了解软件的需求之前,业务人员和工程分析员经常发现创建系统如何工作的 as-is 模型大有作用。从该模型中,他们能够分析哪些发挥了作用,哪些有待改进。特殊用途的工具能够通过几种关键变量(如时间、成本以及资源)来模拟这些模型。在分析中,可以创建 to-be 模型来描述新的、经过改善的过程是如何工作的。一般来说,实现新的过程需要新的软件开发,并且 to-be 模型是保证开发的关键动力。

对某些应用领域来说,to-be 模型经过严格限定,以至于可以从模型生成完整的应用程序。在这种抽象层次上建模的能力提供了两方面的最大潜力,一方面是生产率;另一方面是业务或工程问题域和技术或实现域之间的集成。

1.3.4 如何进行 UML 建模

软件行业采用统一建模语言 UML 作为表示模型和相关产品的标准方法。软件构架师,设计人员以及开发人员在设计、可视化、构建和文档化软件系统的各个方面使用 UML。来自 IBM Rational 的主要领导者引领了最初 UML 的发展。今天,UML 由对象管理组织管理,该组织由来自全世界的代表组成,确保它的规格说明能够不断满足软件社区的动态需要。采用标准的表示法,例如 UML,是将模型驱动方法引入软件开发中的一个重要步骤。

UML 不仅是一个图形化的表示法标准,也是一种建模语言。同所有语言一样,UML 定义了语法(包括图形和文本)和语义(符号和文本的根本含意)。将 UML 作为一种真正的建模语言而不仅仅是标准的表示法,对于两方面来说都很重要,一方面是标准化 UML 的使用;另一方面是确保自动化工具能够正确实施符号背后的规则。UML 是一种真正的建模语言,已经成为软件行业最公认的及最广泛使用的建模标准。

进行 UML 建模最重要的是将 UML 应用于软件开发的各个阶段,不论是手绘 UML 图还是用建模工具绘制 UML 图,都能从建模中获得好处。当然,为了提高建模的工作效率,一般采用软件工具(如 IBM RSA)进行 UML 建模。

思考题

1. 什么是 UML?

2. 当前 UML 标准的版本是多少?

3. UML 在软件开发中的作用是什么?

4. UML 与程序设计语言有什么区别?

5. 为什么需要 UML?

实训任务

访问 UML 官方网站,利用网络获取 UML 标准的最新信息,写一篇网络调研报告。

第2章

UML建模工具

知识目标
- 了解常用的 UML 建模工具。

技能目标
- 掌握 RSA 的安装和使用基础。

第 1 章已经介绍了建模是管理软件开发复杂性的有效手段,UML 是标准的建模语言,它提供了一套标准的图形符号,它的定义包括 UML 语义和 UML 表示法两部分。我们只要遵照 UML 标准就可以进行 UML 建模,例如,手工绘制图形符号。但是,为了提高建模的效率,还必须有建模工具软件。随着 UML 的出现和发展,建模工具也越来越多。本章将介绍一些常用的建模工具,并重点介绍 IBM RSA。

2.1 RSA 与 RUP

"工欲善其事,必先利其器",IBM 的建模工具 RSA 与 RUP 关系密切,本节先介绍什么是 RSA 及 RSA 的安装方法,然后介绍 RSA 与 RUP 的关系。

2.1.1 什么是 RSA

经典的 UML 建模工具当数 Rational Rose。IBM 收购了 Rational 后,在 Rational Rose 的基础上开发了 IBM Rational Software Architect(简称为 IBM RSA 或 RSA),因此,Rational Rose 只支持 UML 1.4。而 RSA 支持 UML 2.0 及以上版本。

IBM Rational Software Architect 是一个高级而又全面的应用程序设计、建模和开发工具,用于实现端到端的软件交付。最新版更新了最新的设计和建模技术,对于 BPMN2、SOA 和 Java Enterprise Edition 5 相关的工程技术提供了全面支持,还提供了与 IBM 的应用程序生命周期管理解决方案相集成的一流工具。详见 IBM 官方网站。

迄今为止,IBM RSA 的主要版本有 8.5.1、9.5.0、9.6.0、9.6.1、9.7.0。

相信大多数 Java 程序员都知道 Eclipse,Eclipse 是 IBM 投入一千多万美元开发的新一代集成开发环境。后来 IBM 为了更好地推广 Eclipse 项目,把它无偿捐献给了开源社区。而 IBM RSA 正是基于 Eclipse 的。RSA 既是建模工具,也是一个非常全面的开发工具,使得 RSA 可支持软件开发的全过程,从需求分析,到系统分析和设计,再到实现。RSA 支持

UML 2.0、Java/C/C++和模型驱动开发。

2.1.2　RSA 的安装

观看视频

本书以 IBM Rational Software Architect 8.5.1 为例,介绍 RSA 的使用。因为是中文版本,此处不详细介绍安装步骤,仅指出安装过程中需要注意的问题。从安装过程,也可了解到许多与软件开发相关的知识。

安装过程说明如下。

(1) 安装前可能需要暂时退出杀毒软件。

(2) 需要安装 Java 开发工具包(Java Development Kit,JDK)并设置环境变量 JAVA_HOME。

(3) 因为 RSA 功能非常强大,包含多个软件包。如图 2.1 所示,用户可以根据需要选择安装软件包。

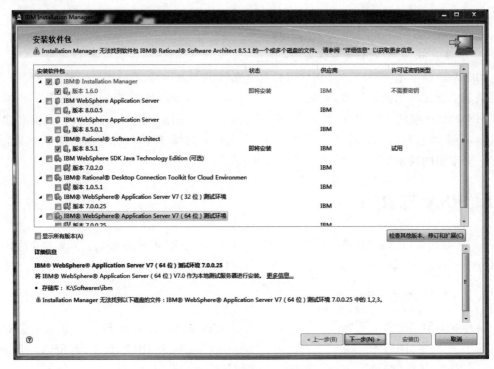

图 2.1　选择安装软件包

即使只选择安装 IBM Rational Software Architect,包含的功能部件仍然非常多。用户可以根据需要选择要安装的功能部件。对于大多数开发者来说,可能对如下功能部件感兴趣。

- Architect(最小化)。
- MDD for Java(标准化)。
- MDD for Microsoft.NET。
- UML 模式。
- Microsoft.NET 体系结构、开发自动化和可视化。
- 可扩展性和基于模式的工程。

- Rational Rose 模型导入。
- Visio(导入 UML 图)。
- Struts 模型驱动开发。
- Web 开发者工具。
- 企业开发者工具 Maven。
- Hibernate 建模与转换。
- Spring 核心建模与转换。
- 模拟工具箱。

(4) 可以根据自己的 Windows 版本选择 32 位或 64 位系统。Windows 7 可以选择 32 位或 64 位系统,Windows 10 只能选择 32 位系统。

2.1.3　在 RSA 中应用 RUP

在第 1 章已经介绍过,RUP 是一种软件过程。而 RSA 是一种建模工具,也是一种集成开发工具。RSA 可以辅助开发者应用 RUP 进行迭代和增量开发。RUP 是有效使用 UML 的指南。RUP 能对大部分开发过程提供自动化的工具支持,RUP 以适合于大范围项目和机构的方式捕捉了许多现代软件开发过程的最佳实践。

RUP 描述了如何为软件开发团队有效地部署经过商业化验证的软件开发方法。它们被称为最佳实践不仅仅因为可以精确地量化它们的价值,还因为它们被许多机构成功地运用。为使开发团队有效利用最佳实践,RUP 为团队的每个成员提供了必要的准则、模板和工具指导,RUP 的 6 个最佳实践如下。

- 迭代式开发。
- 需求管理。
- 使用基于构件的体系结构。
- 可视化软件建模。
- 验证软件质量。
- 控制软件变更。

RSA 不强制用户一定要使用 RUP 开发软件,但是,RSA 提供了遵循 RUP 的 UML 模型模板(例如,用例包、RUP 分析包、企业 IT 设计包等模型模板),为用户在软件开发过程中应用 RUP 提供了方便。

2.2　RSA 使用基础

观看视频

RSA 是基于 Eclipse 的可视化建模工具,熟悉 Eclipse 的读者一定不会对它感到陌生。和 Eclipse 一样,RSA 由几个透视图构成,每个透视图包含若干视图和编辑器,它们互相配合完成一个独立的工作。其中视图用来浏览、创建、删除和修改模型中的元素,编辑器用来显示和编辑模型中的各种图。

2.2.1　在 RSA 中创建 UML 项目

IBM RSA 既是一个建模工具,也是一个开发工具。因此用户可以在 IBM RSA 中创建不同类型的项目,如 Java 项目、Maven 项目、UML 项目等。用户要进行 UML 建模,当然应该选择创建 UML 项目。创建 UML 项目的步骤如下。

(1) 执行"文件"→"新建"→"其他"命令,打开"选择向导"窗口,如图 2.2 所示。

图 2.2 "选择向导"窗口

(2) 在"选择向导"窗口中展开"建模"选项,选择"UML 项目"选项,单击"下一步"按钮,此时将弹出"创建模型项目"窗口,如图 2.3 所示。

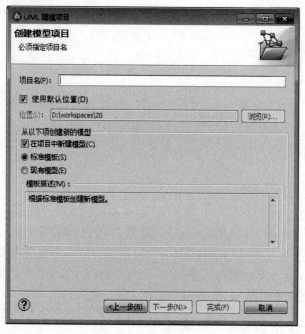

图 2.3 "创建模型项目"窗口

（3）在"创建模型项目"窗口的"项目名"文本框中输入项目名，如 Test。其他选项用默认值。这些默认值的含义分别是，勾选"使用默认位置"复选框表示项目文件存储在工作空间文件夹下；勾选"在项目中新建模型"复选框表示项目创建成功后，接着在项目下创建模型，否则只创建不包含模型的项目，以后再向项目中添加模型；选中"标准模板"单选按钮表明在创建模型时选择 IBM RSA 预置的模型标准模板。单击"下一步"按钮，将弹出"创建模型"窗口，如图 2.4 所示。

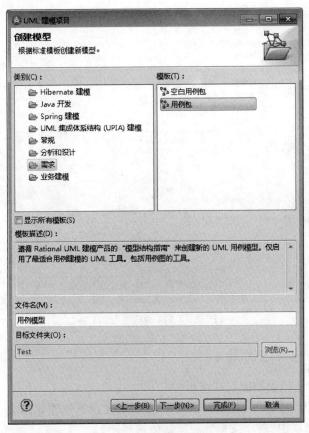

图 2.4　"创建模型"窗口

（4）在"创建模型"窗口中，首先选择类别，然后选择类别下的模板。如果需要，可以勾选"显示所有模板"复选框。例如，选择"需求"类别下的"用例包"模板。此时在"文件名"文本框显示的是模型文件默认的文件名——用例模型，用户可以根据需要修改模型文件的文件名。单击"下一步"按钮，将弹出"模型功能"窗口，如图 2.5 所示。

（5）在"模型功能"窗口中，可以通过在"功能"列表项中选择复选框改变此模型的 UI 可视性，例如决定此模型中可以有哪些 UML 图。模型模板为用户预设了模型的 UI 可视性，通常只需使用默认值。单击"完成"按钮即可完成项目的创建。

UML 项目下包含模型，模型由 UML 图组成，UML 图由 UML 元素组成。这就是 UML 项目的基本构成。

用户可以使用 IBM RSA 的导入、导出功能，导入或导出 UML 项目，就像在 Eclipse 中所做的那样。

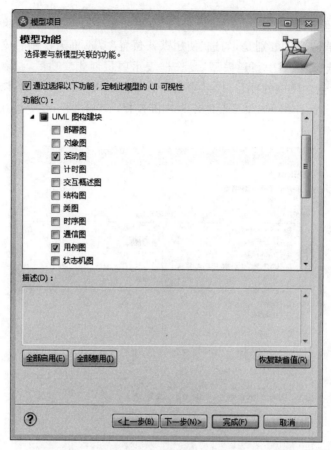

图 2.5　"模型功能"窗口

2.2.2　RSA 建模透视图

RSA 启动后的主界面如图 2.6 所示。

打开"项目资源管理器"中的 UML 图后,默认的建模透视图如图 2.7 所示(可以通过执行"窗口"→"复位透视图"命令来重置成默认的透视图)。

从图 2.7 中可以看到,RSA 的默认透视图由标题栏、菜单栏、工具栏和工作区组成。默认的工作区由 5 部分组成,左侧上部是"项目资源管理器",列出了当前工作区中的所有项目及各项目下的所有元素,用户可以在这里任意导航。左侧下部是大纲视图区,中间是编辑区,右侧是选用板,它是 RSA 建模过程中非常有用的工具,所有的 UML 元素都能在这里找到。值得注意的是,选用板的内容是根据打开的 UML 图的类别而变化的,换句话说,编辑什么 UML 图,需要用到哪些 UML 元素,这些元素才会出现在选用板中。选用板是可以隐藏的,其他 4 部分是用最小化图标隐藏,选用板是用右上角的箭头图标隐藏。隐藏的目的是使得中间的编辑区更大,便于编辑 UML 图。下方是"属性"和"状态"视图。"属性"视图显示了当前选中元素的可用属性。基本上每个"属性"视图都会有几个"页签",各页签中会将不同的属性进行分组,方便用户查找。

在透视图上方的工具栏中列出了很多有用的工具,可以帮助用户更快地建模。另外,右击也会出现悬浮式菜单,能帮助用户快速地建模。

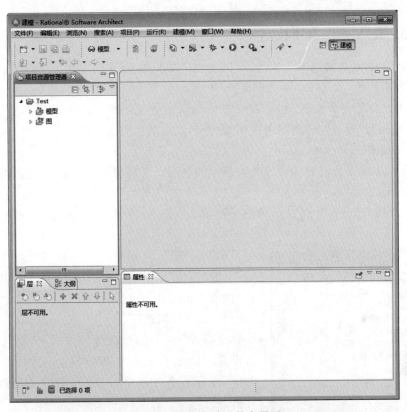

图 2.6 RSA 启动后的主界面

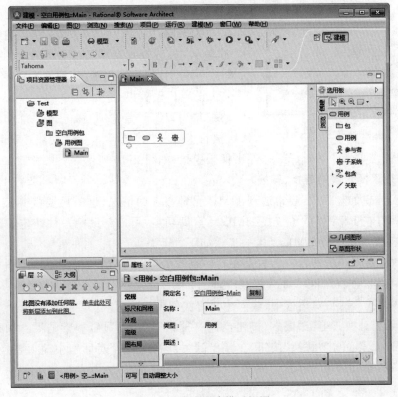

图 2.7 默认的建模透视图

2.2.3 RSA操作常用技巧

掌握RSA的一些常用操作技巧,可以使用户在使用RSA时收到事半功倍的效果。

1. 重置透视图

RSA中包含了很多视图,初学者一不小心就可能关闭或隐藏了透视图中的视图。这时,可以通过执行"窗口"→"复位透视图"命令重置成默认的透视图。

2. 打开视图

用户还可以根据自己的需要打开未显示的视图。下面以打开"属性"视图为例,打开视图的步骤如下。

(1) 依次执行"窗口"→"显示视图"→"其他"命令,将弹出"显示视图"窗口,如图2.8所示。

图2.8 "显示视图"窗口

(2) 在"显示视图"窗口中,展开"常规",双击"常规"下的"属性"或选择"属性",再单击"确定"按钮,"属性"视图就出现在当前透视图中。

3. 设置全局选项

全局选项可以通过执行"窗口"→"首选项"命令进行设置。RSA有很多首选项,设置方法类似,以下仅举两例,读者完全可以举一反三,掌握全局选项的设置方法。

1) 设置字体和颜色

依次执行"窗口"→"首选项"命令,在弹出的"首选项"窗口中,选择"常规"→"外观"标签,选择"颜色和字体"选项卡,再选择想要修改颜色和字体的编辑器,然后单击"编辑"按钮进行设置,如图2.9所示。

2) 设置代码模板

执行"窗口"→"首选项"命令,在"首选项"窗口中,依次执行Java→"代码样式"→"代码模板"命令,可以在"代码模板"选项卡中编辑、导入、导出代码模板,如图2.10所示。

4. UML建模元素的查找、替换

在RSA建模的过程中,经常遇到UML元素很多的情况,这时想要找到某个UML元素较费时间,好在RSA提供了查找UML元素的功能,可以帮助用户快速定位想要查找的UML元素。查找或替换UML元素的步骤如下。

(1) 在"项目资源管理器"中,右击在其中查找的包,在弹出的快捷菜单中执行"查找/替换"命令,将弹出"查找/替换"对话框,如图2.11所示。

(2) 在"查找/替换"对话框中,输入想要查找的UML元素。

(3) 搜索或替换。单击"搜索"按钮,将在"搜索"视图中显示搜索结果。如果想要替换搜索的UML元素,单击"替换"按钮,在弹出的"搜索并替换"对话框中输入替换内容,然后单击"替换"或"全部替换"按钮,如图2.12所示。

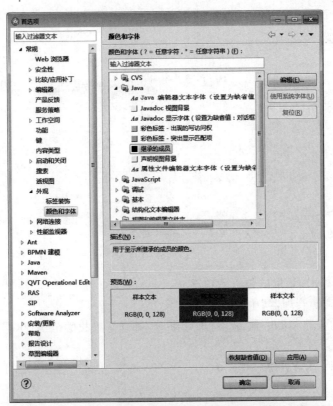

图 2.9　在"首选项"窗口设置颜色和字体

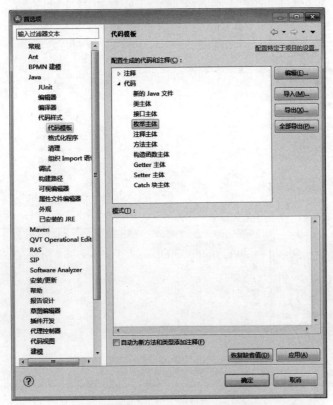

图 2.10　在"首选项"窗口设置代码模板

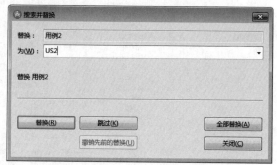

图 2.11　"查找/替换"对话框　　　　　　　　图 2.12　"搜索并替换"对话框

5. 如何知道 UML 元素的被引用情况

(1) 在"项目资源管理器"中,右击 UML 元素。

(2) 在弹出的快捷菜单中执行"建模引用"→"并选择查找的范围(工作空间/封入项目/封入模型/工作集)"命令。

(3) 在透视图下方的"搜索"页签中显示了引用该建模元素的 UML 元素,如图 2.13 所示。

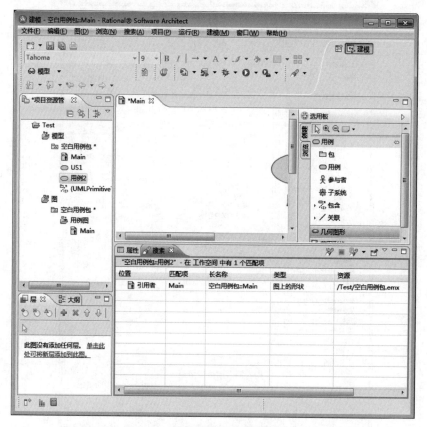

图 2.13　透视图下方的"搜索"页签

2.3 其他 UML 建模工具的简介

随着软件工程的发展,软件行业对软件建模工作越来越重视。越来越多的公司开发了软件建模工具。软件建模工具可以分为两类:商业的(收费的)和开源的(免费的)。本节将介绍一些有代表性的软件建模工具。

观看视频

2.3.1 IBM Rational Rhapsody

IBM® Rational® Rhapsody®产品家族提供了多个版本来帮助系统工程师及嵌入式软件开发人员分析、设计、开发、测试和交付嵌入式及实时系统与软件。

对于系统工程师来说,Rational Rhapsody Architect for Systems Engineers 基本版带来了采用 SysML/UML 的需求分析管理功能,包括了可用于商业案例的 Parametric Constraint Evaluation 模块。Rational Rhapsody Designer for Systems Engineers 基本版还包括了设计验证模拟功能。

对于软件开发人员来说,Rational Rhapsody Architect for Software 版提供了逆向工程和支持 C、C++、Java 和 C♯ 的代码框架生成功能。Rational Rhapsody Developer 版还额外提供了可视化开发环境,可以支持目标嵌入式实时操作系统(RTOS)的 C、C++、Java 和 Ada 行为代码生成。

Rhapsody 原来是美国 I-Logix 公司的著名产品,该公司被 IBM 公司收购后,Rhapsody 成为 IBM 公司旗下的软件产品。Rhapsody 现在是 IBM 工程生命周期管理工具产品家族的一员。IBM 工程生命周期管理工具包括需求管理工具(DOORS)、系统建模工具(Rhapsody)、测试管理工具(ETM)、工作流程管理工具(EWM)、生命周期优化工具(ELO)和智能需求质量助手(RQA)。详见 IBM 官方网站。

2.3.2 PowerDesigner

PowerDesigner 最初由王晓昀(XiaoYun Wang)在 SDP Technologies 公司开发完成。PowerDesigner 基于 Sybase 的企业建模和设计解决方案。该方案采用模型驱动方法,将业务与 IT 结合起来,可帮助部署有效的企业体系架构,并为软件开发周期管理提供强大的分析与设计技术。PowerDesigner 独具匠心地将多种标准数据建模技术(UML、业务流程建模以及市场领先的数据建模)集成一体,并与 .NET、WorkSpace、PowerBuilder、Java、Eclipse 等主流开发平台集成起来,从而为传统的软件开发周期管理提供业务分析和规范的数据库设计解决方案。此外,它支持 60 多种关系数据库管理系统版本。PowerDesigner 运行在 Microsoft Windows 平台上,并提供了 Eclipse 插件。

PowerDesigner 先是被 Sybase 公司收购,Sybase 后又被 SAP 公司收购。著名的 ERP 软件 SAP 就是 SAP 公司的主要产品。PowerDesigner 由此成为 SAP 公司旗下的软件。

详见 PowerDesign 官方网站。

2.3.3 Visio

Visio 是微软 Office 产品家族的一员,是一个强大的图表制作工具,可以迅速创建专业图表。最新版 Visio 包含了 70 个内置模板和不计其数的形状,它们符合以下各项图表的行业标准的要求。

（1）业务图表，例如日程表、数据透视图和组织结构图。

（2）流程图，例如跨职能流程图、IDEF0（流程建模集成定义）、BPMN（业务流程建模和标注）2.0 和 Microsoft SharePoint 工作流。

（3）IT 图表，例如 ITIL（信息技术基础设施库）、Active Directory、详细网络图和机架图。

（4）软件和数据库图表，例如数据库表示法、网站地图和 UML 2.4。

（5）运营图表，例如六西格玛、管线和管路规划以及价值流图。

（6）工程图，例如电子、电路和系统图。更新的模板包括符合电气和电子工程师协会（IEEE）法规要求。

（7）地图和平面布置图，例如 HVAC（暖通空调）、办公室布局、现场平面图和空间规划。更新的模板包括 600 多个现代风格的形状和 400 个智能形状，它们有助于提高工作效率。

详见微软官方网站。

2.3.4　Enterprise Architect

Enterprise Architect 是一个全功能的、基于 UML 的 Visual CASE 工具，主要用于设计、编写、构建并管理以目标为导向的软件系统。它支持用户案例、商务流程模式以及动态的图表、分类、界面、协作、结构以及物理模型。此外，它还支持 C++、Java、Visual Basic、Delphi、C♯ 以及 VB. Net。

Enterprise Architect 功能很多，其中包括强大的数据库建模、系统工程和仿真、业务流程建模、应用程序可视化、先进的模型驱动架构等。使用了下列内建变换。

- C♯
- DDL
- EJB
- Java
- JUnit
- NUnit
- WSDL
- XSD

详见 Enterprise Architect 官方网站。

2.3.5　TOGETHER

TOGETHER 是美国 Borland 公司提供的建模工具，功能包括领先的建模平台、统一的建模语言、模型驱动架构和数据建模。在软件开发领域，Borland 公司几乎是高品质软件代名词！DOS 时代 Borland Turbo C/C++独领风骚，风靡全球，是 DOS 时代最强大的开发工具。Borland Delphi 也曾经风靡一时。Borland 公司从著名的编程工具供应商转型为软件开发生命周期软件供应商，以及众多其他软件开发生命周期软件供应商的崛起，由此我们可以得出结论：软件建模在软件开发过程中越来越重要；20 世纪学程序设计语言，21 世纪学编程思想和软件开发工具。详见 TOGETHER 官方网站。

2.3.6 一些免费的建模工具

除了上述商业建模软件以外,还有众多的开源建模工具。

(1) StarUML:是一个免费的开源 UML 项目,可以用于开发快速、灵活、可扩展、多功能的 UML/MDA 平台。此项目运行在 Win32 平台之上。StarUML 项目的目标是成为 Rational Rose、Together 等商业 UML 工具的替代者。详见其官网。

(2) Netbeans UML Plugin:NetBeans UML 插件目前支持以下 UML 图,即活动图、类图、时序图、状态图及用例图。可以在图编辑器中排列图、拖曳图案和类等。

(3) Eclipse UML2 Tools:UML2 工具是一系列基于 GMF 的编辑器,可以查看并编辑 UML 模型。这个工具专注自动生成所有 UML 图类的编辑器。

(4) Visual Paradigm:为软件工程师、系统分析员、商业分析员、系统建筑师设计的一个 UML CASE 工具。详见其官网。

(5) TinyUML:是一个免费工具,用于简单快速地创建 UML2 图。它在 Java 平台上运行,需要 Java SE 6 及以上。详见其官网。

值得注意的是,Java 平台的开发工具 Eclipse、NetBeans 和 Oracle 的 JDeveloper 都提供了对 UML 的支持,.NET 平台的开发工具微软的 Visual Studio 也提供了对 UML 的支持。

思考题

1. 请列出你所了解的 UML 建模工具有哪些,说明它们各自有什么特点。

2. 什么是 RSA? RSA 支持 UML 的版本是什么?

3. 请列出你所知道的支持 UML 的软件开发集成开发环境。

实训任务

安装 RSA,记录安装过程和应注意的问题,写出 RSA 软件安装说明书。

第3章

UML与面向对象开发方法

知识目标

- 理解面向对象的概念。
- 掌握面向对象建模的基本步骤。
- 理解面向对象的分析与设计方法。
- 理解面向对象的实现方法。
- 理解 UML 面向对象建模与面向对象实现的关系。

技能目标

- 能够利用已有知识学习新知识。

学习过面向对象程序设计语言(如 Java、C++)的人对面向对象的概念已经有了一定的了解。本章将简要复习面向对象的概念,并介绍面向对象分析与设计、面向对象建模等面向对象技术。

3.1 面向对象技术

观看视频

20 世纪 60 年代中期以来,基于计算机的系统规模越来越大,系统的复杂性也不断增加,人们很难把握软件开发过程,开发出来的软件的质量越来越难以保证,软件生产率急剧下降。由于大型软件开发的工程性和实际开发工作中手工性的不相适应,出现了软件危机。为解决上述问题,在 1968 年的北大西洋公约学术会议上提出了软件工程的思想,希望采用工程方法来开发软件。多年来这一思想逐步为人们所重视,其发展迅速,并取得了令人瞩目的成就。但这一时期该领域采用的方法主要是结构化的分析与设计方法,这种方法对现代日益复杂的软件开发而言存在严重的不足,由此产生的软件危机并未真正得到解决。因此,人们又开始设法寻找一种新的有效途径来解决这一问题。

3.1.1 面向对象的概念

自 20 世纪 60 年代出现至今,面向对象技术已成为一种完整的思想与方法体系,并且在计算机领域中得到广泛应用,如在程序设计中的面向对象程序设计,在人工智能中的面向对象知识表示,在数据库中的面向对象数据库,在人机界面中的面向对象图形用户界面,在计算机体系结构中的面向对象结构体系等都有突出表现。由于面向对象技术在软硬件开发方面呈现出巨大的优越性,人们将其视为解决软件危机的一个很有希望的突破口。

　　面向对象的方法启发人们从现实世界中客观存在的事物出发构造软件系统,并在系统构造过程中尽可能地运用人的自然思维方式。它强调直接以问题域中的事物为中心来思考问题、认识问题,并根据这些事物的本质特征把它们抽象为解空间中的对象,以对象作为系统的基本构成单位。这样可以使系统直接映射问题域,最大限度地保持问题域中的事物及其相互关系的本质,使得解空间和问题域能够在结构上尽可能取得一致。这样做就向减少语义断层的方向迈出了一大步,在许多系统中解空间对象都可以直接模拟问题空间的对象,因此,这样的程序易于理解和维护。

　　面向对象方法比以往的方法更接近人类的自然思维方式。虽然结构化开发方法也采用了符合人类思维习惯的原则与策略,但是与传统的结构化开发方法不同,面向对象方法更加强调运用人类在日常生活中的逻辑思维中采用的思想方法,并以其他人也能理解的方式将自己的思想表达出来。

　　面向对象的软件技术以对象(object)为核心,用这种技术开发出的软件系统由对象组成。对象是对现实世界实体的正确抽象,它是由描述内部状态、表示静态属性的数据,以及可以对这些数据施加的操作(表示对象的动态行为)封装在一起所构成的统一体。对象之间通过传递消息互相联系,以模拟现实世界中不同事物彼此之间的联系。

　　面向对象的设计方法与传统的面向过程的方法有本质不同,这种方法的基本原理是,使用现实世界的概念抽象地思考问题从而自然地解决问题。它强调模拟现实世界中的概念而不强调算法,它鼓励开发者在软件开发的绝大部分过程中都用应用领域的概念去思考。在面向对象的设计方法中,计算机的观点是不重要的,现实世界的模型才是最重要的。面向对象的软件开发过程从始至终都围绕着建立问题域的对象模型来进行。对问题域进行自然地分解,确定需要使用的对象和类,建立适当的类等级,在对象之间传递消息实现必要的联系,从而按照人们习惯的思维方式建立起问题域的模型,模拟客观世界。

　　传统的软件开发方法可以用"瀑布"模型来描述,这种方法强调自顶向下按部就班地完成软件开发工作。事实上,人们认识客观世界、解决现实问题的过程,是一个渐进的过程,人的认识需要在继承以前的有关知识的基础上,经过多次反复才能逐步深化。在人的认识深化过程中,既包括了从一般到特殊的演绎思维过程,也包括了从特殊到一般的归纳思维过程。人在认识和解决复杂问题时使用的最强有力的思维工具是抽象,也就是在处理复杂对象时,为了达到某个分析目的,集中研究对象的与此目的有关的本质部分,忽略该对象的那些与此目的无关的部分。

　　面向对象方法学的基本原则是按照人类习惯的思维方法建立问题域的模型,开发出尽可能直观、自然地表现求解方法的软件系统。面向对象的软件系统中广泛使用的对象,是对客观世界中实体的抽象。对象实际上是抽象数据类型的实例,它不仅提供了比较理想的数据抽象机制,同时又具有良好的过程抽象机制(通过发消息使用公有成员函数)。对象类是对一组相似对象的抽象,类等级中上层的类是对下层类的抽象。因此,面向对象的环境提供了强有力的抽象机制,便于用户在利用计算机软件系统解决复杂问题时使用习惯的抽象思维工具。此外,面向对象方法学中普遍进行的对象分类过程,支持从特殊到一般的归纳思维过程;面向对象方法学中通过建立类等级而获得的继承特性,支持从一般到特殊的思维演绎过程。

面向对象的软件技术为开发者提供了随着对某个应用系统的认识逐步深入和具体化的过程,而逐步设计和实现该系统的可能性,因为可以先设计出由抽象类构成的系统框架,随着认识的深入和具体化再逐步派生出更具体的派生类。这样的开发过程符合人们认识客观世界解决复杂问题时逐步深化的渐进过程。

面向对象的软件工程方法包括面向对象的分析(Object Oriented Analysis,OOA)、面向对象的设计(Object Oriented Design,OOD)、面向对象的编程(Object Oriented Programming,OOP)和面向对象的软件维护(Object Oriented Software Maintenance,OOSM)等内容。在每一个开发阶段,面向对象的方法都要求对系统建立模型,为系统在本阶段的构建提供蓝图。不同阶段的模型包含的内容是不同的,既可以包括详细的计划,也可以包括从很高的层次考虑系统的总体计划。一个好的模型包括那些有广泛影响的主要元素,而忽略那些与给定的抽象水平不相关的次要元素。每个阶段的模型都是一个在语义上闭合的系统抽象。模型可以是结构性的,强调系统的组织,如系统的静态结构模型;它也可以是行为性的,强调系统的动态方面,如系统的交互协作模型。

1. 对象和类

面向对象概念是在 20 世纪 60 年代末期由使用 Simula 语言的人开始提出的,20 世纪 70 年代初成为 Xerox PARC 开发的 Smalltalk 的重要组成部分。与此同时,对软件的开发仍然采用功能分解法来解决设计与实现问题,很少讨论面向对象的设计,更没有对面向对象分析的讨论。但自 20 世纪 80 年代以来,面向对象方法与技术日益受到计算机领域的专家、研究者和工程技术人员的重视。20 世纪 80 年代中期相继出现了一系列描述能力强、执行效率高的面向对象编程语言,标志着面向对象的方法与技术开始走向实用。自 20 世纪 80 年代末到 90 年代,面向对象方法与技术向软件生命周期的前期阶段发展,人们对面向对象方法的研究不再局限于编程阶段而是从系统分析和系统设计阶段就开始采用面向对象方法,这标志着面向对象方法已经发展成一种完整的方法论和系统化的技术体系,下面介绍一些面向对象的基本概念。

1) 对象

对象的含义广泛,难以精确定义,不同的场合有不同的含义。一般来说,任何事物均可看作对象。任何事物均有各自的自然属性和行为,当考察其某些属性与行为并对其进行研究时,它便成为有意义的对象。采用面向对象方法进行软件开发时,需要区分 3 种不同含义的对象:客观对象、问题对象和计算机对象。客观对象是现实世界中存在的实体;问题对象是客观对象在问题域中的抽象,用于根据需要完成某些行为;计算机对象是问题对象在计算机系统中的表示,它是数据和操作的封装体。3 种对象间的关系如图 3.1 所示。

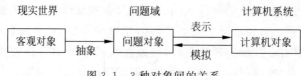

图 3.1 3 种对象间的关系

对象是理解面向对象技术的关键。可以发现现实世界中的对象具有共同点:它们都有状态和行为。图 3.2 中的汽车对象有自己的状态(有速度、油量等)及行为(如发动汽车、关闭发动机、刹车和加速等)。对象是封装了数据结构及可以施加在这些数据结构上的操作的封装体,这个封装体可以唯一地标识其名字,而且向外界提供一组服务(即公有的操作)。对象中的数据表示对象的状态,一个对象的状态只能由该对象的操作来改变。每当需要改变对象的状态时,只能由其他对象向该对象发送消息。对象响应消息时,按照消息模式找出与之匹配的方法,并执行该方法。图 3.2 中的汽车对象,它的状态就只能通过暴露出来的方法来修改。

图 3.2　汽车对象

从上述对象概念的描述中,可以归纳出对象具有如下特点。

(1) 自治性:对象的自治性是指对象具有一定的独立计算能力。给定一些输入,经过状态转换,对象能产生输出,说明它具有计算能力。对象自身的状态变化是不直接受外界干扰的,外界只有通过发送的消息对它产生影响,从这个意义上说,对象具有自治性。

(2) 封闭性:对象的封闭性是指对象具有信息隐蔽的能力。具体来说,外界不直接修改对象的状态,只有通过向该对象发送消息来对它施加影响。对象隐蔽了其中的数据及操作的实现方法,对外可见的只是该对象所提供的操作(即能接收和处理的消息)。

(3) 通信性:对象的通信性是指对象具有与其他对象通信的能力,具体来说,就是对象能接收其他对象发来的消息,同时也能向其他对象发送消息。通信性反映了不同对象间的联系,通过这种联系,若干对象可协同完成某项任务。

(4) 被动性:对象的被动性是指对象的存在和状态转换都是由来自外界的某种刺激引发的。对象的存在可以说是由外界决定的,而对象的状态转换则是在它接收到某种消息后产生的,尽管这种转换实际是由其自身进行的。

(5) 暂存性:对象的暂存性有两层含义。一是指对象的存在是可以动态地引发的,而不是必须在计算的一开始就存在;二是指对象随时可以消亡(而不是必须存在到计算结束)。虽然可以在计算过程中自始至终保存某些对象,但从对象的本质或作用来说,它具有暂存性。

上面 5 个性质分别刻画了对象的不同方面的特点。自治性、封闭性和通信性刻画的是对象的能力;被动性刻画的是对象的活动;暂存性刻画的是对象的生存特性。自治性反映了对象独立计算的能力;封闭性和通信性则说明对象是既封闭又开放的相对独立体。

2) 类

对象是系统中运行时刻的基本成分,它们在程序中又如何反映呢?事实上,系统中往往存在多个具有共同特性的对象。例如,张三、李四、王五、赵六等都具有姓名、身份证号、性别和年龄等特性,而具有姓名、身份证号、性别和年龄等特性的抽象对象便是张三、李四、王五、赵六等对象的一个抽象。在语言中,这样的抽象称为"类",类刻画了一组具有共同特性的对象。比如,上述张三、李四、王五、赵六等可以抽象为一个具有姓名、身份证号、性别和年龄等特性的"人"的对象,称为类"人"。

类的作用可归纳为两种:一是作为对象的描述机制,刻画一组对象的公共属性和行为;二是作为程序的基本单位,它是支持模块化设计的设施,并且类上的分类关系是模块划分的规范标准。

与对象的组成部分相对应,类也有3个组成部分:数据、操作和接口。数据刻画对象的状态,操作刻画对象的行为,类中所有数据均为私有,接口使操作对外可见。从类自身的内容看,它描述了一组数据及其上的操作,这些数据为类所私有,只有操作对外可见。

类的概念可从下面4方面去理解。

(1)类是对对象的进一步抽象:现实世界中的张三、李四、王五、赵六等都具有姓名、身份证号、性别和年龄等特性,由此可获得一个抽象的概念——对象,每个对象都有自己的特性。描述这些对象的共同部分就是对这些对象的进一步抽象,由此可得到类。类是静态概念,对象是动态概念。

(2)类描写了一组相似对象的共同特性:面向对象程序执行时体现为一组对象状态的变化,这里的对象便是由类来刻画的。类刻画了一组具有相似特性的对象,在运行时可根据类中的描述动态地创建对象。

(3)类既可以与具体的程序设计语言无关,也可以与具体的程序设计语言相关:与具体的程序设计语言无关的类被称为分析类;与具体的程序设计语言相关的类被称为设计类或实现类。

(4)类的概念尽管来源于程序设计语言,但不限于程序设计语言:随着面向对象方法与技术向软件生命周期的前期阶段延伸,在软件开发的各个阶段都不同程度地会涉及类的概念。

2. 消息与方法

1)消息

上面介绍了对象是一个相对独立的具有一定计算能力的自治体,对象之间不是彼此孤立而是互相通信的,面向对象程序的执行体现为一组相互通信的对象的活动。那么面向对象程序是如何实施计算(运行)的呢?计算是由一组地位等同的,被称作对象的计算机制合作完成的,合作方式是通信即相互交换信息,这种对象与对象之间所互相传递的信息称为消息。消息可以表示计算任务,也可以表示计算结果。

在面向对象计算中,每一项计算任务都表示为一个消息,实施计算任务的若干相关联的对象组成一个面向对象系统。提交计算任务即由任务提交者(系统外对象)向承担计算任务的面向对象系统中的某对象发送表示该计算任务的消息。计算的实施过程是面向对象系统接收到该消息后所产生的状态变化过程,计算的结果通过面向对象系统中的对象向任务提交者回送。

消息一般由以下3部分组成。

(1)接收消息的对象。

(2)接收对象应采用的方法。

(3)方法所需要的参数。

计算任务通常先由某一对象"受理"(该对象接收到某种消息),然后通过对象间的通信,计算任务就分散到各个有关对象中,最后再由某些对象给出结果(通过发送消息)。发送消息的对象称为发送者,接收消息的对象称为接收者。消息中包含发送者的要求,它告诉接收者需要完成哪些处理,但并不指示接收者如何完成这些处理。消息完全由接收者解析,接收者独立决定采用什么方式完成所需处理。一个对象能够接收不同形式、不同内容的多个消息,相同形式的消息可以发往不同的对象,不同的对象对于形式相同的消息可以有不同的解析,并做出不同的反应。对于传来的消息,对象可以返回相应的应答消息。

对象可以动态地创建,创建后即可以活动。对象在不同时刻可处于不同状态,对象的活动是指对象状态的改变,它是由对象所接收的消息引发的。对象一经创建,就能接收消息,并向其他对象发送消息。对象接收到消息后,可能出现:①自身状态改变;②创建新对象;③向其他对象发送消息。

从对象之间的消息通信机制可反映出面向对象计算具有如下特性。

(1) 协同性:协同性表现在计算是由若干对象共同协作完成的。虽然计算任务可能首先由面向对象系统中的某个特定对象"受理"(即接收到表示该任务的消息),但往往并不是由该对象独立完成的,而是通过对象间的通信被分解到其他有关对象中,由这些对象共同完成,对象间的这种协同性使计算具有分布性。

(2) 动态性:动态性表现在计算过程中对象依通信关系组成的结构会动态地改变,新对象会不断创建,老对象也会不断消亡。面向对象系统最初由若干初始对象组成,一旦外界向这些初始对象发送了表示计算任务的消息,面向对象系统即活动起来,直至给出计算结果。在此过程中,面向对象系统的组成因创建新对象而不断地改变。

(3) 封闭性:封闭性表现在计算是由一组相对封闭的对象完成的。从外界看一个对象,只是一个能接收和发送消息的机制,其内部的状态及其如何变化对外并不直接可见,外界只有通过给它发送消息才能对它产生影响。对象承担计算的能力完全通过它能接收和处理的消息体现。

(4) 自治性:自治性表现在计算是由一组自治的对象完成的。对象在接收了消息后,如何处理该消息(即自身状态如何改变,需创建哪些新对象,以及向其他对象发送什么消息),完全由该对象自身决定。在面向对象计算中,数据与其上的操作地位同等,两者紧密耦合在一起形成对象,即数据及其上的操作构成对象。因此,在面向对象计算中,数据与其上的操作之间的联系处于首要地位,何时对何数据施行何种操作完全由相应数据所在对象所接收到的消息及该对象自身决定。由于对象的封装性和隐蔽性,对象的消息仅作用于对象的接口,通过接口进一步影响和改变对象状态。

2) 方法

方法反映对象的行为,是对象固有的动态表示,可审视并改变对象的内部状态。一个对象往往可以用若干方法表示其动态行为,在计算机中,方法也可称为操作。它的定义与表示包含两部分:一是方法的接口,它给出了方法的外部表示,包括方法的名称、参数及结果类型;二是方法的实现,它用一段程序代码表示,这段代码实现了方法的功能。

把所有对象抽象成各种类之后,可为每个类都定义一组方法,代表允许作用于该类对象上的各种操作。方法描述了对象执行操作的算法,响应消息的方法。

3. 面向对象的要素

1) 继承性

类之间的继承关系是对现实世界中遗传关系的直接模拟,它表示类之间的内在联系以及对属性和操作的共享。继承是类与类之间的一种关系,它使程序开发人员可以在已有类的基础上定义和实现新类。继承是实现利用可重用软件构件构造系统的有效语言机制。

继承能有效地支持软件构件的重用,使得当需要在系统中增加新特征时所需的新代码最少,并且当继承和多态、动态绑定结合使用时,为修改系统所需变动的源代码最少。

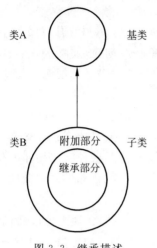

图 3.3　继承描述

继承按照子类与父类的关系,把若干个类组成一个类层次结构。在这种层次结构中,通常下层的派生类具有和上层的基类相同的特性(包括数据和方法)。继承是子类自动地共享父类中定义的数据和方法的机制,一个直观的继承描述如图 3.3 所示。

图 3.3 中描述了类 A 和类 B 之间的继承关系。类 B 继承了类 A,因此它包含了类 A 中的所有数据结构和方法。同时,类 B 也定义了自己的附加内容,形成了自己的、不同于父类的数据结构和方法,这是类 B 对父类的增量定义。

当一个类只允许有一个父类时,类的继承是单继承;当允许一个类有多个父类时,类的继承是多重继承。

判断两个类之间是否具有继承关系的一个重要准则是替换原理:凡是父类可以胜任的场合,子类也一定可以胜任。

再举一个常用的例子,学校组成人员之间的关系,本科生是一类特殊的学生,这一关系很容易用如图 3.4 所示的继承关系来刻画。

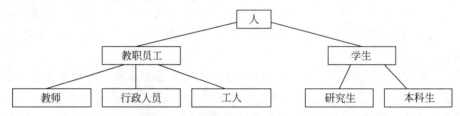

图 3.4　学校组成人员间的继承关系图

作为学生的后继,本科生具有学生的所有特征。另外,由于学生是人的后继,因此本科生也继承了人的特征。在最高抽象层上,所有学校组成人员都具有身份号、姓名、年龄和性别等属性,也有一些相同的操作,这些特征在根类人中定义。学生类增加了成绩、课程等属性。由于继承的关系,因此本科生也具有身份号、姓名、年龄、性别、成绩、课程等属性。继承的使用大大地减少了添加新特征所需的工作,同样在面向对象开发过程中,继承也有助于使用原型速成开发方法。

继承机制的强有力之处还在于它允许程序员重用一个未必完全符合要求的类,允许对该类进行修改而又不至于在该类的其他部分引起副作用。另外,在面向对象设计中,还注重在较高抽象层次上提取和封装公共性质。如果把这些高层次的类保存在类库中,那么,对于用户所需要的类,在类库中都可能有一个更一般的类与之对应。

如果一个软件系统是用面向对象方法进行分析和设计,并用面向对象程序设计语言实现的,那么在分析阶段所识别的对象和分类关系就能在设计阶段得到保留和丰富,而且可以直接用代码实现,这种直接用代码刻画和封装抽象结构的能力,代表了软件技术上的进步。

2) 抽象

抽象同样是一种人类认识客观世界的方式。为了记忆或区分,人类常常把客观世界的一些事物的基本特征、内在的属性概念化,用逻辑模型表达出来,这样的过程就是抽象。例如,在世界地图上可以用一个点代表城市,用曲线来表示河流等,它们忽略了城市的大小和河流的宽度,却保留了它们的主要信息——位置和长度。通过抽象,达到了简化表达、突出重点的目的。面向对象提供的抽象表达能力,符合人类认识世界的规律,因而它是对面向过程的进化。可以说软件工程的发展历史就是人们不断追求更高水平的抽象、封装和模块化的历史。

3）封装性

对象不仅包含了数据,同时也包含了操作这些数据的方法。对象是进行数据处理的主体,必须发消息请求对象执行它的某个操作,处理它的私有数据,而不能从外界直接对它的私有数据进行操作。也就是说,一切从属于该对象的私有信息,都被封装在该对象类的定义中,就好像装在一个不透明的黑盒子中一样。

封装性和信息的隐蔽性是联系在一起的。软件的内部构件都是具有良好外部边界的,使其隐藏不应该被外部直接访问的类成员。这些类成员在外部是不可见的,只能通过类提供的方法或外部接口来进行访问,从而将外部接口和内部实现分离。面向对象方法鼓励隐藏信息,除了需要共享的结构和方法外,都要使用私有成员。这样使类的接口尽可能简单,减少类之间的相互依赖,从而达到高内聚、低耦合。

封装的基本单位是对象。例如,一个咖啡机被封装起来,使用者无法看到咖啡机内部的工作细节。使用者只需按下代表不同口味的咖啡的按钮,就可以喝到相应口味的咖啡。封装将使用者和设计者分开,只需要使用对象暴露出来的方法就可以获得相应的功能。这样大大提高了软件的可维护性。

4）多态性

多态的一般含义是,某一领域中的元素可以有多种解释,程序设计语言中的"一名多用"即是支持多态的设施。继承机制是面向对象程序设计语言中所特有的另一种支持多态的设施。

在面向对象的软件技术中,多态是指在类继承层次中的类可以共享一个行为的名字,而在这个类继承关系中不同层次的类(父类与子类)或相同层次的类(同一个父类的不同子类)却各自按自己的需要实现这个行为。当对象接收到发送给它的消息时,根据该对象所属的类,动态地选择在该类中定义的行为实现。

在面向对象程序设计语言中,一个多态的对象指引变量可以在不同的时刻,指向不同类的实例。由于多态对象指引变量可以指向多类对象,所以它既有一个静态类型又有多个动态类型。多态对象指引变量的动态类型在程序执行中会不时地改变,在强类型的面向对象环境中,运行系统自动地为所有多态对象指引变量标记其动态类型。多态对象指引变量的静态类型由程序正文中的变量说明决定,它可以在编译时确定,它规定了运行时刻可接受的有效对象类型的集合,这种规定是通过对系统的继承关系图进行分析得到的。

在强类型的面向对象程序设计语言中,继承所描述的概念与包含关系和多态的思想密切相关。如果类 Y 是类 Z 的后继,则概念上 Z 包含 Y,那么在所有期望 Z 的实例的场合,都允许用 Y 的实例来代替。多态的特点在很大程度上提高了程序的抽象程度和简洁性,最大限度地降低了类和程序模块间的耦合性,提高了类模块的封闭性,使得它们不需了解对方的具体细节就可以很好地共同工作,这对程序的设计、开发和维护都大有益处。

5）关联

在现实世界中,事物不是孤立的,而是彼此之间存在各种各样的联系。关联描述了系统中对象之间的离散连接。例如,在一个学校中,有教师、学生和教室等事物,它们之间存在某种特定的联系。关联在一个含有两个或多个对象的序列中建立联系,序列中的对象允许重复。

关联有两种比较特殊的类型:聚合和组合。聚合表示部分与整体关系的关联。组合是更强形式的关联,整体有管理部分的职责,比如为它们分配和释放空间。一个对象最多属于一个组合关系。表示部分的类与表示整体的类之间有单独的关联,但为了方便,可以把连线结合在一起,图3.5表示了聚合和组合关联。

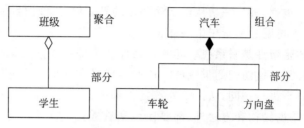

图3.5　聚合和组合关联

3.1.2　面向对象的分析与设计

在20世纪60年代末期出现面向对象程序设计的同时,业界正在沿着诸如COBOL、FORTRAN之类的语言蹒跚而行,并用功能分解来解决设计与实现问题,极少讨论到面向对象的设计,更不用说面向对象的分析了。过去几十年软件发展的4个重大变化,是促进面向对象分析与设计方法迅速发展的重要因素。

(1) 软件领域中面向对象方法的基本概念经历了几十年的成长道路,人们的注意力逐渐从编码问题转移到设计与分析问题。

(2) 构造系统的基本技术变得更加有力,设计思想受预想的如何编码的思想影响,而编码思想受人们可用的程序设计语言的强烈影响。当选用的语言是汇编语言和FORTRAN语言时考虑结构化程序设计是很困难的。使用Pascal、PL/1和ALGOL时,结构化程序设计就容易得多。类似地,当选用COBOL或C语言进行面向对象的程序设计也是比较困难的,而用C++则比较容易。

(3) 现代软件系统规模更大、更复杂也更多变,传统的软件分析与设计方法难以满足要求,而面向对象的分析与设计方法可实现比较稳定的系统。另外,现代软件系统更注重系统用户界面的开发,对于此类系统采用面向对象方法进行分析、设计和编码是一种非常自然的途径。

(4) 现代软件系统构造比20世纪70年代和80年代更加面向领域,对功能复杂性的关心比以前少,数据建模的优先程度较为适当,问题域模型的理解及系统职能处于较高的优先地位。

尽管面向对象语言取得了令人振奋的发展,但编程并不是软件开发项目失败的主要根源,需求分析与设计问题更为普遍并且更值得解决。因此,面向对象开发技术的焦点不应该只注重编程阶段,而应更全面地考虑软件工程的其他阶段。面向对象方法真正意义和深远的目标是它适合于解决分析与设计期间的复杂性并实现分析与设计结果的重用。面向对象的开发不仅仅是编程,必须在整个软件生命周期采用一种全新的方法,这一观点已被人们所接受。

1. 面向对象分析

面向对象分析，就是抽取和整理用户需求并建立问题域模型的过程。面向对象分析的关键是识别出问题域内的对象，并分析它们之间的关系。面向对象分析的目的是认知客观世界的系统。面向对象分析的工作成果是系统的分析模型(包括对象模型和功能模型)。分析模型的作用有两方面：一是用于在用例模型的基础上进一步明确问题域的需求；二是为参与软件开发的各方提供一个协商的基础。面向对象分析是面向对象方法从编程领域向分析领域发展的产物。通过面向对象分析可以加强开发人员对问题域的理解，改善与软件开发有关的各类人员的交流。

面向对象分析以用例模型作为输入，将得到两种输出模型：对象模型和功能模型。对象模型把系统分解成相互协作的分析类，通过类图、对象图描述对象、对象的属性和对象间的关系。功能模型从用户的角度描述系统提供的服务，也就是描述系统的动态行为。通过时序图、协作图描述对象的交互，揭示对象间如何协作完成每个具体的用例。单个对象的状态变化或动态行为可以通过状态图表达。

2. 面向对象设计

如前所述，分析是提取和整理用户需求，并建立问题域模型的过程。设计则是把分析阶段得到的需求转变成符合成本和质量要求的、抽象的系统实现方案的过程。从面向对象分析到面向对象设计，是一个逐渐扩充模型的过程。或者说，面向对象设计就是用面向对象的观点建立求解域模型的过程。

尽管分析和设计的定义有明显区别，但是在实际的软件开发过程中二者的界限是很模糊的。许多分析结果可以直接映射成设计结果，而在设计过程中又往往会加深和补充对系统需求的理解，从而进一步完善分析结果。因此，分析和设计活动是一个多次反复迭代的过程。面向对象方法学在概念和表示方法上的一致性，保证了在各项开发活动之间的平滑(无缝)过渡，领域专家和开发人员能够比较容易地跟踪整个系统开发过程，这是面向对象方法与传统方法比较起来所具有的一大优势。

软件生命周期方法学把设计进一步划分成总体设计和详细设计两个阶段，类似地，也可以把面向对象设计再细分为系统设计和对象设计。系统设计确定实现系统的策略和目标系统的高层结构。对象设计确定解空间中的类、关联、接口形式及实现服务的算法。系统设计与对象设计之间的界限，比分析与设计之间的界限更模糊。

进行面向对象设计时需要遵循如下一些基本准则。

(1) 模块化：面向对象软件开发模式，很自然地支持把系统分解成模块的设计原理。对象就是模块，它是把数据结构和操作这些数据的方法紧密地结合在一起所构成的模块。

(2) 抽象：面向对象方法不仅支持过程抽象，而且支持数据抽象。类实际上是一种抽象数据类型，它对外开放的公共接口构成了类的规格说明(即协议)，这种接口规定了外界可以使用的合法操作符，利用这些操作符可以对类实例中包含的数据进行操作。使用者无须知道这些操作符的实现算法和类中数据元素的具体表示方法，就可以通过这些操作符使用类中定义的数据。通常把这类抽象称为规格说明抽象。此外，某些面向对象的程序设计语言还支持参数化抽象。所谓参数化抽象，是指当描述类的规格说明时，并不具体指定所要操作的数据类型，而是把数据类型作为参数。这使得类的抽象程度更高，应用范围更广，可重用性更高。例如,C++语言提供的"模板"机制就是一种参数化抽象机制。

(3)信息隐藏:在面向对象方法中,信息隐藏通过对象的封装性实现,即类结构分离了接口与实现,从而支持信息隐藏。对于类的用户来说,属性的表示方法和操作的实现算法都应该是隐藏的。

(4)低耦合:耦合是指一个软件结构内不同模块之间互连的紧密程度。在面向对象方法中,对象是最基本的模块,因此,耦合主要指不同对象之间相互关联的紧密程度。低耦合是优秀设计的一个重要标准,因为这有助于使系统中某一部分的变化对其他部分的影响降到最低程度。在理想情况下,对某一部分的理解、测试或修改,不涉及系统的其他部分。如果一个类对象过多地依赖其他类对象来完成自己的工作,则不仅给理解、测试或修改这个类带来很大困难,而且将大大降低该类的可重用性和可移植性。显然,类之间的这种相互依赖关系是紧耦合的。当然,对象不可能是完全孤立的,当两个对象必须相互联系相互依赖时,应该通过类的协议(即公共接口)实现耦合,而不应该依赖于类的具体实现细节。

(5)高内聚:内聚可衡量一个模块内各个元素彼此结合的紧密程度。也可以把内聚定义为设计中使用的一个构件内的各个元素,对完成一个定义明确的目标所做出的贡献程度。在设计时应该力求做到低耦合、高内聚。

(6)可重用:软件重用是提高软件开发生产率和目标系统质量的重要途径。重用基本上从设计阶段开始,有两方面的含义。一是尽量使用已有的类(包括开发环境提供的类库,及以往开发类似系统时创建的类);二是如果确实需要创建新类,则在设计这些新类的协议时,应该考虑将来的可重复使用性。

面向对象设计的具体内容主要有4方面,即问题域设计、人机接口设计、任务管理设计和数据管理设计,详情如下。

(1)问题域设计:通过面向对象分析得到的问题域模型,为设计问题域的解决方案打下了良好基础,建立了完整框架。要尽可能地保持面向对象分析所建立的问题域结构。从实现角度对问题域模型做进一步补充或修改,增添、合并或分解类与对象、属性,调整继承关系。当问题域过分复杂庞大时,应该把它进一步分解成若干较小的子系统。设计在分析和实现之间充当桥梁作用,而问题域设计是关键。问题域设计的任务是确定软件系统的架构,尽量保持问题域设计成果的稳定性。设计的变与不变是相对的,只要系统的架构不变,就不会对软件开发进度产生大的影响,确保按时提交符合质量要求的软件产品。

(2)人机接口设计:人机接口又称为人机界面、人机交互、用户界面。人机接口设计要解决的问题是如何命令系统以及系统如何向用户反馈信息。人机接口设计的目标是设计用户友好的软件系统。在进行人机接口设计时主要考虑的是系统响应时间、用户帮助方式、出错信息处理、命令交互方式等。面向对象分析模型中包含的使用情景、用户与系统交互时扮演角色的描述等,这些都作为人机界面设计过程的输入。

(3)任务管理设计:任务是进程的别称,若干任务的并发执行叫多任务。对一些应用,任务能简化总体设计和代码。独立的任务把必须并发进行的行为分离开,这种并发行为可以在多个独立的处理机上模拟。任务特征的确定可通过了解任务是如何开始而实现,事件驱动和时钟驱动是最为常见的情况,两者都是通过中断激活,但前者接收来自外部资源的中断,而后者则由系统时钟控制。除了任务的开始方式外,还需确定任务的优先级别和临界状态,高优先级别的任务必须具有立即存取系统资源的能力,高临界状态的任务甚至在有效资源数量减少或系统处在一个低能操作状态下仍必须继续操作。在确定任务特征后,定义与其他任务协同和通信所需的对象属性和方法。

(4) 数据管理设计:数据管理部分提供了在数据管理系统中存储和检索对象的基本结构。数据管理包括对两个不同方面的考虑。一个是对应用本身至关重要数据的管理;另一个是建立对象存储和检索的基础。通常数据管理采用分层设计的方式,其思想是从处理系统属性的高级需求中分离出操纵数据结构的低级需求。通常有 3 种主要的数据管理方法,即普通文件、关系型数据库管理系统和面向对象数据库管理系统。

从方法学上看,由于面向对象的分析和设计方法是按适合人们思考的方式进行系统的分析与设计,使得从面向对象的分析到设计不存在概念和表达的转换问题。面向对象的分析与设计都是基于相同的面向对象基本概念,因此从面向对象的分析到面向对象的设计是一个累进的模型扩充过程。

3.2　面向对象建模

观看视频

人们对"模型"一词耳熟能详,在许多领域都有模型的身影。

众所周知,在解决问题之前必须首先理解所要解决的问题。软件开发项目失败的一个主要原因是开发者对所要解决的问题理解不够,或者说没有很好地识别用户需求。

在对目标系统进行分析的初始阶段,面对大量模糊的、涉及众多专业领域的、错综复杂的信息,系统分析员往往感到无从下手。模型提供了组织大量信息的一种有效机制。用面向对象方法成功地开发软件的关键,同样是对问题域的理解。面向对象方法最基本的原则,是按照人们习惯的思维方式,用面向对象观点建立问题域的模型,便于参与软件开发的各方交流对问题的理解,对所要完成的软件产品规格达成共识。

3.2.1　按模型的用途对模型分类

用面向对象方法开发软件,通常需要建立 3 种形式的模型,分别是描述系统数据结构的对象模型、描述系统控制结构的动态模型和描述系统功能的功能模型。这 3 种模型都涉及数据、控制和操作等共同概念,只不过每种模型描述的侧重点不同。这 3 种模型从 3 个不同但又密切相关的角度模拟目标系统,各自从不同侧面反映了系统的实质性内容,综合起来则全面地反映了对目标系统的需求。一个典型的软件系统组合了上述 3 方面内容:它使用数据结构(对象模型),执行操作(动态模型),并且完成数据值的变化(功能模型)。为了全面地理解问题域,对任何大系统来说,上述 3 种模型都是必不可少的。当然,在不同的应用问题中,这 3 种模型的相对重要程度会有所不同。但是,如用面向对象方法开发软件,则在任何情况下,对象模型始终都是最重要、最基本、最核心的。在整个开发过程中,3 种模型一直都在发展、完善:在面向对象分析过程中,构造出完全独立于实现的应用域模型;在面向对象设计过程中,把求解域的结构逐渐加入到模型中;在实现阶段,把应用域和求解域的结构都编成程序代码并进行严格的测试验证。3 种模型各自的特点如下。

(1) 对象模型:对象模型表示静态的、结构化的系统的"数据"性质。它是对模拟客观世界实体的对象以及对象彼此间的关系的映射,描述了系统的静态结构。面向对象方法强调围绕对象而不是围绕功能来构造系统。对象模型为建立动态模型和功能模型提供了实质性的框架。在建立对象模型时,人们的目标是从客观世界中提炼出对具体应用有价值的概念。

为了建立对象模型,需要定义一组图形符号,并且规定使用这些符号以表示特定语义的规则。也就是说,需要用适当的建模语言来表达模型,建模语言由记号(即模型中使用的符号)和使用记号的规则(语法、语义和语用)组成。

一些著名的软件工程专家在提出自己的面向对象方法的同时,也提出了自己的建模语言。但是,面向对象方法的用户并不了解不同建模语言的优缺点,很难在实际工作中根据应用的特点选择合适的建模语言,而且不同建模语言之间存在的细微差别也极大地妨碍了用户之间的交流。随着面向对象方法的发展,要求人们在精心比较不同建模语言的优缺点和总结面向对象技术应用经验的基础上,把建模语言统一起来。

(2)动态模型:动态模型表示瞬时的、行为化的系统的"控制"性质,它规定了对象模型中的对象的合法变化序列。

一旦建立起对象模型,就需要考察对象的动态行为。所有对象都具有自己的生命周期(或称为运行周期)。对一个对象来说,生命周期由许多阶段组成,在每个特定阶段中,都有适合该对象的一组运行规律和行为规则,用以规范该对象的行为。生命周期中的阶段也就是对象的状态。所谓状态,是对对象属性值的一种抽象。当然,在定义状态时应该忽略那些不影响对象行为的属性。各对象之间相互触发(即作用)就形成了一系列的状态变化,人们把一个触发行为称作一个事件。对象对事件的响应,取决于接收该触发的对象当时所处的状态,响应包括改变自己的状态或者又形成一个新的触发行为。

状态有持续性,它占用一段时间间隔。状态与事件密不可分,一个事件分开两个状态,一个状态隔开两个事件。事件表示时刻,状态代表时间间隔。通常,用UML提供的状态图来描绘对象的状态、触发状态转换的事件以及对象的行为(对事件的响应)。每个类的动态行为用一张状态图来描绘,各个类的状态图通过共享事件合并起来,从而构成系统的动态模型。也就是说,动态模型是基于事件共享而互相关联的一组状态图的集合。

(3)功能模型:功能模型表示变化的系统的"功能"性质,它指明了系统应该"做什么",因此更直接地反映了用户对目标系统的需求。

在软件工程早期,功能模型通常由一组数据流图组成。在面向对象方法学中,数据流图远不如在结构化分析设计方法中那样重要。一般来说,与对象模型和动态模型比较起来,数据流图并没有增加新的信息。但是,建立功能模型有助于软件开发人员更深入地理解问题域,改进和完善自己的设计,因此,不能完全忽视功能模型的作用。通常,软件系统的用户数量庞大(或用户的类型很多),每个用户只知道自己如何使用系统,但是没有人准确地知道系统的整体运行情况。因此,使用用例模型代替传统的功能说明,往往能够更好地获取用户需求,它所回答的问题是"系统应该为每个(或每类)用户做什么"。

3.2.2　按软件开发过程对模型分类

功能模型、对象模型、动态模型是按模型的用途对模型的分类。在软件开发过程中,在不同阶段需要建立不同的模型,并且建立这些模型的目的是不同的。一般来说,按软件开发的阶段可以将模型分为以下6种。

(1)业务模型:展示业务过程、业务内容和业务规则的模型。参与创建业务模型的主要人员有领域专家和需求分析师,业务模型通常用对象模型表示。

(2)需求模型:展示用户要求和业务要求的模型。参与创建需求模型的主要人员有需求分析师和系统设计师。需求模型通常由用例模型表示(用例模型主要由用例图构成)。

(3)数据库模型:指物理数据模型,该模型是可选的。数据库应用软件需要创建数据库模型。参与创建模型的以数据库设计人员为主,由架构师提供指导,由资深开发(设计)人员予以配合,共同设计该模型。

(4)分析模型:系统分析是系统实现的第一步,其目的是在比较高的抽象层次上帮助理清需求和设计。分析模型和设计模型关心的都是系统是如何被实现的,但是,它们的侧重点不同。

(5)设计模型:包含架构模型和详细设计模型。架构模型展示软件系统的宏观结构;详细设计模型展示软件系统的微观组成。架构师设计架构模型(架构模型通常由包图组成)。详细设计模型的创建者则以资深开发人员为主,由架构师提供指导,两者共同设计(详细设计模型通常用对象模型表示)。

(6)实现模型:描述软件组件(该组件能够运行)及其关系(通常由组件图或部署图组成)。以资深开发人员(设计人员)为主,由架构师提供总体指导,两者共同设计完成该模型。

UML是一种软件设计的规范,不同的时期、不同的公司、不同的软件设计项目,在应用UML进行软件设计时,对模型种类的划分可能略有不同。本书主要以IBM RSA为工具介绍UML的应用。按照软件的生命周期,IBM RSA把面向对象软件开发过程分为:需求分析、面向对象分析、面向对象设计、面向对象实现4个主要阶段。IBM RSA提供了对需求分析、面向对象分析、面向对象设计、面向对象实现的支持。软件开发实践中仍然存在"重实现、轻建模"的现象。这个现象产生的原因,一是工作量加大,即除了实现的工作以外,又增加了建模的工作;二是建模和实现没有很好地衔接。IBM RSA是基于Eclipse的,提供了从建模到实现的较好衔接,并且支持模型驱动的开发。

在IBM RSA中的主要的模型有如下4种。

1. 用例模型

用例模型是从用户角度描述系统功能,并指出各功能的操作者。用例模型用于需求分析阶段,它的建立是系统开发者和用户反复讨论的结果,表明了开发者和用户对需求规格达成的共识。在需求分析阶段,通常需要确定软件系统有哪些用户,这些用户希望使用软件系统取得什么目标或解决什么问题。通过与用户或产品经理的沟通(调查问卷、座谈会),开发者可以分析出系统应该具备哪些功能(用例)、系统使用者有哪些不同的角色(参与者),这些功能与功能之间、角色与角色之间、功能与角色之间有什么关系。开发者主要用用例图表示需求分析的成果。对于一些比较复杂的系统,还可以使用活动图表示用例中的事件流。

用例模型是非常重要的模型,它驱动了需求分析之后各阶段的开发工作,不仅在开发过程中保证了系统所有功能的实现,而且被用于验证和检测所开发的系统,从而影响到开发工作的各个阶段和UML的各个模型。

IBM RSA中的用例模型对应前述的需求模型。

2. 分析模型

分析模型描述了正在建模的系统或应用程序的结构,它描述用例模型中所确定的功能需求的逻辑实现,通常分析模型由类图和时序图组成。

分析模型识别出了系统中的主要类,并且包含一组描述系统如何构建的用例实现。类图通过利用原型对系统的功能部分建模,对系统的静态结构进行描述。时序图通过描述用例中事件执行时的流对用例进行实现。这些用例实现对系统的一些部分如何在具体用例环境中交互进行建模。

分析模型描述了系统的逻辑结构,因此它是设计模型的基础。

IBM RSA 中的分析模型对应前述的分析模型。

3. 设计模型

设计模型是基于分析模型的,它向系统的实际实现中添加了详细信息。设计模型通过使用各种图(包括时序图、状态机图、组件图和部署图),详细地描述了应用程序是如何构成,以及如何实现的。它还描述了程序设计构想及技术,例如那些用于持久性、部署、安全,及记录的内容。

IBM RSA 中的设计模型对应前述的设计模型和实现模型。

4. 实现模型

实现模型用实现子系统和实现元素(目录和文件,包括源代码、数据、可执行文件等)表示实现的物理组成。构建实现模型的过程就是选定特定的技术,实际构建软件系统的过程。实现模型是应模型驱动开发的需要提出来的。按照模型驱动开发的要求,应建立设计模型和实现模型的映照,从而通过模型变换生成代码。

IBM RSA 中的实现模型与前述的实现模型不同,前述的实现模型是 IBM RSA 中设计模型的一部分。

3.2.3 IBM RSA 面向对象建模的主要步骤

利用 IBM Rational Software Architect 对软件系统建模时,采用的就是以上的模型分类方法。基于 IBM RSA 的面向对象建模过程一般遵循如下的主要步骤。

1. 识别系统的用例和角色

在这一阶段,可以利用 RSA 建立系统的用例模型。首先对项目进行需求调研,依据项目的业务流程图和数据流程图以及项目中涉及的各级操作人员,通过分析,识别出系统中的所有用例和角色;接着分析系统中各角色和用例间的联系。在用例模型中需要包括系统的用例图以及用户与系统交互的活动图。它们从用户的角度分别描述了系统的功能和使用流程。借助用例模型可以解决"做什么"的问题。

2. 进行系统分析,并抽象出类

在这一阶段,可以利用 RSA 建立分析模型。系统分析的任务是找出系统中所有需求并加以描述,同时为每一个用例提供相应的用例实现。通过对系统的深入分析,要从中抽取出实体类、边界类和控制类,并描述这些类之间的关系。

3. 设计系统和系统中的类及其行为

这个阶段需要建立的模型是设计模型。设计阶段由结构设计和详细设计组成。结构设计是高层设计,其任务是定义包(子系统),包括包间的依赖关系和主要通信机制。包有利于描述系统的逻辑组成部分以及各部分之间的依赖关系。详细设计就是要细化包的内容,清晰描述所有的类,包括每个类的属性和方法的定义。经过这个阶段,就可以使用合适的面向对象语言来实现系统了。

UML的应用贯穿在系统开发的每个阶段,具体如下。

(1)需求分析:UML的用例视图可以表示客户的需求。通过用例建模可以对外部的角色以及它们所需的系统功能建模。角色和用例是用它们之间的关系、通信建模的。每个用例都指定了客户的需求。不仅要对软件系统进行分析,对商业过程也要进行需求分析。

(2)分析:分析阶段主要考虑所要解决的问题,可用UML的逻辑视图和动态视图来描述。类图描述系统的静态结构,协作图、状态图、时序图和活动图描述系统的动态特征。在分析阶段只为问题领域的类建模,不定义软件系统的解决方案的细节,如用户接口的类、数据库等。

(3)设计:设计阶段的任务是把分析阶段的结果扩展成技术解决方案。加入新的类来提供技术基础结构——用户接口、数据库操作等。分析阶段的领域问题类被嵌入在这个技术基础结构中,设计阶段的结果是构造阶段的详细的规格说明。

(4)构造:构造或程序设计阶段的任务是把设计阶段的类转换成某种面向对象程序设计语言的代码。在对UML表示的分析和设计模型进行转换时,最好不要直接把模型转化成代码。因为在早期阶段,模型是理解系统并对系统进行结构化的手段。

(5)测试:对系统的测试通常分为单元测试、集成测试、系统测试和验收测试几个不同级别。单元测试是对几个类或一组类的测试,通常由程序员进行;集成测试集成组件和类,确认它们之间是否恰当地协作。系统测试把系统当作一个黑箱,验证系统是否具有用户所要求的所有功能。验收测试由客户完成,与系统测试类似,验证系统是否满足所有的需求。不同的测试小组使用不同的UML图作为他们工作的基础,单元测试使用类图和类的规格说明,集成测试典型地使用组件图和协作图,而系统测试使用用例图来确认系统的行为符合这些图中的定义。

3.3 面向对象实现

观看视频

面向对象实现就是用某种面向对象程序设计语言把面向对象设计成果转化为用户可使用的软件产品。

在面向对象实现阶段,通常首先选择一种面向对象语言,例如,Java或C♯,然后选择或开发一个框架,例如选择Spring或.Net Framework,最后完成面向对象编程工作。另一种选择是,使用IBM RSA建立Spring模型,然后编写代码或模型变换程序,通过模型变换生成代码。

3.3.1 面向对象编程语言

从1951年到现在,人类一共发明了256种以上的编程语言,每一种语言的出现都带有某些新特征。1967年诞生的第一个面向对象语言Simula 67,是面向对象程序设计的鼻祖,它提出了对象的概念并且支持类和继承。随后相继出现了Smalltalk、C++、Java、C♯等面向对象的编程语言。C++、Java对面向对象的程序设计思想的传播起到了非常重要的作用。C♯和ASP.NET、PHP、JavaScript、Python、Ruby、Groovy、Go等这些编程语言都声称支持面向对象编程。

每种语言都有它的特点和不足,没有一种语言是万能的。此处不打算比较各种语言孰优孰劣,仅给出几个常用语言的应用领域。

1. C++

C++的应用领域主要集中在以下几方面。

(1) 游戏:C++具有超高效率,近年来凭借先进的数值计算库、泛型编程等优势,在游戏领域应用很多。目前,除了一些网页游戏,很多游戏软件客户端都是使用C++开发的。

(2) 网络软件:C++拥有很多成熟的用于网络通信的库,其中最具有代表性的是跨平台的、重量级的 ACE 库,该库可以说是 C++语言最重要的成果之一,在许多重要的企业、部门甚至是军方都有应用。

(3) 数字图像处理:这个也是一个发展快速的计算机领域,目前各种数字地球,数字城市,虚拟地理环境等方面的应用,出现了大量的数字图像处理功能需求,C++在数字图像处理编程中具有很大的优势。

(4) 科学计算:在科学计算领域,FORTRAN 是主流语言之一。但是近年来,C++凭借先进的数值计算库、泛型编程等优势在这一领域的应用也日益增长。

(5) 嵌入式系统:因为 C++具有很高的效率,并且保持对 C 语言的兼容性,能使底层平台既可以有很高的效率,同时又具有很大的灵活性,这使得它在底层开发中具有优势。

(6) 系统级软件:例如在操作系统领域,C 语言是主要使用的编程语言。但是 C++凭借其对 C 的兼容性、面向对象性质,也开始在该领域崭露头角。

C++的应用范围很广,在某些对硬件、操作系统或速度有要求的应用中,C++是首选。

2. Java

Java 的应用领域很广,它包含 3 个版本: Java ME、Java SE 和 Java EE。这 3 个版本对应于 Java 应用的 3 大领域。

(1) Java ME:是一种高度优化的 Java 运行环境,主要针对消费类电子设备,例如蜂窝电话和可视电话、数字机顶盒、汽车导航系统等。是为机顶盒、移动电话和 PDA 之类嵌入式消费电子设备提供的 Java 语言平台,包括虚拟机和一系列标准化的 Java API。JAVA ME 技术在 1999 年的 JavaOne Developer Conference 大会上正式推出,它将 Java 语言的与平台无关的特性移植到小型电子设备上,允许移动无线设备之间共享应用程序。今天,不只是桌面上的计算机,手中的电话、汽车中的通信设备、家中的冰箱、洗衣机等都可接入互联网,这是一个移动的互联网。J2ME(Java2 平台微型版)就是 Java 程序在这些连接设备上的执行平台和开发环境,其基本思想和 J2SE 类似,就是在各种设备上安装适合它的 Java 虚拟机,应用程序则在虚拟机之上运行。

(2) Java SE:用于开发和部署桌面、服务器以及嵌入设备和实时环境中的 Java 应用程序。Java SE 包括用于开发 Java Web 服务的类库,同时,Java SE 为 Java EE 提供了基础。Java SE 是 Java 平台的核心。

(3) Java EE:用于开发和部署可移植、健壮、可伸缩且安全的服务器端 Java 应用程序。Java EE 是在 Java SE 的基础上构建的,它提供 Web 服务、组件模型、管理和通信 API,可以用来实现企业级的面向服务体系结构(Service-Oriented Architecture,SOA)和 Web 2.0 应用程序。目前流行的企业级 BS(Browser/Server:浏览器/服务器)架构的应用主要是用 Java EE/JSP 和 C♯/ASP. NET 开发的。

3. C♯和 ASP.NET

C♯是微软公司发布的一种面向对象的、运行于.NET Framework 之上的高级程序设计语言。C♯看起来与 Java 有着惊人的相似,它包括单一继承、接口、与 Java 几乎同样的语法和编译成中间代码再运行的过程。但是 C♯与 Java 有着明显的不同,它借鉴了 Delphi 的一个特点,与 COM(组件对象模型)是直接集成的,而且它是微软公司.NET Windows 网络框架的主角。C♯主要用于桌面应用程序的开发,它和 ASP.NET 一起,就像 Java 和 JSP 一样,是 Web 应用程序开发的主力。

4. PHP

超文本预处理器(Hypertext Preprocessor,PHP)是一种通用开源脚本语言。PHP 的语法吸收了 C 语言、Java 和 Perl 的特点,易于学习,使用广泛,主要适用于 Web 应用开发领域。PHP 独特的语法混合了 C、Java、Perl 以及 PHP 自创的语法。它可以比 CGI 或者 Perl 更快速地执行动态网页。与其他的编程语言相比,PHP 做出的动态页面是将程序嵌入超文本标记语言(HyperText Markup Language,HTML,标准通用标记语言下的一个应用)文档中去执行,执行效率比完全生成 HTML 标记的 CGI 要高许多;PHP 还可以执行编译后的代码,编译可以达到加密和优化代码运行的目的,使代码运行更快。

5. JavaScript

JavaScript 一种直译式脚本语言,是一种动态类型、弱类型、基于原型的语言,内置支持类型。它的解释器被称为 JavaScript 引擎,为浏览器的一部分。它是广泛用于客户端的脚本语言,最早是在 HTML 网页上使用,用来给 HTML 网页增加动态功能。主要应用于 Web 应用开发领域。

6. Python

Python 是一种面向对象、解释型计算机程序设计语言,由吉多·范罗苏姆(Guido van Rossum)于 1989 年发明,第一个公开发行版发行于 1991 年。Python 具有丰富和强大的库。它常被昵称为胶水语言,能够把用其他语言制作的各种模块(尤其是 C/C++)很轻松地联结在一起。常见的一种应用情形是,使用 Python 快速生成程序的原型(有时甚至是程序的最终界面),然后对其中有特别要求的部分,用更合适的语言改写,比如 3D 游戏中的图形渲染模块,性能要求特别高,就可以用 C/C++ 重写,而后封装为 Python 可以调用的扩展类库。主要应用于科学计算、人工智能等领域。

7. Ruby

Ruby 是一种简单快捷的面向对象脚本语言。主要应用于 Web 应用开发领域。

8. Groovy

Groovy 是一种基于 Java 虚拟机(Java Virtual Machine,JVM)的敏捷开发语言,它结合了 Python、Ruby 和 Smalltalk 的许多强大特性,Groovy 代码能够与 Java 代码很好地结合,也能用于扩展现有代码。由于其运行在 JVM 上的特性,Groovy 可以使用其他 Java 语言编写的库。Groovy 是一种脚本语言,可以很好地与 Java 结合编程。该语言特别适合与 Spring 的动态语言支持一起使用,设计时充分考虑了与 Java 的集成,这使 Groovy 与 Java 代码的互操作很容易。主要应用于 Web 应用开发领域。

9. Go

Go 语言是谷歌公司 2009 年发布的第二款开源编程语言。

Go语言专门针对多处理器系统应用程序的编程进行了优化,使用Go编译的程序可以媲美C或C++代码的运行速度,而且更加安全、支持并行进程。它是一种通用型的语言,可以用来开发任何软件——从普通应用到系统编程。虽然这种语言还不成熟,各种语言特征和规格还在变化,但程序员如今已经用它来进行软件开发工作了。能否像一些技术分析家所说的那样——"Go将最终完全替代Java",编者将拭目以待。

3.3.2 软件架构、框架和设计模式

掌握了编程语言,开发者就可以着手软件实现工作。但是要提高编程的效率、提高代码的质量,仅仅掌握编程语言是不够的,还需要用到软件架构、框架和设计模式相关的技能和知识。传统上,弱化了软件建模,软件架构和设计模式的应用都是程序员的工作。使用IBM RSA,开发者在设计模型中可以应用软件架构和设计模式。

1. 软件架构

软件技术是一个仍在不断发展的技术,软件架构没有明确的定义。可以说软件架构是程序设计的蓝图,它是指导人们编程的行动方案。不同的时期流行不同的软件架构,为了让读者对软件架构有基本的认识,下面列举一些软件架构。

C/S架构:早期的计算模式是集中计算模式,即一台计算机有多个终端,终端只负责输入、输出,处理都由这一台计算机完成。随着计算机网络的发展,出现了C/S结构的计算模式。通常是在局域网内,有一台或多台服务器(Server)负责需要集中处理的计算任务,而客户端(Client)不同于早期的终端,它本身也可以完成计算任务。很多管理信息系统都是采用的C/S架构,数据库服务器负责数据的集中存储,客户端负责数据的输入、报表的输出。C/S架构的主要缺点是,必须在需要使用软件系统的计算机上安装专门的客户端程序,这给维护、升级带来了困难。

B/S架构:随着互联网的普及,出现了B/S架构。B/S架构是C/S架构的发展。这里B指的是浏览器(Browser),可以认为浏览器是通用的客户端。B/S结构的出现克服了C/S架构的缺点,是"分而治之"的思想在计算机技术中的体现。

MVC架构:MVC架构将应用分成3个基本部分,分别是模型(Model)、视图(View)和控制(Controller),这3部分以最低的耦合进行协同工作,从而提高应用的可扩展性和可维护性。

分层架构:分层架构是当前Java EE应用的事实标准,为Java程序员所熟知。由于软件越来越复杂,如何组织代码比具体一行一行地写代码重要得多。分层架构的思想就是按照职责的不同来组织代码,如图3.6所示。

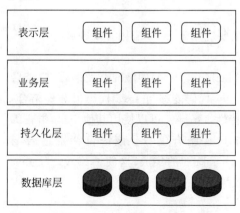

图 3.6 分层架构示意图

事件驱动架构:事件驱动的架构是一个非常流行的分布式异步架构,通常用来生成高扩展性的应用。它的适应性非常强,可以用在小应用也可以用在大的复杂应用上。事件驱动的架构是由高度解耦、单目的的事件处理单元组成,这些单元异步地接受和处理事件。例如,桌面应用程

序(窗体应用程序)的事件处理机制就是事件驱动的架构。

微核架构：微核架构(microkernel architecture)又被称为"插件架构"(plug-in architecture)，指的是软件的内核相对较小，主要功能和业务逻辑都通过插件实现。例如，Eclipse就使用了微核架构。

微服务架构：微服务架构(microservices architecture)是服务导向架构(Service-Oriented Architecture，SOA)的升级。每一个服务就是一个独立的部署单元(separately deployed unit)。这些单元都是分布式的，互相解耦，通过远程通信协议(比如REST、SOAP)联系。

2. 框架

框架(Framework)是一种基础软件。尽管各种各样的应用软件千差万别，但是这些软件的代码实现存在很多共同点。框架提供了一组软件组件，用于解决编码的共性问题。应用软件开发人员在框架的基础上，编写特定应用软件的实现代码。使用框架可以大大提高编码的效率和代码的质量。

Apache Struts框架：Struts是一个开源的MVC框架，用于创建Java Web应用。它支持MVC架构。

Spring框架：是一个轻量级的开发Java企业应用的框架，它支持微服务架构、事件驱动架构、MVC架构等。

Hibernate框架：Hibernate是一个开放源代码的对象关系映射框架，它对Java数据库连接(Java DataBase Connectivity，JDBC)进行了非常轻量级的对象封装，它将POJO(Plain Ordinary Java Objects，普通Java对象)与数据库表建立映射关系，是一个全自动的对象关系映射(Object Relational Mapping，ORM)框架，Hibernate可以自动生成SQL语句，自动执行，使得Java程序员可以随心所欲地使用对象编程思维来操作数据库。Hibernate可以应用在任何使用JDBC的场合，既可以在Java的客户端程序使用，也可以在Servlet/JSP的Web应用中使用。

MyBatis框架：MyBatis是一款优秀的持久层框架，它支持自定义SQL、存储过程以及高级映射。MyBatis免除了几乎所有的JDBC代码以及设置参数和获取结果集的工作。MyBatis可以通过简单的XML或注解来配置和映射原始类型、接口和POJO为数据库中的记录。

3. 设计模式

模式(Pattern)的概念来源于克里斯托弗·亚历山大(Christopher Alexander)博士的经典著作 *A Pattern Language：Towns，Buildings，Construction*(模式语言：城镇、建筑、构造)，在这本著作中，克里斯托弗·亚历山大指出："每一个模式描述了一个在我们周围不断重复发生的问题，以及该问题的解决方案的核心。这样，你就能一次又一次地使用该方案而不必做重复劳动。"在软件工程界，"四人组"(Gang of Four，GoF)是指被称为设计模式先驱的4人，分别是埃里克·伽玛(Erich Gamma)、理查德·赫尔姆(Richard Helm)、拉尔夫·约翰逊(Ralph Johnson)和约翰·威利斯迪斯(John Vlissides)。GoF将模式的概念引入软件工程领域，他们在 *Design Patterns：Elements of Reusable Object-Oriented Software*(设计模式：可复用面向对象软件基础)一书中描述了23种软件设计模式。

按照面向对象设计的思想，软件设计的目标就是要获得类、接口及其关系。如何划分类、接口,建立它们之间的关系,不同的人有不同的方案。软件开发实践中经常遇到相同的软件设计场景,针对这些场景,人们总结了较优的解决方案,这些解决方案就是设计模式。设计模式是软件设计的经验总结和最佳实践。人们应用设计模式来解决相同的设计问题。当然,也可以提出自己的设计模式。

软件架构、框架和设计模式三者关系密切,容易混淆。软件架构有点类似设计模式,但软件架构是系统级别的,使用软件架构,人们可以解决类的分组问题。而设计模式是类级别的,使用设计模式可以解决类的划分问题。软件架构和设计模式都是软件设计方法。框架与软件架构和设计模式不同的是,框架是基础软件而不是软件设计方法。框架常常使用了软件架构和设计模式。例如,Spring框架支持微服务架构、事件驱动架构、MVC架构等。Spring框架中也使用了工厂设计模式、单例设计模式、代理设计模式等。

思考题

1. 什么是面向对象方法学?与其他软件开发方法相比较,它有什么特点?
2. 什么是对象?它与传统的数据有何异同?
3. 什么是类、继承和多态?
4. 什么是模型?开发软件为什么要建模?
5. 简述面向对象分析的基本过程。
6. 简述面向对象设计的基本过程。
7. 简述面向对象程序设计的基本特征。
8. 简述常用面向对象分析和设计方法的异同。
9. 简述UML与面向对象分析与设计的关系。

第4章

需求分析建模阶段的用例模型

知识目标
- 掌握什么是需求分析建模。
- 掌握需求分析阶段的用例模型的概念与用途。
- 掌握需求分析阶段的用例图的概念与用途。
- 掌握需求分析阶段的活动图的概念与用途。

技能目标
- 能够使用 RSA 绘制用例图。
- 能够使用 RSA 绘制活动图。

利用 UML 建模系统时,在系统开发的不同阶段有不同的模型,并且这些模型的目的是不同的。在需求分析阶段,业务需求模型的目的是捕捉系统的需求,建立"现实世界"的类和协作的模型。用例图(Use Case Diagram)是由软件需求分析到最终实现的第一步,它描述客户希望如何使用一个系统。用例图从用户的角度而不是开发者的角度来描述对软件产品的需求,分析产品所需的功能和动态行为。因此,在整个软件开发过程中,用例图是至关重要的,它的正确与否直接影响到用户对最终产品的满意程度。需求分析阶段的建模成果主要是用例图和活动图(Activity Diagram),本章描述了用例图和活动图的绘制方法及它们的内部联系。

4.1 需求分析建模概述

观看视频

业务需求(Business Requirement)是从客户角度提出的对系统的要求,一般也被称为初始需求。通常用用例模型来描述这样的目标系统的功能需求,用例模型将用户和开发人员之间的契约以模型方式加以说明。用例模型主要包括系统要实现的功能(用例)、环境(参与者)及用例和参与者之间的关系。用例和参与者之间的关系可以用用例图来表示,可以包含事件流的文字说明及参与者和系统之间的交互信息等。同时,对于比较复杂的系统,可以使用活动图来表示用例中的事件流。

用例模型具备简单、直观的特性,因此客户可以很容易理解用例模型所表达的内容,客户和开发人员(需求分析人员)可以将用例模型作为载体来讨论系统的功能和行为。用例模型在创建项目的初始阶段,用于勾画系统的大致轮廓。随着对需求的深入理解及与用户不断沟通交流,开发人员进一步对用例进行细化,并根据实际需要,加入一些前期没有被标识出来的用例。

4.1.1 如何进行需求分析建模

如果不知道你想要的是什么,你就永远得不到你想要的。

软件开发项目通常分为两种:一种是为客户开发专用的软件;另一种是为市场开发通用软件。不论是哪一种软件开发项目,需求在软件开发过程中都是至关重要的。

如果是为客户开发专用软件,客户一定是需要某种软件,并愿意为此花费一定的费用。从客户的角度考虑,客户希望花费尽可能少的费用获得功能较多、质量较好的软件。从开发者角度考虑,开发者希望在给定费用的前提下用尽可能短的时间完成开发任务。

如果是为市场开发通用软件,开发者一定要了解市场需求,挖掘市场需求,预测市场需求,在一定资源的约束下开发出满足市场需求的软件产品。

软件需求是将要构建的软件产品的规格说明,软件需求描述了软件产品应当能够做什么(功能需求)和软件产品应当具备什么样的特性(非功能需求)。

如何识别软件需求不是一件容易的事情,软件需求不明确或软件需求随意变更这两点,常常导致软件开发项目失败。软件需求在软件开发项目中非常重要,因此,形成了软件工程领域的一个子领域——软件需求工程。软件需求工程研究的内容包括需求开发和需求管理,而需求开发又被分为需求收集、需求分析、需求确认、需求验证。

需求收集的目标是发现需求,需求工程师通常采用发放和收集调查问卷、收集分析业务表单等与业务相关的文档、召开与关键用户/产品经理的座谈会等方法收集用户/产品经理对软件产品的初始功能需求和非功能需求。需求工程师可以用业务模型表达这样获得的初始需求。这样的初始需求还不能作为软件设计的依据。这是因为还存在需求不完全、需求不能实现等问题。因此,需要进行需求分析。

需求分析的目标是识别需求,并进一步发现需求,确定需求的优先级。需求分析建模是需求分析的方法之一,在进行需求分析建模时,首先识别用例与参与者,然后绘制用例图和活动图。在绘制用例图和活动图时,有时需要拆分用例、合并用例,用例分析是需求分析的主要内容。通过绘制用例图和活动图,用用例图和活动图与用户/产品经理沟通,最终确定用例模型。

经过需求分析,需求相关方(用户/产品经理、业务分析师等)对软件需求达成一致,形成软件需求规格说明、用例模型。这就是需求确认。

经过确认的软件需求是不是就不存在错误呢? 当然不是。实践表明软件系统中15%的错误来源于错误的需求,在实现以后再改正需求错误比在需求开发阶段改正需求错误花费的成本要大得多,因此,有必要进行需求验证。需求验证的目标就是尽可能早地发现和改正需求错误。需求验证通常要考虑如下几方面。

(1)需求精确描述了待构建软件系统的功能和性能。

(2)需求正确有效,能够达成业务目标。

(3)需求是完整的、可行的和可验证的。

(4)所有的需求都是必要的,全部需求足够达成业务目标。

(5)所有需求必须是一致的,任何一个需求不能和其他需求相互矛盾。

需求验证的方式有同行审查和审查会,对于具有一定规模的软件来说,需求分析是由若干业务分析师完成的,由一个业务分析师或几个业务分析师对另一个业务分析师的工作成果进行审查被称为同行审查。对整个软件需求的审查必须召开审查会,需求相关方(用户/产品经理、业务分析师、软件开发人员、软件测试人员等)都需要参与需求审查会。

需求开发的过程通常是一个迭代过程,其目标是尽量减少需求错误,避免遗留重大的需求错误。

用例模型是需求表达的方式之一,在使用 UML 软件建模工具创建用例模型时需要用到需求工程中的概念、方法和过程。

4.1.2　创建用例模型

IBM RSA 提供了"空白用例包"和"用例包"两个模型模板。用"空白用例包"模型模板创建的用例模型只包含用例图。用"用例包"模型模板创建的用例模型包含用例图、活动图和自由格式图,是 RUP 推荐的用例模型。

创建用例模型的步骤如下。

(1) 在"建模"透视图中,右击"项目资源管理器"中的项目,在弹出的快捷菜单中依次执行"新建"→"创建 UML 模型"命令,如图 4.1 所示。

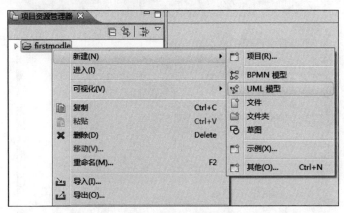

图 4.1　新建 UML 模型

(2) 在弹出的"从以下项创建新的 UML 模型"选项组中选择"标准模板",单击"下一步"按钮,如图 4.2 所示。

(3) 选中"类别"列表框中的"需求",然后在"模板"列表框中选择"用例包",输入模型的文件名,通过单击"浏览"按钮选择保存的目标文件夹,单击"完成"按钮,如图 4.3 所示。

(4) 在"项目资源管理器"中按用例模型模板生成了用例模型,如图 4.4 所示。

RSA 生成的用例模型的结构和内容如图 4.5 和图 4.6 所示。UML 项目由两个包组成,分别是"图"和"模型"。

图:包含了该工程的所有 UML 图,每个 UML 图又可以根据不同类型和用途放在不同的子包中。

模型:包含了该工程下所有的模型,如"用例模型""分析模型"等。

下面介绍按用例模型模板"用例包"生成的用例模型包含的内容。

(1) 透视图(Overviews):包含了对该用例模型的整体介绍,其中子元素 Actors

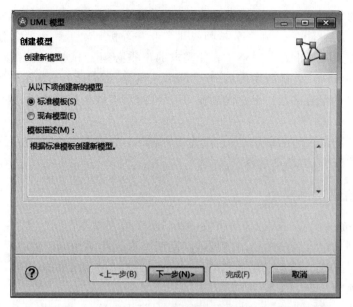

图 4.2　创建 UML 模型

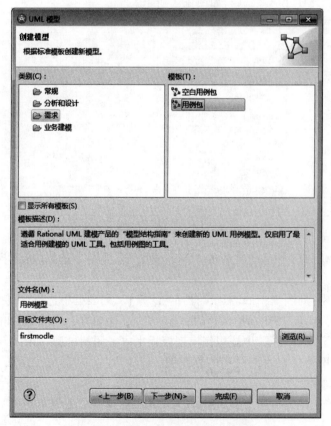

图 4.3　UML 模型的类别和模板

Overviews 存放的是与该用例模型相关的参与者,小型应用可以放入所有的参与者,对大型应用可以只放一些重要的参与者;而子元素 Context Diagram 存放的是该用例模型下重要

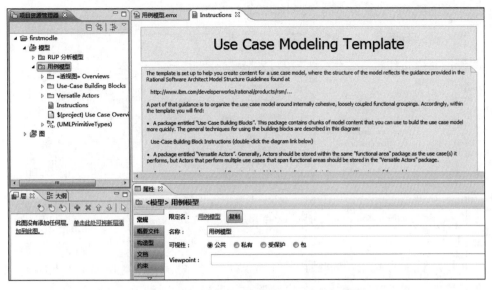

图 4.4　使用用例模型的模板生成的用例模型

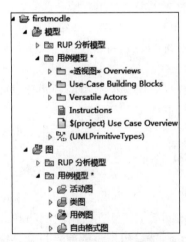

图 4.5　用例模型的层次结构

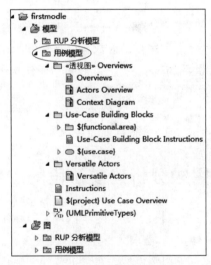

图 4.6　用例模型的内容

的用例,同样的,可以选择性地放入相关的用例。

（2）用例构建模块（Use-Case Building Blocks）：包含了一些通用的、可重复使用的模板,通过复制和修改这些模板能快速创建用例模型。在子包模板 $\{$function. area$\}$ 下可以加入与同一个功能相关的多个用例,子包 $\{$function. area$\}$ 是对用例按功能分组,如果用例不多也可不必按功能分组;子包模板 $\{$use. case$\}$ 包含了用例及其对应的活动图。如果用例较复杂,可能需要有相关的活动图进行描述,需创建与用例对应的活动图,与用例对应的活动图是可选的。通过复制这些模板能提高用户的工作效率。

复制模板的步骤如下。

在按住 Ctrl 键的同时,选择要被复制的模板（ $\{$function. area$\}$ 或 $\{$use. case$\}$）,将模板拖动到想要放置的位置;然后,右击新创建的模型元素,在弹出的快捷菜单中执行"查找/

替换"命令,按提示完成重命名的操作,如图 4.7 所示。

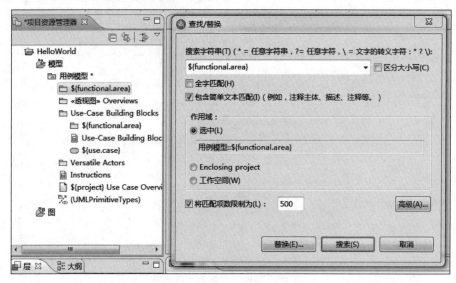

图 4.7　复制模板创建功能模块

(3) 多功能参与者(Versatile Actors):在不同功能中都可以用到的参与者。

通常,开发者用复制模板 $\{function. area\}$ 的方法在用例模型下创建功能模块;然后,用复制模板 $\{use. case\}$ 的方法在功能模块下创建用例;最后,将创建的用例拖拉到功能模块的用例图中。

本节介绍了进行业务需求建模的一般方法,下节将对用例模型中两种主要的 UML 图(用例图和活动图)进行详细的描述。

4.2　需求分析建模阶段的 UML 图

需求分析建模阶段应该绘制哪些 UML 图? 不同的公司可能有不同的选择。按照 RUP 的最佳实践,需求分析建模阶段应该包含用例图和活动图。在绘制用例图和活动图之前,必须先创建用例模型。在 4.1 节中创建用例模型时,选择用例包模型模板就是选择了遵循 RUP 最佳实践。

4.2.1　用例图

1. 知识精讲

观看视频

用例分析是由软件需求分析到最终实现的第一步,用例图从用户的角度来描述系统所实现的功能,标明了用例的参与者,确定参与者和用例之间的关联关系。用例图显示谁将是相关的用户、用户希望系统提供什么服务,以及用户需要为系统提供什么输入,以便使系统的用户更容易地理解这些元素的用途,也便于软件开发人员最终实现这些元素。

用例图是用例模型的主要组成部分,向外部用户展示系统中各个功能部件的行为。它将系统功能划分为对参与者有意义的活动,而系统与参与者之间相互发送消息被称为交互。图 4.8 表示了一个简单的用例图,其中参与者用人形来表示,用例用椭圆来表示,它们之间的关系则用连线来表示。

用例图包含两个主要元素：参与者和用例。下面分别说明如何识别参与者和用例。

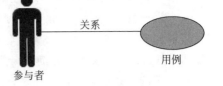

图4.8 用例图

可以通过回答下面的问题识别参与者。

（1）是否所有的参与者都被识别出来？

（2）是否每个参与者至少有一个相关的用例？

（3）是否每个参与者真的只有一个职责？参与者是否可以被拆分或合并？

（4）在同一个用例的两个参与者中，他们的职责是否是一样的？

（5）每个参与者是否都有一个清楚的、可清晰描述其职责的名字？系统的用户或客户是否能理解这个名字？

可以通过回答下面的问题识别用例。

（1）每个用例是否都独立？

（2）用例中是否具有相同的或者类似的时间流？

（3）所有用例的目标是否明确？

（4）系统的用户或者客户是否能理解这些用例的含义？

用例图中主要元素及其关系的概念和表示方法如下。

1）参与者

参与者是独立于系统而存在的外部实体，参与者通过使用系统提供的服务与系统产生关联。参与者可以是一个人、一个组织、一台机器甚至是一个外部系统。多人可以是同一个参与者，同一个人也可以从充当多个参与者，因此，实践中常用角色指代参与者。在UML中，参与者用人形来表示，参与者的名称写在图标的下方。由于参与者在与系统交互过程中可以同时或不同时扮演多个角色，所以最好用业务相关的名字来命名参与者，同时为参与者添加必要的简短说明。

创建参与者的步骤是：右击待创建参与者的包，在弹出的快捷菜单中依次执行"添加UML"→"参与者"命令，如图4.9所示。或打开已经创建好的用例图，在右边的"选用板"视图中单击"参与者"图标，选择"参与者"，然后在用例图编辑区单击空白处，即可生成如图4.10所示的参与者。

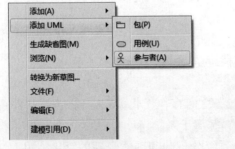

图4.9 创建参与者菜单

图4.10 用例"选用板"创建参与者

2）用例

用例是外部可见的系统功能单元，代表一个系统或者组件，甚至可以是一个类的功能。用例包含了系统、参与者，以及系统和参与者之间关系的详细信息，用例的目的只是定义系统的一系列连贯行为,而不应该描述如何实现系统。

每个用例都有一个名字来唯一标识它,这个名字应该概括这个用例的功能。用例的名字可以分为简单名和路径名。简单名一般用名词加描述系统功能的动词,如用户注册、身份验证、管理留言等,路径名是在简单名前面加上用例所属的包名,如 Admin::ProfileChang 等。

每个用例描述了系统的一个相对独立的功能模块,但有时由于与其他用例发生某种隐含的依赖关系,可能会相互交错进行。对于比较重要或复杂的用例,可以用活动图和时序图来详细描述它的动态执行过程,也可在用例文档中来加以说明。

创建用例有两种方法:使用模板和不使用模板。使用模板创建用例的方法见 4.1.2 节,其优点是模板已经为用例附加了可选的活动图;不使用模板创建用例的步骤是:右击待创建用例的包,在弹出的快捷菜单中依次执行"添加 UML"→"用例"命令,如图 4.11 所示。或打开已经创建好的用例图,在右边的"选用板"视图中,单击"用例"图标,选择"用例",然后在用例图编辑区单击空白处,即可生成如图 4.12 所示的用例。如果需要为不使用模板创建的用例附加活动图,必须在"项目资源管理器"中右击用例,然后在弹出的快捷菜单中依次执行"添加图"→"活动图"命令。使用模板创建的用例显示在"项目资源管理器"中,可以根据需要将用例填入用例图。不使用模板创建的用例不仅显示在"项目资源管理器"中,而且已经填入用例图。用例可以被多个用例图所引用。当从"项目资源管理器"中删除用例时,右击用例,在弹出的快捷菜单中执行"从模型中删除"命令,这意味着从"项目资源管理器"以及所有引用了这个用例的用例图中都删除了这个用例。在用例图中选择用例后右击,在弹出的快捷菜单中有两个删除用例的菜单项:"从图中删除"和"从模型中删除"。从图中删除意味着仅从当前用例图删除这个用例,并没有从模型中完全删除这个用例,在"项目资源管理器"中仍然显示有这个用例,在其他用例图中可能还有这个用例。

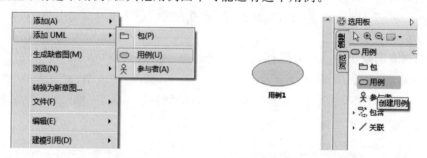

图 4.11　创建用例菜单　　　　图 4.12　使用用例"选用板"创建用例

观看视频

3) 参与者之间的关系、参与者与用例之间的关系、用例间的关系

(1) 参与者之间的泛化关系。

参与者是一种类,因此,参与者与参与者之间存在泛化关系。例如,在软件系统开发过程中,系统分析师(子类)和项目经理(子类)都属于系统设计师(父类),他们都承担了系统设计师的部分工作。可以说,系统设计师是系统分析师和项目经理的泛化。用 UML 图表示这种泛化关系,如图 4.13 所示。

(2) 参与者与用例之间的关联关系。

参与者与用例之间的关系有两种:关联和定向关联。使用不带箭头的实线来表示关联关系。通常使用关联关系,如图 4.14 所示。

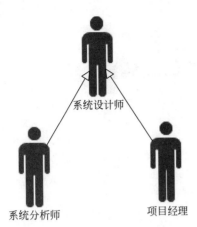

图 4.13 参与者之间的泛化关系

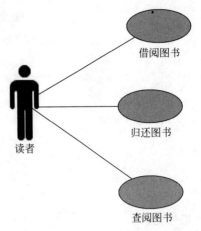

图 4.14 参与者与用例之间的关联关系

使用带箭头的实线表示定向关联,如有必要,参与者与用例之间也可以使用定向关联。

(3) 用例之间的泛化关系。

在用例的泛化关系中,子用例表示父用例的特殊形式。子用例从父用例继承行为和属性,还可以添加自己的行为和属性,或覆盖所继承的父用例的行为。如果系统中一个或几个用例是某个一般用例的特殊化时,就需要使用用例的泛化关系。

在 UML 中,用带空心箭头的实线来表示泛化关系,箭头的方向指向父用例,如图 4.15 所示。

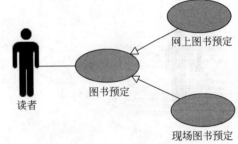

图 4.15 用例之间的泛化关系

(4) 用例之间的包含关系。

一个用例可以包含其他用例具有的行为,并把它所包含的用例行为作为自身用例的一部分,这种用例间的关系被称为包含关系。包含关系把几个用例的公共部分分离成一个单独的被包含用例。通常,把包含用例称为客户用例,被包含用例称为提供者用例。用例间的包含关系允许提供者用例的行为参与客户用例的事件中,使得一个用例的功能可以在另一个用例中使用。

建立包含关系的情况一般有两种:一种是两个以上用例有大量一致的功能,可以把这个功能分解到另一个用例中,其他用例可以和这个用例建立包含关系;另一种是当一个用例的功能太多时,可以用包含关系建模两个小用例。

在使用包含关系时,必须在客户用例中说明提供者用例行为被包含的详细位置,如图 4.16 所示。

(5) 用例之间的扩展关系。

扩展关系是把新行为插入已有用例中,基础用例提供了一组扩展点,在这些新的扩展点上可以添加新的行为,而扩展用例提供了一组插入片段,能被插入基础用例的扩展点上。基础用例不必知道扩展用例的细节,仅为其提供扩展点。

事实上,基础用例没有扩展用例也是完整的,只有特殊条件发生时,扩展用例才被执行。扩展关系为处理异常或构建灵活的系统框架提供了一种十分有效的方法,如图 4.17 所示。

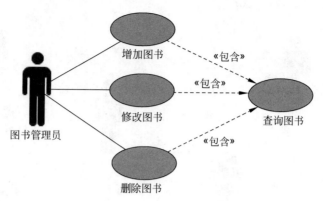

图 4.16   用例之间的包含关系

2. 操作演示

RSA 用例图的 UML 元素可以在用例"选用板"上找到,这些元素有用例、参与者、包、包含、关联、注释等,如图 4.18 所示。

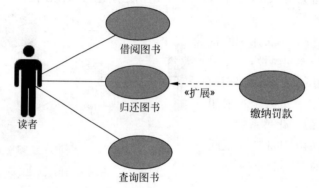

图 4.17   用例之间的扩展关系

图 4.18   用例"选用板"

表 4.1 列出了"用例"选用板的图标、名称及其作用。

表 4.1   用例"选用板"的图标、名称及其作用

图 标	名 称	作 用
	包	创建包
	用例	创建用例
	参与者	创建参与者
	包含	创建包含关系
	扩展	创建扩展关系
	泛化关系	创建泛化关系
	关联	创建关联关系
	定向关联	创建定向关联关系
	选择	选择某元素
	放大	放大某元素
	缩小	缩小某元素
	注释	对某元素添加注释
	文本	添加文本文字
	注释附件	对某元素添加注释附件文件

实例 1：在 RSA 中绘制参与者及用例。

（1）选择用例图所属的包，右击，在弹出的快捷菜单中执行"添加图"→"用例图"命令。

（2）打开用例图的编辑区后，在右边的用例"选用板"视图中选择"参与者"图标，并在编辑区中单击空白处，即可绘制参与者，如图 4.19 所示。

系统管理员　　图书管理员　　读者

图 4.19　绘制参与者

（3）使用相同的方法添加用例，如图 4.20 所示。

如需对用例进行排列，先选择需要排列的用例，在工具栏中单击"对齐"按钮，如图 4.21 所示。根据实际情况对选中的元素进行对齐。

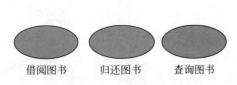

借阅图书　　归还图书　　查询图书

图 4.20　绘制用例

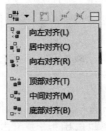

图 4.21　对齐用例

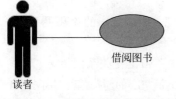

借阅图书

读者

图 4.22　创建参与者与用例
之间的关联

实例 2：在 RSA 中为参与者与用例之间建立关联。

（1）新建一个用例图或打开已有的用例图。

（2）在用例"选用板"中选择关联图标，把两者连接起来，如图 4.22 所示。

（3）如果关联的线条不是直线，如图 4.23 所示。为了美观或便于观看，有时需要把这样的弯曲带有角度的线条转换为斜线，选中连接符线条后，单击工具栏中的 或

右边的箭头，进入样式路由菜单，如图 4.24 所示。把连接符的样式更改为倾斜样式，修改后如图 4.25 所示。

图 4.23　默认关联样式　　图 4.24　样式路由菜单　　图 4.25　修改后的样式

3. 课堂实训

以"图书管理系统"为例，首先确定读者（借阅者）是参与者，读者可以登录系统查询所需要的书籍，查到相应书籍后可借阅图书或还书，如图书已被借走，可预约图书。在 RSA 中，该读者及相关用例图绘制步骤如下。

图 4.26 绘制参与者

1) 绘制参与者

(1) 在用例"选用板"中选择"参与者"图标 。

(2) 在编辑区要绘制的地方单击,即可绘制参与者,对其重命名即可。

如图 4.26 所示为绘制的读者参与者。

2) 绘制用例

(1) 在用例"选用板"中选择用例图标 。

(2) 在编辑区要绘制的地方单击,即可绘制用例,对其重命名即可。如需多个用例,则重复操作。

在图 4.27 中,编者绘制了"借阅图书""归还图书"等用例。

图 4.27 绘制用例

3) 为参与者与用例建立关联关系

(1) 在用例"选用板"中单击关联图标 关联 。

(2) 单击选中参与者,按住鼠标右键,拖动到用例,然后松开鼠标右键,即可建立参与者与用例之间的关联关系。

如图 4.28 所示为建立的"读者"与"借阅图书""归还图书"等用例之间的关联关系。

4) 为参与者"读者"建立泛化关系

(1) 建立两个子参与者"学生""教师",在用例"选用板"中单击泛化关系图标 。

(2) 在参与者"读者"与两个子参与者"学生""教师"之间拉出带空心的箭头,箭头指向读者。

如图 4.29 所示为绘制的"教师""学生"两个子参与者与"读者"的泛化关系。

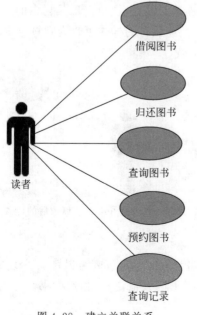

图 4.28 建立关联关系

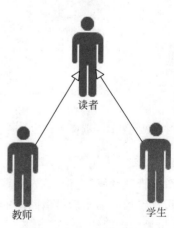

图 4.29 建立泛化关系

5）建立包含关系

（1）建立客户用例"新建读者信息""更改读者信息""删除读者信息"用例,提供者用例"查找读者"。

（2）在"用例"选用板中单击包含关系图标 ↗,在客户用例和提供者用例之间拉出一条虚线,关系的说明是包含关系。

如图 4.30 所示为绘制的客户用例和提供者用例之间的包含关系。

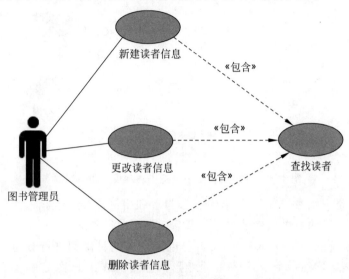

图 4.30　建立包含关系

6）为"归还图书"用例和"缴纳罚款"用例之间建立扩展关系

（1）建立扩展用例"缴纳罚款"和被扩展用例"归还图书"。

（2）在用例"选用板"中单击扩展关系图标 ,在扩展用例和被扩展用例之间拉出一条带箭头的虚线,箭头指向被扩展用例"归还图书",关系的说明是扩展关系。

如图 4.31 所示为绘制的"归还图书"与"缴纳罚款"用例之间的扩展关系。

7）添加注释

在用例"选用板"中单击注释图标 ▭,在需要注释的用例旁单击即可。

如图 4.32 所示为添加了"查询记录"用例的注释。

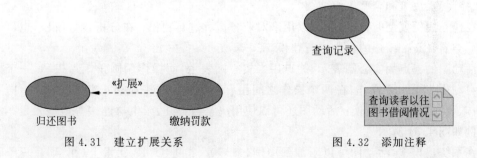

图 4.31　建立扩展关系　　　　　　图 4.32　添加注释

8）绘制完成

读者和图书管理员以及相关用例图如图 4.33 所示。

实际上,"图书管理系统"的用例不仅仅只有这些。例如,还有"读者登录"用例。业务需

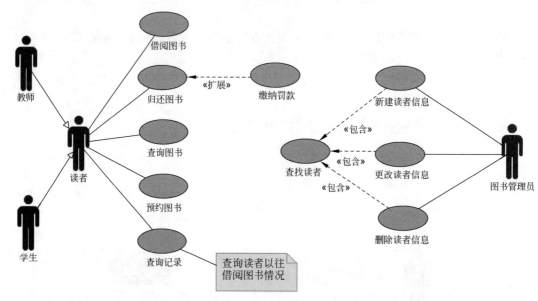

图 4.33　完成后的读者和图书管理员及相关用例

求建模的过程就是识别参与者与用例,分析参与者和用例,建立参与者、用例及其关系的过程。"图书管理系统"的更多用例请参考本章后面的实训任务。

通常,一个系统的用例有很多,开发者可以用子系统对用例进行分组。在绘制用例图时,可以在用例图中增加一个子系统(一个矩形),把用例放在子系统中,参与者放在子系统外。在本章后面的实训任务中使用了子系统。

观看视频

4.2.2　活动图

1. 知识精讲

对于系统比较复杂的用例,仅仅用用例图只能说明系统应该做什么,不能详细说明实现的具体步骤。所以需要使用活动图来描述系统活动、判定点和分支等,使用工作流来描述活动的顺序,每个活动都代表工作流的一组动作的执行。

用例建模阶段使用的活动图是为了显示一个用例中的控制流和数据流。活动图是由操作(Action)节点,以及连接各个操作节点的控制流或者输出流节点组成的。活动图主要由操作、控制流、决策和合并等组成。

在建立用例模型时,活动图可以用来对业务流程进行建模;在分析设计阶段,也可以对某个分类器(Classifier)的行为进行建模。

活动图的起点用实心圆表示,终点用半实心圆表示,而操作用圆角矩形表示,一个操作结束自动引发下一个操作,在两个操作之间用有箭头的连线来连接;连线的箭头指向下一个操作,表示控制流的转换;活动图还可以使用决策与合并、派生与连接等模型元素。活动图示例如图 4.34 所示。

在系统建模中,活动图可以附加到用例、参与者、类等 UML 元素上(在"项目资源管理器"中,选定这些 UML 元素,右击这些元素,在弹出的快捷菜单中执行"添加图"→"活动图"命令即可把活动图附加到这些 UML 元素上),用于描述其动态行为。最常见的情形是向一个类(用例、参与者也可以看作特殊的类)附加一个活动图,一般遵循下面的过程。

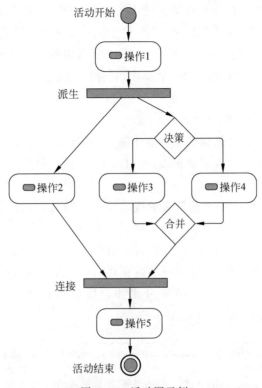

图 4.34 活动图示例

（1）分析此类或对象涉及的操作，包括操作的输入、输出参数、类的属性及相关类。

（2）分析操作的前置和后置条件。

（3）从操作的初始状态开始，说明按时间顺序所发生的活动或动作。

（4）使用决策和合并节点来说明条件路径和迭代。

（5）仅当这个操作属于一个主动类时，才在必要时使用分叉和汇合来说明并行的控制流。需要说明的是，主动对象是具有主动行为的对象，在设计阶段是拥有线程或进程并能够启动控制活动的对象，主动类是其实例为主动对象的类。

UML 的活动图中包含的模型元素有操作、流、决策与合并、派生和连接、分区和对象节点等，如图 4.35 所示。

图 4.35 活动图基本模型元素

1）操作

操作是活动图中最基本的构成符号，它表示执行工作流中指定的命令。一个操作执行

图 4.36　操作的表示

完毕后根据结果再转入下一个操作或终结状态。

在 UML 中,操作使用圆角矩形表示,名称写在圆角矩形的内部,如图 4.36 所示。一般来说,用例需求所创建的标题会映射为用例必须执行的一个操作,它允许在多处出现。

操作具有以下特点。

(1)原子性:它是构成活动图的最小单位。

(2)不可中断性:一旦开始运行就不能中断,一直运行到结束。

(3)瞬时性:所需要的处理时间很短,有时甚至可忽略不计。

2)流

流用于连接两个活动节点,用带箭头的线段表示。箭头表示流的方向。当流连接的是两个操作节点时,表示一个操作完成后会转到下一个操作继续执行,流描述了顺序转移的过程。当流连接的是操作节点和对象节点时,这样的流又称为对象流。

活动图开始于初始状态节点,然后自动转移到第一个操作来执行,一旦该操作所说明的工作结束,控制就自动转换到下一个操作,不断重复后直到遇到分支或最终活动节点。"归还图书"用例的活动图如图 4.37 所示。

图 4.37　"归还图书"用例的活动图

3)对象流

对象流描述了操作和对象之间的关系。把某个操作涉及的对象放置在活动图上,并用一个依赖将这些对象连接到对它们进行创建、修改和销毁的操作上,这样的依赖关系与对象的转换被称为对象流。

在 UML 中,对象用矩形来表示,矩形里面是对象的名称,名称下方的方括号列出该对象的状态,还可以在对象名下面加分隔栏来表示对象的属性值,对象流使用一端为矩形另一端为箭头的实线来表示,箭头指向对象。"预约图书"用例的活动图如图 4.38 所示。

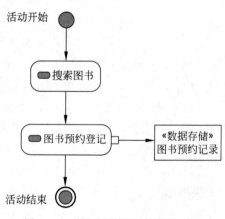

图 4.38　"预约图书"用例的活动图

4)决策与合并

在传统的流程图中,分支描述了在不同条件下程序不同的执行流程。在 UML 中,用决策与合并来实现分支功能,它们都是使用一个菱形来表示,"归还图书"用例的使用了决策与合并的活动图如图 4.39 所示。

决策表示一个操作执行后根据不同的条件选择后续执行的操作。决策可以有一个进入控制流和多个输出控制流,每个输出控制流都有一个与之关联的条件,当条件为真时,输入路径才有效。在所有输出控制流中,条件不能重复,并且应该覆盖所有的可能性。

合并功能则相反,它表示多个执行分支的汇合。合并可以有多个进入控制流和一个输出流。各个控制流没有对应的条件,无论控制权从哪个控制流进入,都将从相同的输出控制流离开。

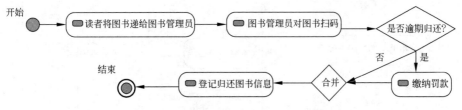

图 4.39 使用了决策与合并的活动图

5）派生与连接

在建模过程中,可能会遇到多个可以并行执行的操作。可以使用派生把工作流分成多个并发执行的流,或可以使用连接来同步这些并发流。在 UML 中,它们都是使用一条加粗的线段来表示。

派生节点有一个流入的控制流和多个流出控制流,所有流出的控制流都是独立执行的操作序列。连接节点有多个流入控制流和一个流出控制流,所有流入控制流到达连接节点时,操作才能继续下去。“预约图书”用例的使用了派生和连接的活动图如图 4.40 所示。

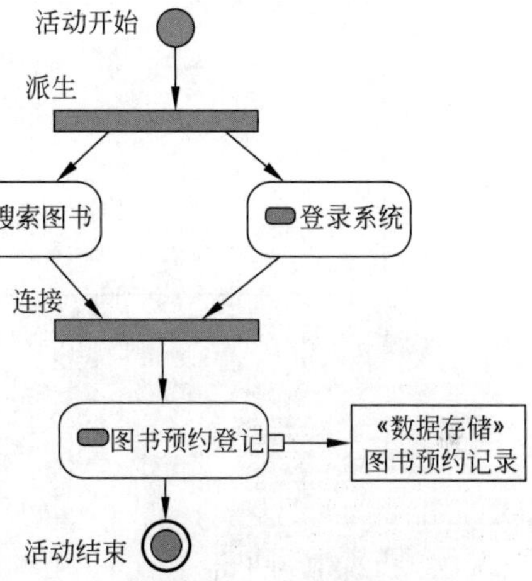

图 4.40 使用了派生与连接的活动图

6）分区

活动图的活动分区可以把一些公共的特性进行分组,一般可以按参与者来划分或按应用程序的层次划分。每个活动分区都有唯一的名字,它可以是水平或垂直的,每个操作只能明确地属于一个活动分区,控制流可以在分区之间传递,“归还图书”用例的使用了活动分区的活动图如图 4.41 所示。

7）对象节点

UML 中有多种不同的对象节点,包括中央缓存区节点和数据存储节点等。中央缓存区节点是 UML 2.0 新引进的节点类型,它通过输入或输出 pin 和操作相连,多个操作可以在这个缓存区放入对象,或一些操作可以从缓存区提取对象进行处理。数据存储节点是特殊的中央存储区节点,它把经过它的数据存储起来,与该节点交互的数据都可以被持久化,例如,存储到文件或数据库中。

2. 操作演示

实例 1：在 RSA 中创建操作及流。

(1) 在需要创建活动图的用例上右击,执行“添加图”→“活动图”命令。

(2) 打开活动图的编辑区后,在右边的活动图“选用板”视图中单击“初始”图标,并在编辑区中单击,绘制出“活动开始”节点,如图 4.42 所示。

(3) 在活动图“选用板”视图中单击“操作”图标,绘制出“操作 1”操作节点,重复操作,可以绘制多个操作,如图 4.43 所示。

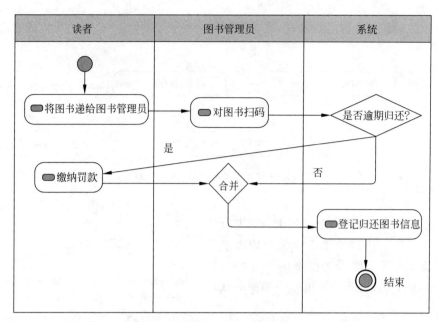

图4.41　使用了活动分区的活动图

图4.42　活动开始
图4.43　创建多个操作

图4.44　活动结束

（4）在活动图"选用板"视图中单击"最终活动"图标，并在编辑区中单击，绘制出"活动结束"节点，如图4.44所示。

（5）在活动图"选用板"视图中单击"流"图标，在这些活动节点之间创建流连接，如图4.45所示。

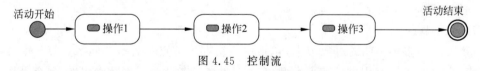

图4.45　控制流

实例2：在RSA中创建具有决策与合并、派生与连接的活动图。

（1）要增加决策与合并，在活动图"选用板"视图中单击图标 决策 或 合并，然后在绘图区要加入决策与合并的地方单击。由于决策需有一个进入控制流和多个输出控制流，合并需有多个进入控制流和一个输出控制流，所以决策与合并要和控制流相结合才有意义。

首先添加4个操作，然后添加决策与合并，并添加控制流。决策与合并的示意图如图4.46所示。

（2）要增加派生与连接，在活动图的"选用板"视图中单击图标 派生 或 连接，在绘图区要加入派生与连接的地方单击。由于派生需有一个进入控制流和多个输出控制流，连接需有多个进入控制流和一个输出控制流，所以派生与连接也要与控制流相结合。

首先添加5个操作，然后添加派生与连接，并添加控制流。派生与连接的示意图如图4.47所示。

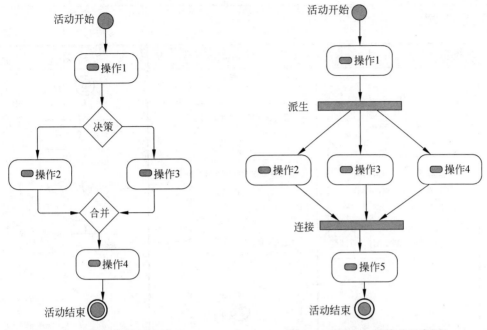

图 4.46　决策与合并示意图　　　　　　图 4.47　派生与连接的示意图

3. 课堂实训

以"图书管理系统"为例,至此已经识别出"借阅图书""归还图书""预约图书"等用例。可以考虑为这些用例建立活动图。限于篇幅,在此课堂实训小节中只为"借阅图书"用例建立活动图。

分析"借阅图书"用例的活动流程:读者先检索图书,找到自己想借的图书,记下索书号,然后到书架上拿出要借的图书。接着,读者走到服务台,将借书证和图书递给管理员。管理员对借书证和图书进行扫码,在系统中查询是否允许读者借书(是否超过最大借阅数、是否有超期图书没归还)。若不能借出,则系统显示提示信息;如果可以借出,则系统登记借书信息。如果借多本图书,则要重复对图书进行扫码操作。直到所借图书全部登记完成。

在 RSA 中,该活动图绘制步骤如下。

(1) 创建"借阅图书"用例。

在"项目资源管理器"中复制 Use-Case Building Blocks 下的子包模板 ${use.case},在功能模块 Reader 下创建 Borrow Book 用例。

(2) 打开活动图编辑区。

在"项目资源管理器"中,展开 Borrow Book 用例,双击 Borrow Book Activity Diagram 按钮,打开活动图编辑区。

(3) 绘制"借阅图书"用例对应的活动图。

在活动图的"选用板"视图中选择 UML 元素,填入活动图编辑区。

(4) 绘制完成。

如图 4.48 所示,绘制完成了"借阅图书"用例的活动图。

思考题

1. 什么是业务需求建模?可用什么方法进行需求建模?

Borrow Book

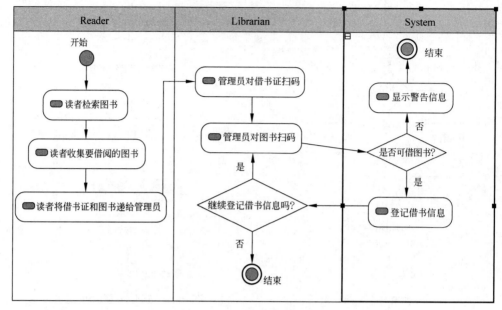

图 4.48　绘制完成的活动图

2. 如何创建一个用例模型？如何评价一个用例模型的优劣？

3. 什么是用例图？用例图由哪些部分组成？用例间的关系有哪些？

4. 什么是活动图？活动图包括哪些模型元素？

实训任务

按照下面的分析和步骤完成"图书管理系统"用例图和活动图的绘制。

任务 1　创建用例图。

1. 确定系统参与者

识别系统中所涉及的参与者和用例，明确有哪些参与者。分析这些参与者使用该系统的哪些主要功能。根据对"图书管理系统"的需求分析，可以确定以下信息：

(1) 系统管理员负责分配账户权限。

(2) 系统管理员负责对图书订购、图书入库、图书编目、图书上架等操作进行处理，负责图书的修改及删除操作。

(3) 系统管理员可以对读者类型信息进行添加、修改及删除操作。

(4) 系统管理员可以对图书类型信息进行添加、修改及删除操作。

(5) 图书管理员可以对读者信息进行添加、修改及删除操作。

(6) 图书管理员可以对图书进行添加、修改及删除操作。

(7) 图书管理员负责对读者借阅、归还、续借图书等操作进行处理。

(8) 读者可以注册账号,查询、更改自己账户信息。

(9) 读者可以借阅、归还、续借、查询图书。

(10) 读者可以缴纳罚款。

(11) 读者可以利用校园卡管理系统缴费。

从以上信息可以看出,系统的参与者主要有 4 种,系统管理员、图书管理员、读者、外部系统。

2. 确定系统用例

识别系统中的用例,分析每个参与者是如何使用系统的。在本案例中,可以分别对上述 4 种参与者:系统管理员、图书管理员、读者、外部系统进行分析。

1) 读者有关用例

(1) 查找图书、借阅图书、归还图书、续借图书、预约图书、已借图书列表。

(2) 查询自己账户、更改自己账户。

(3) 缴纳罚款。

2) 图书管理员有关用例

(1) 查找图书、借书登记、还书登记、续借登记。

(2) 查找读者、添加读者账户、删除读者账户、修改读者账户。

3) 系统管理员有关用例

(1) 分配账户权限。

(2) 图书订购、图书入库、图书编目、图书上架。

(3) 修改图书、删除图书。

(4) 添加读者类型、修改读者类型、删除读者类型。

(5) 添加图书类型、修改图书类型、删除图书类型。

4) 外部系统

校园卡转账。

3. 绘制用例图

本系统的需求比较复杂,为方便管理,可把系统用例分为下面的 4 个包。

Reader:包含系统提供给读者的服务相关用例。

Admin:包括系统管理相关的用例。

Book Warehouse:包括图书库存管理相关的用例。

Utils:包括系统提供的公共用例。

1) Reader 用例图的构建

(1) 新建用例图。在"用例模型"下创建一个名为 Reader 的包。可以从模板中创建(复制包 Use-Case Building Blocks 下的＄{functional. area}),创建好的包里已经有一张用例图 Reader Use Cases 了;也可以右击"用例模型",然后在弹出的快捷菜单中执行"添加 UML"→"包"命令,再在包 Reader 上右击,在弹出的快捷菜单中执行"添加图"→"用例图"命令,如图 4.49 所示。

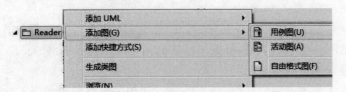

图 4.49　新建包和用例图

双击"项目资源管理器"中的用例图,打开用例图,可以看到编辑区和"选用板"视图如

图 4.50 所示。

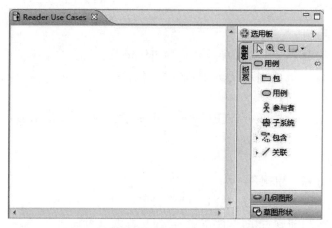

图 4.50　用例图编辑区和"选用板"视图

(2) 添加用例的参与者。本用例的参与者包括读者(Reader)和图书管理员(Librarian)。由于它们参与了多个用例,所以创建的位置应该在 Versatile Actors 包中。

右击 Versatile Actors 包,在弹出的快捷菜单中执行"添加 UML"→"参与者"命令,输入参与者名字;或在用例"选用板"中单击选中"参与者"图标,然后在编辑区中单击即可。添加好的参与者如图 4.51 所示。

图 4.51　添加参与者

还可以通过元素的"属性"视图对参与者进行修改,如添加文档说明、约束等操作,如图 4.52 所示。

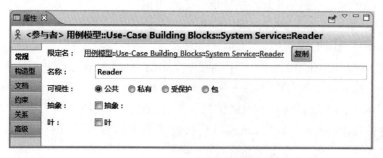

图 4.52　参与者的属性

(3) 添加用例与建立关联。创建好"归还图书""借阅图书""查找图书"等用例,然后在用例和参与者之间建立关联关系,根据实际情况创建缴纳罚款用例的扩展点,用例间的包含和泛化关系也遵循相似的步骤。

操作方法在 4.2.1 节中已详细介绍,Reader 用例图最终结果如图 4.53 所示,Reader 用例图引用的参与者与用例如表 4.2 所示。

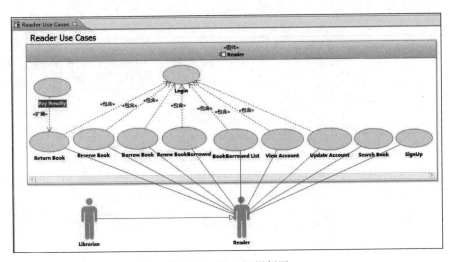

图 4.53　Reader 用例图

表 4.2　Reader 用例图引用的参与者和用例

参 与 者	用 例	参 与 者	用 例
Reader	读者参与者	Return Book	归还图书用例
Librarian	图书管理员参与者	Renew BookBorrowed	续借图书用例
Borrow Book	借阅图书用例	Pay Penalty	缴纳罚款用例
BookBorrowed List	已借图书列表用例	SignUp	用户注册用例
Search Book	查找图书用例	Login	用户登录用例
Reserve Book	预约图书用例	View Account	查看账户信息用例
Update Account	更新账户信息用例		

2）Admin 用例图的构建

创建一个新的用例图，名称为 Admin Use Cases，如图 4.54 所示。Admin 用例图引用的参与者和用例如表 4.3 所示。

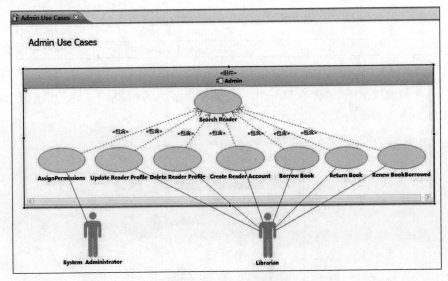

图 4.54　Admin 用例图

表 4.3　Admin 用例图引用的参与者和用例

名　　称	注　　释	名　　称	注　　释
Librarian	图书管理员参与者	Update Reader Profile	更新读者信息用例
Admin	系统管理员参与者	Delete Reader Profile	删除读者信息用例
Borrow Book	借书登记用例	Create Reader Account	创建读者信息用例
Return Book	还书登记用例	Search Reader	搜索读者用例
Renew BookBorrowed	续借登记用例	AssignPermissions	分配权限用例

3）Book Warehouse 用例图的构建

创建一个新的用例图,名称为 Book Warehouse Use Cases,如图 4.55 所示。Book Warehouse 用例图引用的参与者和用例如表 4.4 所示。

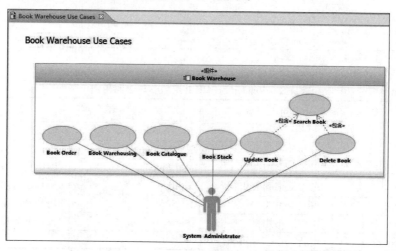

图 4.55　Book Warehouse 用例图

表 4.4　Book Warehouse 用例图引用的参与者和用例

名　　称	注　　释	名　　称	注　　释
Admin	系统管理员参与者	Book Stack	图书上架用例
Book Order	图书订购用例	Update Book	更新图书用例
Book Warehousing	图书入库用例	Delete Book	删除图书用例
Book Catalogue	图书编目用例	Search Book	查找图书用例

4）Utils 用例的构建

创建一个新的用例图,名称为 Utils Use Cases,如图 4.56 所示。Utils 用例图引用的参与者和用例如表 4.5 所示。

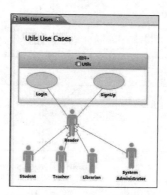

图 4.56　Utils 用例图

表 4.5 Utils 用例图引用的参与者和用例

名　　称	注　　释	名　　称	注　　释
Librarian	图书管理员参与者	Teacher	教师参与者
Reader	读者(学生、教师继承了读者)参与者	Login	登录用例(被多个用例所包含)
Student	学生参与者	SignUp	注册账号用例

任务 2　创建活动图。

在 4.2.2 节课堂实训部分,已经为"借阅图书"用例创建了活动图,以下给出"归还图书"用例的活动图绘制步骤。读者可自行绘制"预约图书"用例的活动图。

归还图书的过程是:读者将图书递给图书管理员,图书管理员对图书扫码。系统判断是否逾期归还,如果逾期归还,读者需缴纳罚款。不论是否逾期归还,系统都会登记归还图书。如果读者归还多本图书,则对每本图书重复执行相同的操作,直到对所有归还的图书处理完成。

在 RSA 中,该活动图绘制步骤如下。

1. 创建"归还图书"用例

在"项目资源管理器"中复制 Use-Case Building Blocks 下的子包模板 ${use.case},在功能模块 Reader 下创建 Return Book 用例。

2. 打开活动图编辑区

在"项目资源管理器"中,展开 Return Book 用例,双击 Return Book Activity Diagram 活动图,将打开活动图编辑区。

3. 绘制"归还图书"用例对应的活动图

在活动图的"选用板"视图中选择 UML 元素,填入活动图编辑区。

4. 绘制完成

如图 4.57 所示,绘制完成了"归还图书"用例的活动图。

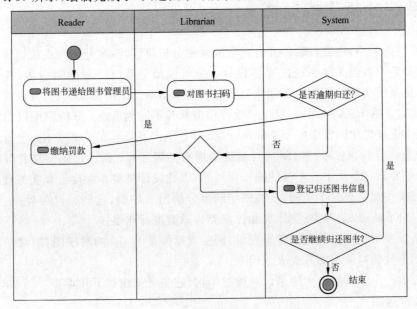

图 4.57　"归还图书"用例的活动图

第5章

系统分析建模阶段的分析模型

知识目标

- 理解什么是系统分析建模。
- 掌握系统分析建模阶段的类图的概念和用途。
- 掌握系统分析建模阶段的时序图的概念和用途。

技能目标

- 能够使用 RSA 绘制类图。
- 能够使用 RSA 绘制时序图。

系统分析是实现系统的第一步,其目的是在较高的和抽象的层次上帮助厘清需求和设计,在进入细致入微的详细设计之前,要求分析师对这个系统有较深的理解。分析模型关心的是系统是如何被实现的,可以认为分析模型是一个临时的工作产品,它会在设计阶段变得成熟。

观看视频

5.1 系统分析建模概述

明确系统需求后,将进入软件开发过程的系统分析阶段,系统分析和系统设计是紧密相关的,在分析阶段重点关注系统的总体设计。分析模型是系统实现的第一步,有了分析模型,可以在更高层次上分析如何实现系统。分析模型是概念上的抽象分析,并没有和具体的设计模型绑定。在 RSA 中,分析模型和设计模型具有不同侧重点:分析模型以用例模型作为输入,提出更理想化的概念模型来解决问题,但是不涉及具体的实现方法,它力求简洁明了,使开发人员可以在较短的时间内对系统实现有大概了解;而设计模型是要解决方案的细化问题,需要确定系统中各个类的操作和属性,因此设计模型非常接近真实的代码。

分析模型中通常包含了类图,在类图中画出分析出来的类,这些类以边界类、实体类和控制类等区分职责,以边界类、实体类和控制类为原型进行建模。

在分析模型中也可以包含用例实现,用例实现指的是 UML 的时序图,用时序图把用例中所描述的事件流以动态的方式表示出来。

分析模型一个重要的产出物是该系统的架构,它主要关注如下几点。

(1) 理解问题。

(2) 理想化的设计。

（3）系统的行为特征。

（4）系统的结构。

（5）功能需求。

（6）一个小的模型。

设计模型非常接近真实代码，它主要关注的是如下几点。

（1）理解解决方案。

（2）操作和属性。

（3）非功能需求。

（4）一个大的模型。

本章将讨论分析模型，下一章再讨论设计模型。

5.1.1　如何进行系统分析建模

在传统的软件工程中，系统分析建模的主要方法是结构化分析方法，在面向对象软件工程中，主要使用面向对象分析方法。

系统分析建模阶段的任务如下。

（1）识别类（类有哪些属性？哪些方法？）。

（2）确定类的层次关系（哪些是父类？哪些是子类？）。

（3）按功能划分模块或子系统。

（4）绘制类图。

（5）绘制时序图。

系统分析建模阶段的主要任务是依据用例模型找出分析类，找出分析类的方法通常有两种。一种是按照如下的指导找出分析类。

（1）对用例模型中的每个用例，在分析模型中增加一个控制类，控制类代表了与用例关联的业务逻辑。

（2）对于用例模型中参与者与用例之间的关系，在分析模型中增加一个边界类，边界类代表了系统与参与者之间的接口。

另一种找出分析类的方法是在绘制时序图的过程中识别分析类，时序图描述了用例实现。在绘制时序图的过程中，将会发现需要什么生命线。一般地，每一条生命线代表需要一个候选的分析类。

5.1.2　创建分析模型

IBM RSA 提供了"空白分析包""简化的空白分析包""RUP 分析包"3 个分析模型模板。用"空白分析包"模型模板创建的分析模型包含了各种 UML 图。用"简化的空白分析包"模型模板创建的分析模型包含了活动图、类图、时序图、用例图和组件图。用"RUP 分析包"模型模板创建的分析模型包含了用例图、活动图、类图、时序图和自由格式图，是 RUP 推荐的分析模型。

创建分析模型的步骤和创建用例模型的步骤非常类似，只是在选择模型模板时选择"分析模型"模板即可，以"RUP 分析包"模型模板为例，创建分析模型的步骤如下。

（1）在"项目资源管理器"中展开项目，右击"模型"列表项，在弹出的菜单上执行"模型"

→"创建模型"命令,如图 5.1 所示。

图 5.1　新建 UML 模型

(2) 在弹出的"创建模型"向导的"创建新模型"窗口中,选择"从以下项创建新的模型"选项组中的"标准模板",单击"下一步"按钮,如图 5.2 所示。

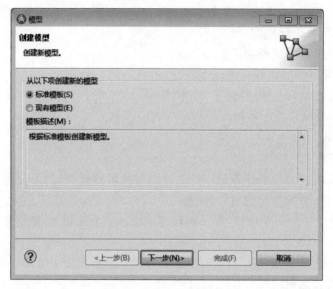

图 5.2　创建新模型

(3) 在弹出的"创建模型"向导的"根据标准模板创建新模型"窗口中,选中"类别"列表框中的"分析和设计",然后在"模板"列表框中选择"RUP 分析包",在下方文本框中输入模型的文件名,并可通过单击"浏览"按钮选择保存的目标文件夹,最后单击"完成"按钮,如图 5.3 所示。

(4) 在"项目资源管理器"中按分析模型模板生成了分析模型,如图 5.4 所示。

RSA 生成的分析模型的结构和内容如图 5.5 所示。它被分成了两个包,分别是"<<透视图>> Overviews"包和"<< modelLibrary >> Analysis Building Blocks"包,这两个包提供了一些内建的元素帮助用户快速生成自己的分析模型。

下面介绍用"RUP 分析包"模型模板创建的分析模型包含的内容。

(1) <<透视图>>(Overviews)包:是对被建模系统的整体介绍,默认情况下包含 5 个图,分别为 Analysis Views(分析视图)、Domain Model(领域模型)图、Key Abstractions(关键抽象)图、Key Controllers(关键控制)图和 UI 图。

图 5.3 根据标准模板创建新模型

图 5.4 用分析模型模板生成的分析模型

其中 Domain Model 图包含了当前分析模型的所有实体类,实体类是带有构造型(<< entity >>)的分析类; Key Abstractions 图包含了该分析模型下对描述系统架构有帮助的重要的分析类;Key Controllers 图包含了所有控制类,控制类是带有构造型(<< control >>)的分析类;UI 图则包含所有的边界类,边界类是带有构造型(<< boundary >>)的分析类,这些类是系统内部和系统外部交互的接口,可以根据边界类来确定系统界面的设计,一般分为 3 种类型(用户接口边界类、系统接口边界类和设备接口边界类)。

(2) << modelLibrary >>(Analysis Building Blocks)包:这是分析构建块包,包含了一些通用的、可以复制到分析模型中的模型元素,用户通过复制和修改这些模型

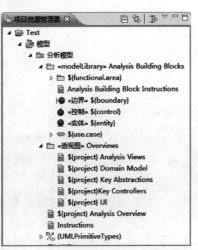

图 5.5 分析模型的结构和内容

元素可以快速创建自己的模型,分析构建块包包含子包$\{function. area\}$和$\{use. case\}$。

其中子包$\{function. area\}$包含了功能相关的一些类和类图,对于有很多分析类的系统,将分析类按功能分组,使得模型结构更清晰。小型项目的分析类不多,则不必分组。而子包$\{use. case\}$以用例模型中用例的名字命名,它对应用例的实现,在这个用例实现下可以包含类图和时序图等,使用它可以快速创建自己的用例实现。

(3) 分析类模板:分析类有3种,分别是实体类、控制类和边界类。分析模型的标准模板创建了这3种类的模板,开发人员可以通过它们创建自己的分析类。

5.2 系统分析建模阶段的 UML 图

在5.1节中,已经按照 RUP 最佳实践,选择"RUP 分析包"模型模板创建了分析模型。用"RUP 分析包"模型模板创建的分析模型包含了用例图、活动图、类图、时序图和自由格式图,在第4章已经讲过用例图和活动图,以下只讲类图和时序图。

5.2.1 类图——静态结构

观看视频

1. 知识精讲

类图(Class Diagram)是面向对象系统建模中最常用的图,它被用来描述软件系统的静态结构。类图是构建一个系统的蓝图,是绘制其他图的基础,也是用户最常用的 UML 图之一。根据系统复杂性,可以用一个类图表示整个系统,也可以用几个类图表示系统中的各个组件。

类图是描述类、接口、协作以及它们之间关系的图,用来显示系统中各个类的静态结构。在绘制类图的过程中,可以把功能相关的类组织到同一个包中,这样能很好地展现系统的层次结构。一个简单的类图模型表示如图 5.6 所示。

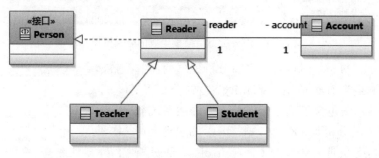

图 5.6 类图示例

静态图可以包括很多类图,静态图用于为软件系统进行结构建模,是构造系统的词汇和关系,而结构模型的可视化就是通过类图来实现的。

类图的用途如下。

(1) 对系统的词汇建模。使用 UML 构建系统通常是从构造系统的基本词汇开始的,以描述系统的边界,即用来决定哪些抽象是建模系统中的一部分,哪些是处于建模系统之外。这是非常重要的一项工作,因为系统最基本的元素就在这里被确定。系统分析师可以用类图详细描述这些抽象和它们的职责。

（2）对简单协作建模。现实世界中的事物都是普遍联系的，将这些事物抽象成类后，构建软件系统的类很少会孤立存在，它们总是和其他类协同工作，以实现强于单个类的语义。因此，在抽象了系统词汇后，系统分析师可以用类图将它们及之间的联系进行可视化和详述。

（3）对逻辑数据库模式建模。在设计一个数据库时，通常使用数据库模式来描述数据库的概念设计，数据库模式建模是数据库概念设计的蓝图，可以用类图对这些数据库的模式进行建模。

以下介绍类图中的主要模型元素的概念及表示方法。

1）类

类是 UML 的模型元素之一，它是面向对象系统组织结构的核心。类是对一组具有相同属性、操作、关系和语义的对象的抽象。这些对象包括了现实世界中的物理实体、商业事物、逻辑事物、应用事物和行为事物等，甚至还包括纯粹概念性的事物，它们都是类的实例。

类定义了一组有着状态和行为的对象。一般用属性描述状态，属性通常用数据值表示，如数字和字符串。用操作描述行为，方法是操作的实现。对象的生命期则由附加给类的状态机来描述。

在 UML 中，类用矩形来表示，并分为 3 部分：名称（Name）部分、属性（Attribute）部分和操作（Operation）部分。其中，顶端的部分存放类的名称，中间存放类的属性、属性的类型及其初始值，底部存放类的操作、操作的参数表和返回类型，如图 5.7 所示。虽然这些部分可以使用如 C++、Java 等编程语言的语法来描述，但实际上，它们的语法是独立于编程语言的。

（1）名称（Name）。

类的名称是每个类必有的构成，用于和其他类相区分。类的名称应该来自系统的问题域，并且应该尽可能地明确，以免造成歧义。因此，类的名称应该是一个名词。

图 5.7　类的 3 部分

类的名称是一个字符串，可分为简单名称和路径名称。单独的名称即不包含冒号的字符串叫作简单名；用类所在的包的名称作为前缀的类名叫作路径名称。图 5.8 是使用简单名称。图 5.9 是使用路径名称，类 Reader 是属于 Reader 包的。

图 5.8　简单名称　　　　　图 5.9　路径名称

图 5.10　类的属性

（2）属性（Attribute）。

类的属性是类的一个组成部分，它描述了类在软件系统中代表的事物所具备的特性，这些特性是所有的对象共有的，类可以有任意数目的属性，也可以没有属性。如对学生建模，每个学生都有学号、姓名、专业、出生年月等，这些可以作为学生类的属性，如图 5.10 所示。

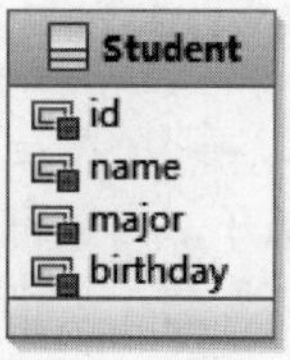

在 UML 中类属性的语法格式如下：

　　　　[可见性]　属性名　[:类型]　[= 初始值]　[{属性字符串}]

其中,[]中的部分是可选的。

　　① 可见性:属性可以具有不同的可见性,其描述了该属性对于其他类是否可见,以及是否可以被其他类引用,而不仅仅是被该属性所在类可见。类中属性的可见性有 4 种,公有(Public)、私有(Private)、受保护(Protected)和包内公有(Package)。

　　② 属性名:属性名用于标识属性,每个属性都必须有一个名字以区别于类的其他属性。通常属性名由描述所属类的特性的名词或名称短语组成。

　　③ 类型:属性具有类型,用来说明该属性是什么数据类型。典型的属性类型有整型、布尔型、实型和枚举类型,这些被称为简单类型。简单类型在不同的编程语言中有不同的定义,但在 UML 中,类的属性可以使用任意类型,包括系统中的其他类。当一个类的属性被完整定义后,它的任何一个对象的状态都由这些属性的特定值所决定。

　　④ 初始值:设定初始值有两个好处,用来保护系统的完整性和为用户提供易用性。

　　⑤ 属性字符串:属性字符串是用来指定关于属性的其他信息,如某个属性应该是永久的。

　　(3) 操作(Operation)。

　　类的操作是对类的对象所能做的事务的抽象。它相当于一个服务的实现,该服务可以由类的任何对象请求以影响其行为。一个类可以有任意数量的操作或者根本没有操作。类的操作必须有一个名字,可以有参数表或返回值。操作通常被称为函数,位于类的内部,并只能应用于该类的对象,如图 5.11 所示。Student(学生)类有一个名为 attendLecture(上课)的操作。

　　操作由返回类型、操作名、参数列表构成。

　　在 UML 中类操作的语法格式如下:

　　　　[可见性]　操作名　[(参数表)]　[:返回类型]　[{属性字符串}]

其中,[]中的部分是可选的。

图 5.11　类的操作

　　① 可见性:类操作的可见性有 4 种,公有(Public)、私有(Private)、受保护(Protected)和包内公有(Package)。其中,只要调用对象能够访问操作所在的包,就可以调用可见性为公有的操作;只有属于同一个类的对象才可以调用可见性为私有的操作;只有子类的对象才可以调用父类的可见性为受保护的操作;只有在同一个包的对象才可以调用可见性为包内公有的操作。

　　② 操作名:操作名是识别操作的标识符,通常用描述类的行为的动词或动词短语标识操作,操作名的首字母一般小写。如果包含多个单词,这些单词要合并,并且除了第一个单词外其余单词的首字母要大写。

　　③ 参数表:参数表是一些按顺序排列的属性,它定义了操作的输入。参数表是可选的,即操作不一定必须有参数。如果存在多个参数,要用逗号把各个参数隔开。参数可以具有默认值,这意味着如果操作的调用者没有提供某个具有默认值的参数的值,那么该参数将使用指定的默认值。

　　④ 返回类型:返回类型是可选的,即操作不一定必须有返回类型。绝大部分编程语言只支持一个返回值,即返回值最多一个。虽然没有返回类型是合法的,但是具体的编程语言

一般要加一个关键字 void 来表示无返回值。

⑤ 属性字符串：如果希望在操作定义中加入一些除了预定义元素之外的信息，就可以使用属性字符串。

（4）构造型。

类的构造型描述了分析类所扮演的角色。在 RUP 中为分析类定义了 3 种构造型：实体类、控制类和边界类。一个简单的具有实体构造型的分析类如图 5.12 所示。

图 5.12 分析类的实体构造型

（5）约束。

约束指定了类所要满足的一个或多个规则。说明类的职责是消除二义性的一种非形式化的方法，形式化的方法是使用约束。在 UML 中通过自由文本来描述约束。

2）接口

接口是在没有给出对象的实现和状态的情况下对对象行为的描述。接口包含属性定义和方法声明。接口用于描述类或构件所提供的服务。一个类可以实现一个或多个接口。拥有良好接口的类具有清晰的边界，接口是系统中职责分配的重要手段。

接口仅作为一些抽象操作来描述，也就是说，多个操作签名一起指定一个行为接口，一个类通过实现接口可以支持该行为。在程序运行时能让其他对象可以只依赖此接口，而不需要知道该类的其他信息。

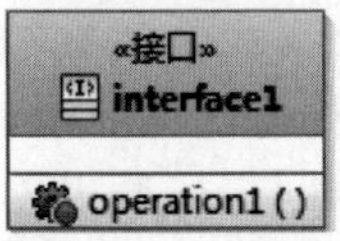

图 5.13 接口

在 UML 中，接口的表示与类的表示类似，所不同的是要给出构造型"<<接口>>"，如图 5.13 所示。

3）类之间的关系

在对现实世界进行抽象的过程中，会发现很少有类是独立存在的，大多数的类会以某些方式彼此协作。如果离开了这些类的关系，那么类的模型仅仅是一些代表领域词汇的杂乱矩形方框。因此，在进行系统建模时，不仅要抽象出形成系统词汇的事物，还必须对这些事物间的关系进行建模。

类之间的关系最常用的有 4 种，分别是泛化关系（Generalization）、实现关系（Realization）、关联关系（Association）和依赖关系（Dependency）。

（1）泛化关系。

泛化关系是一种存在于一般元素和特殊元素之间的分类关系。其中，特殊元素包含了一般元素的所有特征，同时还包含了自己的独有特征。那些允许使用一般元素的地方都可以用特殊元素的一个实例来代替，但反过来则不成立。如猫和狗都属于动物，它们都有动物的属性，猫和狗是动物的特殊种类；在"图书管理系统"中，教师和学生都属于读者，教师和学生分别是两种特殊的读者，教师和学生都具有读者的所有特征。

泛化可以用于类、用例及其他模型元素。虽然实例间接受到类型的影响，但是泛化关系只使用在类型上，而不是实例上。例如，一个类可以继承另一个类，但一个对象不能继承另一个对象。在泛化关系中，一般元素被称为超类或父类，特殊元素被称为子类。

在 UML 中，泛化关系用一条从子类指向父类的空心箭头表示，如图 5.14 所示。类 Teacher（教师）和类 Student（学生）是类 Reader（读者）的子类，它们继承了 Reader 的所有属性和操作，同时也拥有自己特定的属性和操作。

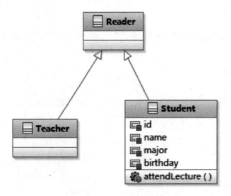

图 5.14　泛化关系

（2）实现关系。

实现关系是规格说明和其实现之间的关系，它通常将一种模型元素与另一个模型元素联系起来。

泛化关系和实现关系都可以将一般描述与具体描述联系起来，但泛化关系是将同一语义层上的元素连接起来，并且通常在同一模型内；而实现关系则将不同语义层内的元素连接起来，通常建立在不同的模型内。在不同发展阶段可能有两个或更多的类等级存在，这些类等级的元素通过实现关系联系在一起。

实现关系通常在两种情况下使用：

① 在接口和实现该接口的类之间；

② 在用例以及实现该用例的协作之间。

在 UML 中，实现关系的符号与泛化关系的符号类似，用一条带指向接口的空心三角箭头的虚线表示，如图 5.15 所示。Reader 类实现了 Serializable 接口，这样 Reader 类就可以被序列化到磁盘上。

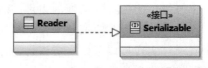

图 5.15　实现关系

（3）关联关系。

关联关系是一种结构关系，它指明一个事物的对象与另一个事物的对象之间的联系，即描述了系统中对象或实例之间的离散连接。关联的任何一个连接点称作端点，与类相关的许多信息都附在它的端点上。

在 UML 模型中，关联是指两个类元（例如类或用例）之间的关系，这两个类元用来描述该关系的原因及其管理规则。

关联表示将两个类元联系起来的结构关系。与属性相似，关联记录了类元的特性。例如，在两个类之间的关系中，可以使用关联来显示对应用程序中包含数据的类所做的设计决策，还可以显示这些类中的哪些类需要共享数据。可以使用关联的可导航性功能部件来显示一个类的对象如何访问另一个类的对象，或在自身关联中如何访问同一个类的对象。

关联名称用于描述两个类元之间关系的性质，通常用一个动词或动词短语命名关联。

在 UML 中，关联关系用一条连接两个类的实线表示，如图 5.16 所示。

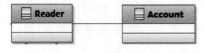

图 5.16　关联关系

图 5.16 中 Reader 表示一个读者，Account 表示一个读者的账户，实线表示读者和自己的账户之间的关联，每个读者都拥有自己的账户。

最普通的关联是二元关联。关联的实例之一是链，每个链由一组对象（一个顺序表）构成，每个对象来自于相应的类，其中二元链包含一对对象，有时同一个类在关联中出现不止一次，这时一个单独的对象就可以与其自身关联。

除了关联的基本形式之外，还有 5 种应用于关联的修饰，分别是名称、角色、多重性、导航性和关联类。

① 名称：关联可以有一个名称，用来描述关系的性质，如图 5.17 所示。图中 Reader 类

和 Account 类的关联名称是"拥有",表示每个读者都拥有自己的账户。通常情况下,使用一个动词或动词短语来命名关联,以表明源对象在目标对象上执行的动作,名称以前缀或后缀一个指引阅读的方向指示符来消除名称含义上可能存在的歧义,方向指示符用一个实心的三角箭头表示。

当然,关联的名称并不是必需的,只有在需要明确地给关联提供角色名,或一个模型存在很多关联且要查阅、区别这些关联时,才有必要给出关联名称。

② 角色:角色是关联关系中一个类对另一个类所表示出来的职责。当类出现在关联的一端时,该类就在关联关系中扮演一个特定的角色。角色的名称是名词或名词短语,以解释对象是如何参与关系的,如图 5.18 所示。

图 5.17　关联的名称　　　　　　图 5.18　关联的角色

③ 多重性:多重性是一种约束,也是使用最广泛的约束。关联的多重性是指有多少对象可以参与该关联,可以用来表达一个取值范围、特定值、无限定的范围或一组离散值。

在 UML 中多重性用".."分隔开不同区间,其格式是"minimum..maximum",其中,minimum 和 maximum 都是非负整数,附在一个端点的多重性表示该端点可以有多少个对象与另一个端点的一个对象关联,如图 5.19 所示。多重性语法的示例如表 5.1 所示。Reader 类和 Account 类的多重性都是 1,表明它们是一对一的关联。

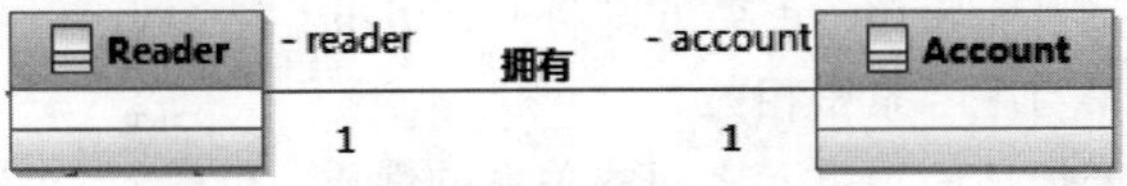

图 5.19　关联的多重性

表 5.1　多重性语法示例

修　饰	语　义	修　饰	语　义
0	刚好为 0	1	刚好为 1
0..1	0 或 1	1..1	1 或 1
0..*	0 或者更多	1..*	1 或更多

④ 导航性:关联一般是双向的,即关联的两端都可以访问另一端。为了确定关联的方向,引入导航性的概念。

导航性描述了以源类创建的对象可以将消息发送给由目标类创建的对象;反之,以目标类创建的对象的消息不能发送给由源类创建的对象。

在关联的属性中选取或取消选取"可导航"复选框可以设置导航性,设置导航性的结果其实就是在一般关联和定向关联之间切换。

⑤ 关联类:在 UML 图中,关联类是一个作为其他两个类之间的关联关系一部分的类。

可以将关联类连接至关联关系,以提供有关该关系的更多信息。关联类与其他类完全相同,它可以包含操作、属性以及其他关联。

例如,称为 Student 的类表示学生,它与称为 Course 的类(表示教学课程)建立了关联。Student 类可以加入某一课程。称为 Enrollment 的关联类通过提供与关联关系相关的班级、年级和学期信息来进一步定义 Student 类与 Course 类之间的关系。

如图 5.20 所示,关联类通过一条虚线连接至关联。

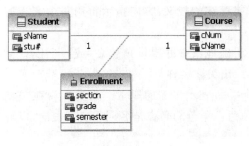

图 5.20 关联类连接至关联

关联关系可以进一步细分为定向关联、聚集关联、组装关联。

① 定向关联：在 UML 模型中,定向关联关系就是只能朝一个方向导航的关联。

定向关联表示控制流从一个类元流向另一个类元,例如,从参与者流向用例。此控制流意味着只有一个关联关系端指定了可导航性。

如果使用关联关系端名称,那么通常不需要为关联命名。当然,也可以对任何关联命名以便描述两个类元之间的关系的性质。

定向关联用一条表示导航方向的带箭头的实线来表示。

② 聚集关联：聚集关联是一种特殊类型的关联,在 UML 模型中,聚集关联显示一个类元是另一个类元的一部分或者从属于另一个类元。在这种关联中,各个对象组装或配置在一起以创建更复杂的对象。聚集描述了一组对象以及如何与它们进行交互。聚集通过在表示组装的对象中定义被称为聚集的单个控制点来保护对象的组装完整性。聚集还使用控制对象来决定组装对象如何对可能会影响集合的更改或指令做出响应。

数据从整个类元或聚集流向部分类元。部分类元可以属于多个聚集类元,并且它可以独立于聚集存在。例如,Department 类可以与 Company 类之间具有聚集关系,这表示部门是公司的一部分。聚集与组合紧密相关。

可以用关联命名来描述两个类元之间的关系的性质。但是,如果使用关联关系端名称,那么不需要关联名称。

聚集关联是表示整体与部分关系的关联。关联关系中一组元素组成一个更大、更复杂的单元就是聚集。在 UML 中,聚集关联用带空心菱形的实线来表示,其中头部指向整体,如图 5.21 所示。图中 Class 和 Student 两个类之间就是聚集关系。

③ 组装关联：组装关联关系表示整体与部分的关系,并且是一种聚集形式。组装关联关系指定部分类元的生存期取决于完整类元的生存期。

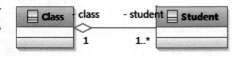

图 5.21 聚集关联

在组装关联关系中,数据通常只朝一个方向流动,即从完整类元流向部分类元。例如,组装关联关系将 Car 类与 Engine 类连接起来,这意味着如果除去 Car,那么也会除去 Engine。

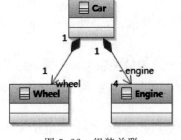

图 5.22 组装关联

组装关联是聚集关联中的一种特殊情况,是更强形式的聚集,又称为强聚集。在组装关联中,成员对象的生命周期取决于聚集的生命周期,聚集不仅控制成员对象的行为,还控制成员对象的创建和结构。在 UML 中,组装关联用带实心菱形的实线来表示,其中头部指向整体,如图 5.22 所示。图中 Engine 发动机和 Wheel 车轮不能脱离 Car 汽车对象而独立存在,如果组装关系被破坏,则其中的成员对象不能继续存在。

（4）依赖关系。

依赖表示两个或多个模型元素之间语义上的关系，它只将模型元素本身连接起来而不需要用一组实例来表达它的意思。它表示了这样一种情况：对于一个元素（提供者）的某些改变可能会影响或提供消息给其他元素（使用者），即使用者以某种形式依赖于其他类元。实际建模时，类元之间的依赖关系表示某一类元以某种形式依赖于其他类元。

根据这个定义，关联、实现和泛化都是依赖关系，但是它们有更特别的语义，所以在UML中被分离出来作为独立的关系。

在RSA中，如果一个元素（客户）使用或者依赖于另一个元素（供应者），那么这两个元素之间就存在依赖关系。在类图、组件图、部署图和用例图中，可以使用依赖关系来表示更改供应者就可能需要更改客户。

还可以使用依赖关系来表示优先顺序，即一个模型元素必须优先于另一个模型元素。

通常，依赖关系没有名称。

如图5.23所示，依赖关系用一条从客户指向供应者的带开口箭头的虚线表示。

在RSA 8.5.1中，"选用板"中没有一般的依赖关系的图形符号。

在建模过程中，通常用依赖指明一个类把另一个类作为它的操作的特征标记中的参数，当被使用的类发生变化时，另一个类的操作也会受到影响，因为这个被使用类此时已经有了不同的接口和行为。如图5.24所示，类TV中的方法Change()使用了类Channel的对象作为参数，因为类TV和类Channel之间存在依赖关系，并且当类Channel发生变化时（变更电视频道），类TV的行为也会发生相应的变化。

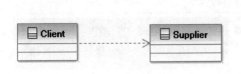

图5.23　依赖关系

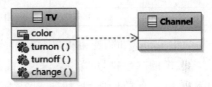

图5.24　类TV和类Channel的依赖关系

UML定义了4种基本依赖类型，分别是使用依赖、抽象依赖、授权依赖和绑定依赖。

① 使用依赖：使用依赖都是非常直接的，通常表示使用者使用提供者提供的服务以实现它的行为，它是类中最常用的依赖。表5.2列出了5种使用依赖关系。

表5.2　使用依赖关系的说明

依赖关系	关　键　字	功　　能
使用	use	声明使用一个模型元素需要用到已存在的另一个模型元素
调用	call	声明一个类调用另一个类的方法
参数	parameter	声明一个方法和它的参数之间的关系
发送	send	声明信号发送者和信号接收者的关系
实例化	instantiate	声明用一个类的方法创建另一个类的实例

在RSA 8.5.1的"选用板"中选择"实例化"模型元素，连接两个需要建立使用依赖关系的类，右击实例化的图形符号，单击"属性"视图窗口，选择"构造型"页签，单击"应用构造型"按钮，可以改变实例化的构造型，如图5.25所示。

图 5.25　使用依赖关系

取消所有应用构造型得到的是一般的使用依赖。即在 RSA 8.5.1 中的使用依赖分为 5
种：调用(call)、创建(create)、职责(responsibility)、发送(send)和实例化(instantiate)。

② 抽象依赖：抽象依赖用来表示使用者与提供者之间的关系,依赖于在不同抽象层次
上的事物。表 5.3 列出 3 种抽象依赖关系。

表 5.3　抽象依赖关系的说明

依 赖 关 系	关 键 字	功　　能
跟踪	trace	声明模型中的不同元素之间存在连接,但不能精确映射
精化	refine	声明具有两个不同语义层次上的元素之间的映射
派生	derive	声明一个实例可以从另一个实例导出

在 RSA 8.5.1 的"选用板"中选择"实现"模型元素,连接两个需要建立抽象依赖关系的
类,右击实现的图形符号,单击"属性"视图窗口,选择"构造型"页签,单击"应用构造型"按
钮,可以改变实现的构造型,如图 5.26 所示。

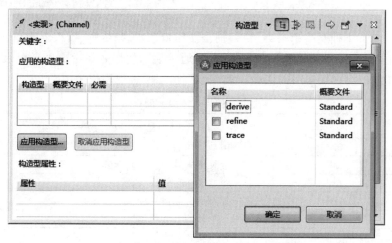

图 5.26　抽象依赖关系

③ 授权依赖：授权依赖表示一个事物访问另一个事物的能力。提供者通过规定使用

者的权限,可以控制和限制对其内容的访问。表 5.4 列出了 3 种授权依赖关系。

表 5.4　授权依赖关系的说明

依 赖 关 系	关 键 字	功　　能
访问	access	允许一个包访问另一个包
导入	import	允许一个包访问另一个包的内容并为它添加别名
友元	friend	允许一个元素访问另一个元素,不管这个元素是否可见

　　在 RSA 8.5.1 的“选用板”中选择“实例化”模型元素,连接两个需要建立授权依赖关系的类,右击实例化的图形符号,单击“属性”视图窗口,选择“构造型”页签,单击“取消应用构造型”按钮,取消所有应用的构造型,并在文本框中输入关键字 access 或 import 或 friend,可以表示授权关系,如图 5.27 所示。

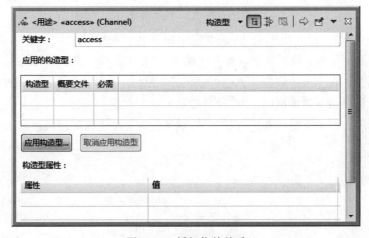

图 5.27　授权依赖关系

　　④ 绑定依赖:绑定依赖是较高级的依赖类型,用于绑定模板以创建新的模型元素。绑定依赖关系是一种为模板参数指定值并从模板生成新的模型元素的关系。

　　在绑定依赖关系中,模板是供应者,模型元素是使用者。绑定并不会影响模板,因此,可以将模板绑定至任意数目的模型元素。但是,绑定会影响模型元素,这是因为模型元素是通过将模板参数替换为绑定依赖关系提供的模板自变量来定义的。

　　当将模型元素绑定至模板时,就对模板参数指定值(称为模板自变量)。在绑定至模板的模型元素中,模板自变量将替换模板参数。此操作将创建一个新的模型元素,该模型元素具有模板的结构并且使用它的模板自变量的值。表 5.5 列出了 1 种绑定依赖关系。

表 5.5　绑定依赖关系的说明

依 赖 关 系	关 键 字	功　　能
绑定	bind	为模板参数指定值,以生成一个新的模型元素

　　在 RSA 8.5.1 中,在“选用板”中选择绑定模型元素,连接两个需要建立绑定依赖的类,箭头指向添加了模板参数的类,如图 5.28 所示。

　　2. 操作演示

　　实例 1:在 RSA 中绘制一个类及添加类、属性和操作。

　　(1) 选择需要创建类图的包。右击,在弹出的快捷菜单中依次执行“添加图”→“类图”命令。

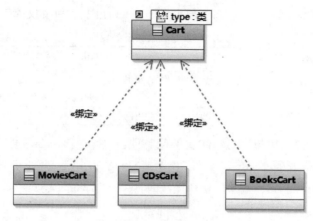

图 5.28　绑定依赖关系

（2）绘制一个类。打开类图后,在抽取器中选择"类"图标,如图 5.29 所示,并在编辑区中单击,即可绘制一个类;除了从抽取器中选择往 UML 图中加入元素外,RSA 还提供了根据光标当前所在位置,在弹出的快捷菜单中添加相关 UML 元素的功能,如图 5.30 所示。当前画的是类图,当光标放在类图编辑区上时,就会显示可以在类图上添加的元素。名为 MyClass 的类如图 5.31 所示。如果需要对类进行重命名,在类名称上单击即可输入新的名称。

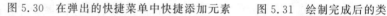

图 5.29　类抽取器　　　　图 5.30　在弹出的快捷菜单中快捷添加元素　　　图 5.31　绘制完成后的类

（3）为该类添加一个属性。把光标放在 MyClass 类上,将出现悬浮菜单,如图 5.32 所示。单击悬浮菜单中的"添加属性"菜单项(矩形)即可添加一个名称默认为"属性 1"的属性,可以修改属性的名称,如图 5.33 所示。

图 5.32　添加属性按钮　　　　　　　　图 5.33　为类添加属性

（4）为该类添加一个操作。把光标放在 MyClass 类上,将出现悬浮菜单,如图 5.34 所示。单击悬浮菜单中的"添加操作"菜单项(花形)即可添加一个名称默认为"操作 1"的操作,如图 5.35 所示。

（5）还可以在类的属性对话框中添加类的属性和操作,并且对类的属性和操作设置限定符,分别如图 5.36 和图 5.37 所示。

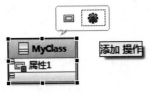

图 5.34 "添加操作"菜单项   图 5.35 为类添加操作

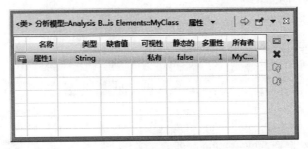

图 5.36 添加属性并设置属性的限定符

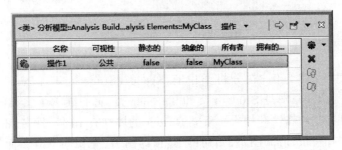

图 5.37 添加操作并设置操作的限定符

实例 2：在 RSA 中更改类的构造型。

（1）选中一个要更改构造型的类。

（2）在"属性"选项卡中选择"构造型"页签，单击"应用构造型"按钮，在出现的"应用构造型"对话框中勾选要选择的构造型，单击"确定"按钮即可，如图 5.38 所示。

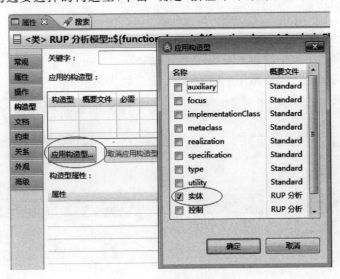

图 5.38 更改类的构造型

实例3:为类添加模板参数。

(1) 选中一个要添加模板参数的类。

(2) 右击类名,在弹出的快捷菜单中依次执行"添加 UML"→"模板参数(T)"命令,根据需要选择适当的参数类型,如图 5.39 所示。

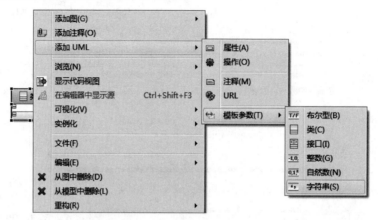

图 5.39　为类添加模板参数

3. 课堂实训

以"图书管理系统"为例,在分析类中有 Reader、Student、Teacher 等实体类。其中 Reader 类有两个子类,分别是 Student 类和 Teacher 类,它们继承了父类的所有属性和操作,同时也有自己特定的属性和操作。父类 Reader 的属性有 Id 号、姓名、密码、性别、类型、电话号码等,操作有登录、借阅图书、归还图书、预约图书、查找图书等。而子类 Student 类有自己独特的属性,如学号、班级;子类 Teacher 类有自己独特的属性,如教师编号等。

1) 绘制类

(1) 选择需要创建类图的包,右击,在弹出的快捷菜单中执行"添加图"→"类图"命令。

(2) 绘制 Reader 实体类。打开类图,在类抽取器中选择类图标 类,并在编辑区中单击,即可绘制一个类,并改名为 Reader。按相同步骤绘制另两个类 Student 和 Teacher,如图 5.40 所示。

2) 添加类与类之间的关系

(1) 在类抽取器中单击泛化关系图标 泛化关系。

(2) 在子类与父类之间拉出一个箭头,即可建立泛化关系。

如图 5.41 所示,为 Reader 与 Student 和 Teacher 类建立了泛化关系。

图 5.40　绘制 3 个类　　　　　图 5.41　建立泛化关系

3）绘制类的属性与操作

（1）为类添加属性。把光标放在 Student 类上，单击悬浮菜单中的"添加属性"菜单项，更改属性名即可添加属性。重复此操作，可连续添加多个属性，如图 5.42 所示。Teacher 类、Reader 的属性添加分别如图 5.43 和图 5.44 所示。

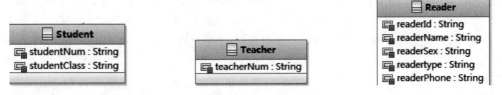

图 5.42 为 Student 类添加属性　　图 5.43 为 Teacher 类添加属性　　图 5.44 为 Reader 类添加属性

（2）为 Reader 类添加操作。把光标放在 Reader 类上，单击悬浮菜单中的"添加操作"菜单项，更改操作名即可添加操作。重复此步骤，可连续添加多个操作，如图 5.45 所示。

4）绘制完成

为"图书管理系统"中的一个类图添加了关系、属性和操作后的情况如图 5.46 所示。

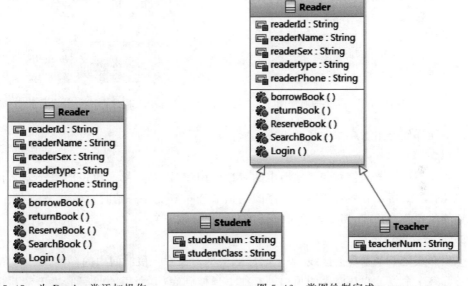

图 5.45 为 Reader 类添加操作　　　　图 5.46 类图绘制完成

5.2.2 时序图

1. 知识精讲

在建好系统用例图及类图的基础上，接下来需要分析和设计系统的动态行为，并建立相应的动态模型。时序图是其中的一种动态模型，它用来显示对象之间的关系，并强调对象之间消息的时间顺序，同时显示对象之间的交互。

时序图（Sequence Diagram）描述了对象之间传递消息的时间顺序，它用来表示用例中对象行为的顺序，是强调消息时间顺序的交互图。当执行一个用例时，时序图中的每条消息对应了一个类操作或状态机中引起转换的触发事件。

观看视频

时序图既可以用在分析阶段,也可以用在设计阶段。在分析阶段,时序图能帮助用户找到系统中需要的类,以及在交互过程中需要做什么;而在设计阶段,时序图解释了系统如何完成一个交互。

在 UML 中,图形上参加交互的各对象在时序图的顶端水平排列,时序图将交互关系表示为二维图。其中,纵轴表示时间轴,时间沿竖线向下延伸;横轴表示在协作中各个独立的对象,当对象存在时,生命线用虚线表示,当对象过程处于激活状态时,生命线是一条双道线。消息用从一个对象的生命线到另一个对象生命线的箭头表示,箭头以时间顺序在图中从上到下排列。

简单的时序图如图 5.47 所示。时序图包含了 5 个基本元素,分别是对象(Object)、生命线(Lifeline)、消息(Message)、激活(Activation)和组合片段。

时序图的元素都被包含在一个交互框中,其左上角标识了该时序图的名字,如图 5.48 所示。

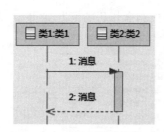

图 5.47　简单的时序图

图 5.48　时序图的名字与元素

下面详细介绍时序图的各个组成元素。

1) 对象

时序图中对象的符号和对象图中的对象所用符号一样,都是用矩形把对象名称包含起来,如图 5.49 所示。将对象置于时序图的顶部意味着交互开始时对象就已经存在了,如果对象的位置不在顶部,那么表示对象是在交互中被创建的。

2) 生命线

生命线是一条垂直的虚线,表示时序图中的对象在一段时间内的存在,每个对象的底部中心都有生命线。它从时序图顶部一直往下延伸到底部,所用的时间取决于交互持续的时间。对象与生命线结合在一起称为对象的生命线,对象生命线包含矩形的对象图标及图标下面的生命线,如图 5.50 所示。

图 5.49　时序图的对象

图 5.50　时序图的生命线

3) 消息

消息定义的是对象之间某种形式的通信,它可以激发某个操作、唤起信号或导致目标对象的创建或撤销。消息序列可以用时序图和协作图来表示,其中,时序图强调消息的时间顺序,而协作图强调交换消息的对象间的关系。

消息是两个对象之间的单路通信,是从发送方到接收方的控制信息流。消息可以用于在对象间传递参数。消息可以是信号,即明确的、命名的、对象间的异步通信,也可以是调用,即具有返回控制机制操作的同步消息或异步消息。

在 UML 中,消息用箭头来表示,箭头的类型表示了消息的类型。

在 UML 中有 5 种类型的消息,分别是同步消息、异步消息、异步信号消息、创建消息和破坏消息。

(1) 同步消息。

同步消息假设有一个返回消息,在发送消息的对象进行另一个活动之前需要等待返回的回应消息。同步消息假定消息的传递是瞬间的,消息在发出之后会马上被收到。如图 5.51 所示,图书管理员试图登录到用户界面,登录和后续的操作都是同步的,因为它们依赖于前面消息的返回结果。图书管理员在将 login 消息发送到系统后,系统发送一个返回消息以检验用户信息的正确性。在验证消息返回之前,图书管理员一直处于等待状态。

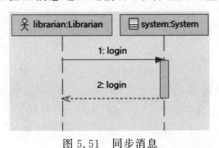

图 5.51   同步消息

(2) 异步消息。

异步消息表示发送消息的对象不用等待回应的返回消息,就可以继续开始后面的活动,发送方只负责将消息发送到接收方,至于接收方如何响应则无关紧要。消息的接收方收到消息后可以立即处理,也可以不处理。如图 5.52 所示。用户的登录操作是用一个日志文件来记录,使用异步消息创建日志时,不必等到日志操作完毕再进行后续活动,在发出写日志的函数调用之后可以立即开始后续的操作,这样可以提高系统的响应速度。

(3) 异步信号消息。

异步信号消息与异步消息类似,不同的是异步消息是调用,异步信号消息是信号。

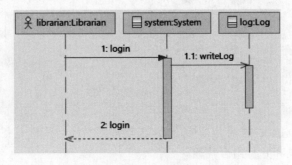

图 5.52   异步消息

(4) 创建消息。

时序图中的对象有时并不需要在整个交互中存活,对象可以根据传递进来的消息创建或销毁。

前面提过,时序图的对象默认位置是在图的顶部,如果对象在这个位置上,说明对象在交互前已经存在了,如果对象是在交互的过程中创建的,那么应当位于图的中间部分,如图 5.53 所示。带箭头的虚线表示创建消息,从创建者指向被创建者,通过创建消息的发送创建了对象。

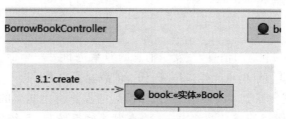

图 5.53 时序图中创建对象

(5) 破坏消息。

如果要销毁一个对象,只要发送一个破坏消息给对象,破坏消息用一个箭头指向"×"的图标表示,如图 5.54 所示。

4) 激活

时序图可以描述对象的激活和去激活。激活表示该对象被占用去完成某个任务;去激活表示对象处于空闲状态,等待消息。在 UML 中,将对象的生命线拓宽为矩形就能表示对象是激活的,如图 5.55 所示。其中矩形称为激活条或控制期,对象就是在激活条的顶部被激活的。对象在完成自己的工作后被去激活,这通常发生在一个消息箭头离开对象生命线时。在创建同步消息或异步消息时会自动创建激活条,可以调整激活条的长度。

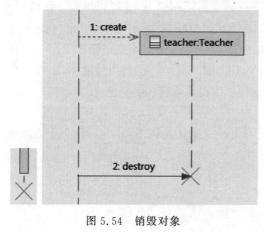

图 5.54 销毁对象　　　　　　图 5.55 激活条

5) 组合片段

组合片段反映了对条件逻辑建模的能力,比较常用的组合片段是备选组合片段、循环组合片段、中断组合片段和并行组合片段。

(1) 备选组合片段。

备选组合片段是一种条件选择行为,它根据交互操作上的交互约束来判断是否运行分支。

如图 5.56 所示,备选组合片段应用在用户登录验证上,系统根据交互约束判断用户的名字是否为空,且判断密码是否正确,如果正确则在日志里写上成功登录信息(执行图 5.56 中的分支 1),否则写上错误信息(执行图 5.56 中的分支 2)。

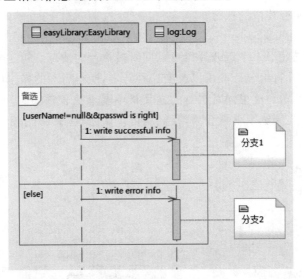

图 5.56 备选组合片段

(2) 循环组合片段。

循环组合片段是指被包含的事件将会被执行多次,它的标记方法中包含了一个最小值和最大值,表明了应被执行的次数。

如图 5.57 所示,描述了图书管理员查询并修改图书的过程,先查询图书,找出图书后返回显示,管理员修改图书后,将信息提交给系统,由系统负责更新数据库,通过循环组合片段表示这个过程可以重复多次。

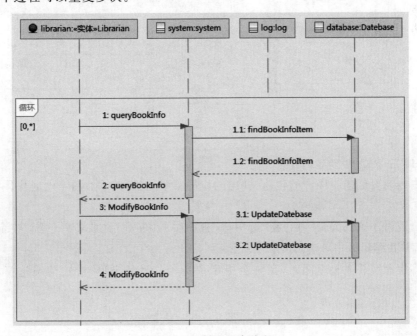

图 5.57 循环组合片段

（3）中断组合片段。

中断组合片段表示这个片段执行完毕后终止当前的组合片段,类似于编程语言中的 return 语句。如图 5.58 所示,当用户输入的登录信息有错时,系统向日志中写入错误信息,然后立即中断当前组合片段的执行。

（4）并行组合片段。

并行组合片段描述了多个组合片段可以同时被执行的情况。时序图包含的操作本来应是顺序执行的,但是并行组合片段可以改变这种约定,使得后面的操作可以和前面的操作同时执行,如图 5.59 所示。这里同时执行的含义指不要求执行顺序。例如,用户可以先登录再浏览图书,也可以先浏览图书再登录,我们就可以认为"登录"操作和"浏览图书"操作是并行的。

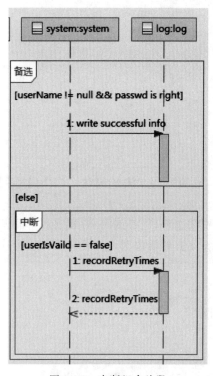

图 5.58　中断组合片段

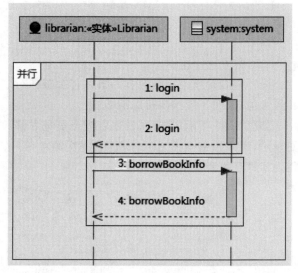

图 5.59　并行组合片段

2. 操作演示

实例 1：在 RSA 中创建时序图。

（1）右击需要创建时序图的包,在弹出的快捷菜单上执行"添加图"→"时序图"命令,如图 5.60 所示。

（2）出现时序图的编辑区后,在"选用板"视图中的"序列"抽取器中选择"生命线"图标**生命线**,并在编辑区中单击,如图 5.61 所示。

（3）将生命线放入时序图时,系统会提示选择参与者的类型,应视情况选择相应的类型,如图 5.62 所示。

图 5.60 添加时序图

图 5.61 "生命线"图标

（4）可以为其创建类或选择现有类型等来添加对象的生命线，如图 5.63 所示。

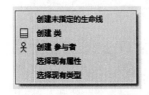

图 5.62 生命线的类型

图 5.63 创建类与选择现有类型

（5）在"选用板"视图中选择"同步消息"图标，在第一条生命线上按下鼠标右键，拖动到第二条生命线上，松开鼠标右键，如图 5.64 所示。

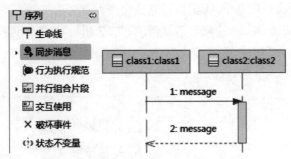

图 5.64 同步消息连接类

实例 2：在时序图中创建一个备选组合片段。

（1）在 RSA 中打开一个已经存在的时序图或创建一个新时序图。

（2）按照实例 1 的步骤添加两个对象的生命线，如图 5.65 所示。

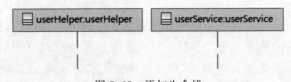

图 5.65 添加生命线

（3）在"选用板"视图中选择"序列"抽取器，在其"选项组合片段"中选取"备选组合片段"图标，框选两条生命线（或在其中一条生命线上单击后，把组合片段框拉向另一条生命线），将出现"添加覆盖的生命线"窗口，如图 5.66 所示。单击"确定"按钮后会出现"备选组合片段"框架，如图 5.67 所示。

图 5.66 "添加覆盖的生命线"窗口

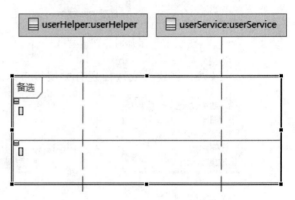

图 5.67 备选组合片段框架

（4）在"备选组合片段"框架中根据两个交互操作数的条件来判定是否运行，添加条件（当用户名为空时，则执行某命令，否则执行其他命令），如图 5.68 所示。

（5）为类 userHelper 添加一个同步消息调用，在"选用板"视图中选择"序列"抽取器，选择"同步消息"图标，在 userHelper 生命线上右击，可添加一个新操作名为 getAnonymouseUser，含义是当判断用户名为 null 时，取回一个匿名用户，如图 5.69 所示。

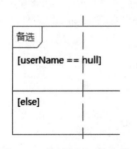

图 5.68 添加交互的条件

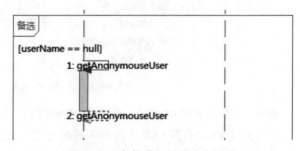

图 5.69 条件满足时的消息调用

（6）为类 userHelper 和 userService 之间添加一个同步消息调用，在"选用板"视图中选择"序列"抽取器，选择"同步消息"图标，在 userHelper 生命线上按下鼠标右键，拖动到 userService 生命线上，松开鼠标右键，添加一个新操作名为 authenticate，含义是如果用户名不为 null 时，取回到 userService 去认证用户，如图 5.70 所示。

（7）完成以上操作后，时序图如图 5.71 所示。

3. 课堂实训

以"图书管理系统"为例，下面为"借阅图书"用例创建时序图。

用户调用 BorrowBookController(借阅图书控制类)的 borrowBook()方法来借阅图书，需要创建 Book(借阅图书类)。

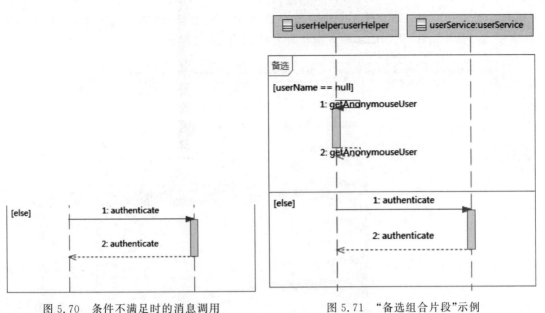

图 5.70 条件不满足时的消息调用　　　　　图 5.71 "备选组合片段"示例

在 RSA 中,该时序图绘制步骤如下。

1) 创建空白时序图

在"项目资源管理器"中右击"分析模型",在弹出的快捷菜单中依次执行"添加图"→"时序图"命令。重命名时序图为"借阅图书用例的时序图",协作和交互都重命名为"借阅图书用例"。

2) 添加对象的生命线

在"选用板"视图中选择"序列"抽取器,选择"生命线"图标,在时序图编辑区中出现的悬浮菜单中选择"选择现有类型",如图 5.72 所示。把已经创建好的 borrowBookForm、borrowBookController 类加进时序图(或新创建两个类),效果如图 5.73 所示。

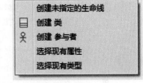

图 5.72 生命线的选项

图 5.73 创建两个对象生命线

3) 为对象添加同步消息调用

(1) 在"选用板"视图中的"序列"抽取器中选择"同步消息"图标 **同步消息**,在一条生命线上按住鼠标左键并拖曳到另一条生命线上,如图 5.74 所示。

图 5.74 添加同步消息时显示出来的线条

（2）松开鼠标左键将出现一个带双向箭头的激活条,并弹出"输入操作名称和所有者"对话框,在"操作名称"文本框中输入操作者名称,如图5.75所示。

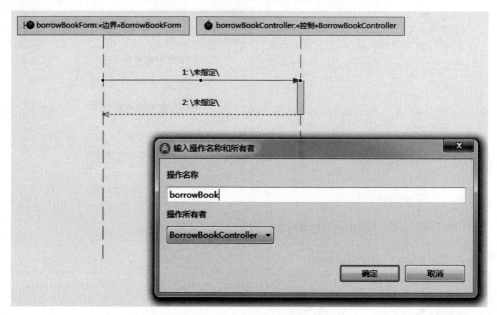

图5.75　输入操作名称和选择操作所有者

（3）单击"确定"按钮,效果如图5.76所示。

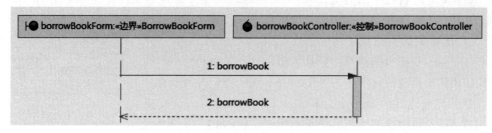

图5.76　添加的操作名称

4）创建Book（借阅图书类）的对象

（1）为Book（借阅图书类）创建的对象生命线如图5.77所示。

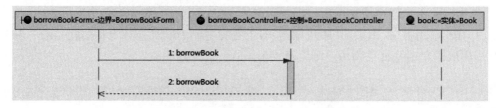

图5.77　创建Book类的对象生命线

（2）在"选用板"视图中的"序列"抽取器中选择"创建消息"图标 ⤏创建消息 ,在borrowBookController和book之间创建消息,book对象从原来顶部位置变为中间创建的位置,并为其操作名称命名为create,如图5.78所示。如果要应用之前已经创建过的操作,在弹出的悬浮菜单中双击已创建的操作即可,如图5.79所示。

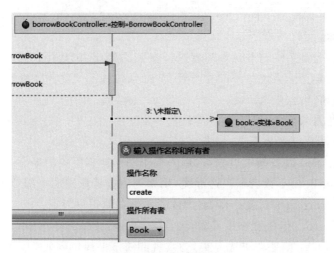

图 5.78　创建消息

图 5.79　可选择现有操作

（3）最后的时序图效果如图 5.80 所示。

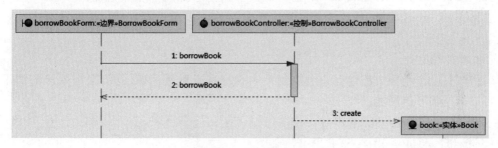

图 5.80　时序图示例

思考题

1. 什么是系统分析建模？分析模型和设计模型的侧重点有哪些不同？

2. 什么是类图？类图的作用是什么？

3. 类之间的关系有哪些？

4. 什么是时序图？时序图包括哪些元素？时序图的作用是什么？

实训任务

按照下面的分析和步骤完成"图书馆管理系统"类图和时序图的绘制。

任务 1：创建类图。

1. 发现分析类

在分析模型的创建过程中，要准确地发现并识别所有的分析类是很困难的。RSA 统一过程将分析类分为 3 类：边界类、控制类和实体类，这样的分析类能使开发人员将视图、领域和系统所需的控制分离。为了简化分析过程，以下的分析在不考虑用例模型中的功能模块 Book Warehouse 的前提下进行。

1) 寻找边界类

边界类常被认为是系统与外部参与者进行交互的接口,包括用户接口和与其他系统通信的接口。边界类定义了系统与外部参与者交互的形式,由于它直接被最终用户使用,因此必须尽量简洁、易用。

根据本系统的需求分析,可以确定以下边界类。

LoginForm:用户登录边界类,用来获取读者的用户名和密码。

SearchBookForm:查找图书边界类,用来提供图书搜索服务的界面。

ReaderAccountForm:读者账户边界类,用来列出读者账户的全部信息。

PayPenaltyForm:缴纳罚款边界类,为读者缴纳罚款提供界面。

BorrowBookForm:借阅图书边界类,为读者借阅图书提供界面。

ReturnBookForm:归还图书边界类,为读者归还图书提供界面。

ReserveBookForm:预约图书边界类,为读者预约图书提供界面。

RenewBookBorrowedForm:续借图书边界类,为读者续借图书提供界面。

AddBookForm:添加图书边界类,为管理员添加图书提供界面。

DeleteBookForm:删除图书边界类,为管理员删除图书提供界面。

ModifyBookForm:修改图书边界类,为管理员修改图书提供界面。

AddReaderForm:添加读者信息边界类,为管理员添加读者信息提供界面。

DeleteReaderForm:删除读者信息边界类,为管理员删除读者信息提供界面。

ModifyReaderForm:修改读者信息边界类,为管理员修改读者信息提供界面。

……

2) 增加控制类

通常,每一个用例中都包含一个控制类来管理这个用例的事件流,根据系统的需求分析,可以确定如下控制类。

LoginController:登录控制类。

SearchBookController:查找图书控制类。

ReaderAccountController:显示读者账户控制类。

PayPenaltyController:支付罚款控制类。

BorrowBookController:借阅图书控制类。

ReturnBookController:归还图书控制类。

ReserveBookController:预约图书控制类。

RenewBookBorrowedController:续借图书控制类。

AddBookController:添加图书控制类。

DeleteBookController:删除图书控制类。

ModifyBookController:更新图书控制类。

AddReaderController:添加读者信息控制类。

DeleteReaderController:删除读者信息控制类。

ModifyReaderController:更新读者信息控制类。

……

3）寻找实体类

实体类一般是在用例规格说明中的名词所表示的类，在本系统中，可以找到以下名词：图书、读者、读者账户、图书管理员、教师、学生、借阅的图书、预约的图书和罚款等，接下来对每一个名词进行分析，判断它是否能构成一个实体类。

Book：图书实体类。

Reader：读者实体类。

ReaderAccount：读者账户实体类。

Librarian：图书馆管理员实体类。

BookBorrowed：借阅的图书实体类。

BookReserved：预约的图书实体类。

FineCharge：罚款实体类。

2. 类图的绘制步骤

在"图书管理系统"用例模型中，将用例划分成 4 个包。在不考虑用例模型中的功能模块 Book Warehouse 的前提下，把系统的分析类分别存放在下面的两个包中。

Reader：包含系统提供读者的服务相关的分析类。

Admin：包括与图书管理员相关的分析类。

如果考虑用例模型中的功能模块 Book Warehouse，可以增加一个分析类包 Book Warehouse（包括图书库存管理相关的分析类）。分析类包 Reader 和 Admin 中的类也需适当修改。请读者自行分析考虑用例模型中的功能模块 Book Warehouse 的情形。

以下以 Reader 和 Admin 包中的类图为例。

1）Reader 包中创建的类图的绘制

（1）新建类图。在分析模型中，通过复制包 Analysis Building Blocks 下的模型元素 ${functional. area}，然后通过"查找/替换"的方法创建一个名为 Reader 的包，创建好的包已经有一个名为 Reader Analysis Elements 的包（该包下面包含一个名为 Reader Analysis Classes 的类图）和一个名为 Reader Analysis-Level Use Case Realizations 的类图，如图 5.81 所示。

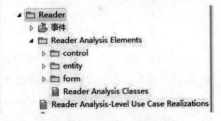

图 5.81　新建包与类图

双击打开 Reader Analysis Classes 的类图，可以看到编辑器和"选用板"视图如图 5.82 所示。

（2）添加边界类。添加边界类有两种方法：一种是复制包 Analysis Building Blocks 下的模型元素 ${boundary}；另一种是从"选用板"视图中选择"类"模型元素，然后修改类的构造型。以下以第二种方法为例。在 Reader→Reader Analysis Elements→entity 包中创建 LoginForm（用户登录边界类）、ReaderAccountForm（读者账户边界类）、PayPenaltyForm（缴纳罚款边界类）、BorrowBookForm（借阅图书边界类）、ReturnBookForm（归还图书边界类）、ReserveBookForm（预约图书边界类）、RenewBookBorrowedForm（续借图书边界类）等系统提供给读者的服务边界类。

首先添加类 LoginForm（用户登录边界类），然后通过"属性"视图来修改分析类的属性，设置它的构造型为"边界"类，如图 5.83 所示。然后按这个步骤添加其他的边界类。

图 5.82　类图编辑器和"选用板"视图

图 5.83　更改为"边界"构造型

　　(3) 添加控制类。添加控制类有两种方法：一种是复制包 Analysis Building Blocks 下的模型元素 $\{control\}$；另一种是从"选用板"视图中选择"类"，然后修改类的构造型。以下以第二种方法为例。在 Reader 包中创建 LoginController（用户登录控制类）、BorrowBookController（借阅图书控制类）、ReturnBookController（归还图书控制类）、ReserveBookController（预约图书控制类）、RenewBookBorrowedController（续借图书控制类）、PayPenaltyController（支付罚款控制类）、ReaderAccountController（读者账户控制类）等控制类。首先添加类 LoginController（用户登录控制类），然后通过"属性"视图来修改分析类的属性，设置它的构造型为"控制"类，如图 5.84 所示。然后按这个步骤添加其他的控制类。

　　(4) 添加实体类。添加实体类有两种方法：一种是复制包 Analysis Building Blocks 下的模型元素 $\{entity\}$；另一种是从"选用板"视图中选择"类"，然后修改类的构造型。以下以第二种方法为例。在 Reader 包中创建 Book（图书实体类）、Reader（读者实体类）、FineCharge（罚款实体类）、ReaderAccount（读者账户实体类）、BookBorrowed（借阅图书实体类）等实体类。首先添加类 Book（图书实体类），然后通过"属性"视图来修改分析类的属

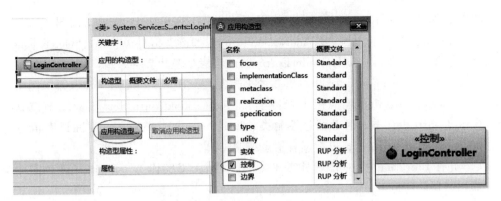

图 5.84 更改为"控制"构造型

性,设置它的构造型为"实体"类,如图 5.85 所示。然后按这个步骤添加其他的实体类。

图 5.85 更改为"实体"构造型

(5) 最后,在 Reader 包中创建的类图如图 5.86 所示。

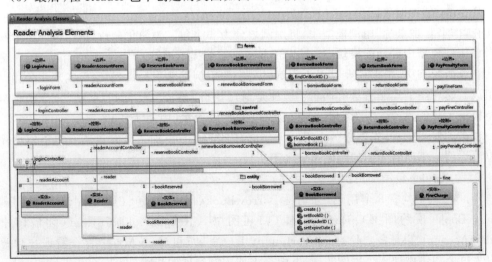

图 5.86 Reader 包中的类图

2) Admin 包中类图的绘制

Admin 包中类图的绘制方法与前面的 Reader 包中类图的绘制方法相同。

其中,边界类有 SearchBookForm(查找图书边界类)、AddBookForm(添加图书边界类)、DeleteBookForm(删除图书边界类)、AddReaderForm(添加读者信息边界类)、DeleteReaderForm(删除读者信息边界类)、ModifyReaderForm(修改读者信息边界类);

控制类有 SearchBookController(查找图书控制类)、AddBookController(添加图书控制类)、DeleteBookController(删除图书控制类)、ModifyBookController(更新图书控制类)、AddReaderController(添加读者信息控制类)、DeleteReaderController(删除读者信息控制类)、ModifyReaderController(更新读者信息控制类)。

实体类有 Librarian(图书管理员实体类)、Book(图书实体类)、Reader(读者实体类)、FineCharge(罚款实体类)等。

Admin 包中的类图如图 5.87 所示。

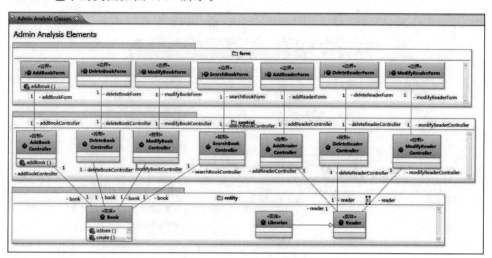

图 5.87　Admin 包中的类图

任务 2:创建时序图。

在"图书管理系统"用例模型中,将用例划分为 4 个包。为简化分析过程,以下的分析在不考虑用例模型中的功能模块 Book Warehouse 的前提下进行。

在分析模型中,根据需要可以为用例模型中的用例创建用例实现,用例实现主要由时序图组成。时序图的绘制方法有两种:一种是通过执行"模板"→"复制/粘贴"命令根据分析模型模板生成的 Analysis Building Blocks 包中模型元素(用例实现)＄{use.case}来实现;另一种是不使用模板,先创建一个用例,然后为用例附加/添加一个时序图。以下以使用模板方法为例。创建时序图的绘制步骤如下。

1. 为 Reader 包添加用例实现

Reader 包共有 8 个用例,分别是 BorrowBook(借阅图书)、PayPenalty(缴纳罚款)、ReserveBook(预约图书)、ReturnBook(归还图书)、RenewBookBorrowed(续借图书)、UpdateAccount(更新账户信息)、UserLogin(用户登录)和 ViewAccount(查看账户信息)。可以为每个用例添加 1 个用例实现,下面是添加用例实现的步骤。

1) 新建时序图

为用例 BorrowBook 添加时序图,复制/粘贴 Analysis Building Blocks 包中的模型元素(用例实现)＄{use.case},用"查找/替换"的方法将新建的模型元素 ＄{use.case}命名为

BorrowBook,如图 5.88 所示。双击"项目资源管理器"中的时序图 BorrowBook-Basic Flow,打开时序图。单击"选用板"视图中的"生命线"选项,然后在时序图编辑区的空白处单击,在弹出的悬浮菜单中选择"选择现有类型"选项,在弹出的窗口中选择"浏览"标签页后选择 BorrowBookForm(借阅图书边界类),如图 5.89 所示。

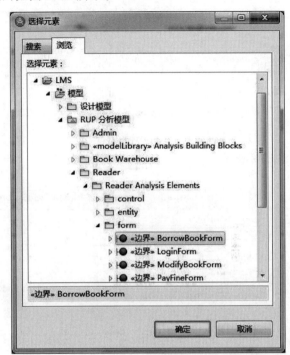

图 5.88 为用例 BorrowBook 添加时序图 　　图 5.89 添加 BorrowBookForm 生命线

2)按这个步骤添加其他对象

再为时序图添加 4 个对象,它们分别对应 3 个类和 1 个角色:BorrowBookController(借阅图书控制类)、Book(图书实体类)、BookBorrowed(借阅的图书实体类)和 DB(数据库角色),如图 5.90 所示。

图 5.90 添加其他 4 个对象生命线

3)为时序图添加调用

由时序图的几个对象可知,读者在借阅图书之前需先查找图书,通常是按照书号查找图书,因此 BorrowBookForm(借阅图书边界类)需要调用 BorrowBookController(借阅图书控制类)的 findOnBookID()方法来查找相应的图书。同时 BorrowBookController(借阅图书控制类)又需要调用 Book(图书实体类)的 findOnBookID()方法查找图书,Book(图书实体类)还需要调用 DB(数据库角色)的 findOnBookID()方法。

(1)在 borrowBookForm 和 borrowBookController 之间添加同步消息,命名为 findOnBookID,如图 5.91 所示。

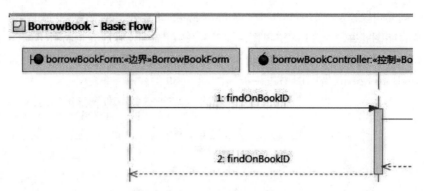

图 5.91　在 borrowBookForm 和 borrowBookController 之间添加 findOnBookID 的同步消息

（2）在 borrowBookController 和 book 之间添加同步消息，命名为 findOnBookID，如图 5.92 所示。

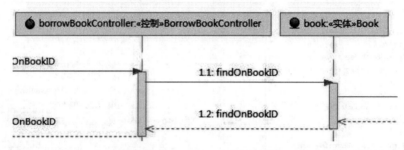

图 5.92　在 borrowBookController 和 book 之间添加 findOnBookID 同步消息

同样地，在 book 和 db 之间添加同步消息。

BorrowBookForm(借阅图书边界类)调用 BorrowBookController(借阅图书控制类)的 borrowBook()方法登记借阅的图书，BorrowBookController(借阅图书控制类)需要创建 BookBorrowed(借阅图书实体类)，同时需要调用 setX()方法来修改 bookBorrowed 的属性。

（3）在 borrowBookForm 和 borrowBookController 之间添加同步消息，命名为 borrowBook。

（4）在 borrowBookController 和 bookBorrowed 之间添加创建消息，命名为 create。如图 5.93 所示。

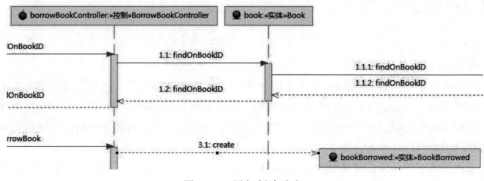

图 5.93　添加创建消息

（5）在 borrowBookController 和 bookBorrowed 之间添加 3 个异步消息,分别命名为 setBookID(设置图书号)、setReaderID(设置读者号)、setExpireDate(设置应还日期),如图 5.94 所示。

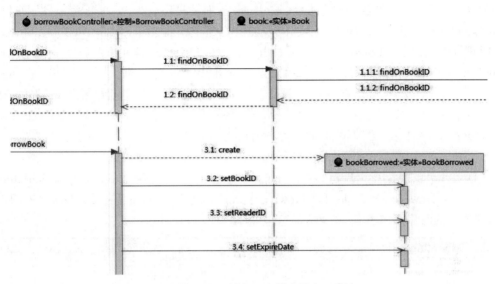

图 5.94　添加 3 个异步消息

最后 BorrowBookController(借阅图书控制类)需要完成数据库的更新,从而将 BookBorrowed(借阅图书实体类)添加到数据库相应的数据表中。

（6）在 borrowBookController 和 db 之间添加同步消息,命名为 updateDB。

完成后 borrowBook(借阅图书)基本事件流的时序图就完成了,如图 5.95 所示。

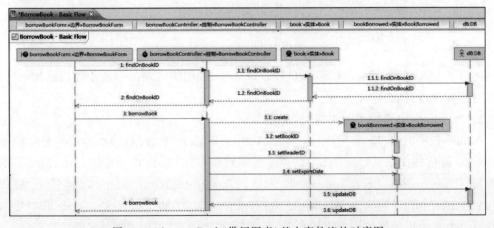

图 5.95　borrowBook(借阅图书)基本事件流的时序图

4) 添加备选事件流

为借阅图书用例添加备选事件流,在备选事件流中描述了当读者要借阅的图书已经没有副本的情况下系统的调用流程。

双击"项目资源管理器"中的时序图 BorrowBook-Alternative Flow n,打开备选事件流时序图。按照前面介绍的方法,为时序图添加 4 个对象:BorrowBookForm(借阅图书边界类)、BorrowBookController(借阅图书控制类)、Book(图书实体类)和db(数据库角色)。当读者要求借阅某本图书时,BorrowBookController(借阅图书控制类)将查询Book(图书实体类)的在库数量属性。Book(图书实体类)将查询数据库中相应的数据库表的在库数量字段,如果发现在库数量为0(表示该书所有副本都已借出)时,将会返回信息showBookUnavailable。Book(图书实体类)将会把这个信息发送回BorrowBookController(借阅图书控制类),BorrowBookController(借阅图书控制类)再将这个信息发送回BorrowBookForm(借阅图书边界类),并显示给读者。

(1)在borrowBookForm和borrowBookController之间添加同步消息,命名为findOnBookID。

(2)在borrowBookController和book之间添加同步消息,命名为findOnBookID。

(3)在book和db之间添加同步消息,命名为findOnBookID。

(4)在db和book之间添加应答消息,命名为showBookUnavailable。

(5)在book和borrowBookController添加应答消息,命名为showBookUnavailable。

(6)为borrowBookController和borrowBookForm添加应答消息,命名为showBookUnavailable。

完成后的时序图如图5.96所示。

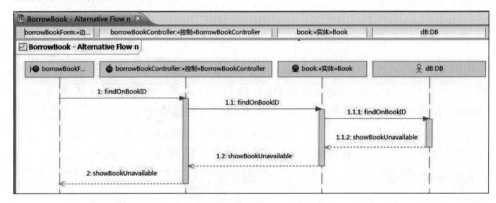

图5.96 借阅图书用例备选事件流时序图

Reader包中的其他用例实现可以按照"借阅图书"用例实现的创建步骤来添加,这一任务留给读者自行完成。

2. 为Admin包添加用例实现

Admin包中共有11个用例,分别是AddBook(添加图书)、DeleteBook(删除图书)、SearchBook(查找图书)、UpdateBook(更新图书)、BorrowBook(借书登记)、ReturnBook(还书登记)、RenewBookBorrowed(续借登记)、CreateReaderAccount(创建读者账户)、DeleteReaderProfile(删除读者)、SearchReader(查找读者)和UpdateReaderProfile(更新读者),可以为每个用例添加一个用例实现,下面是"添加图书"用例实现的步骤。

1)新建时序图

创建一个用例,命名为AddBook,为其添加时序图,为其用例实现的基本事件流添加对象,按照前面描述的方法,向时序图中添加5个对象,如图5.97所示。

2)为时序图添加消息

图书管理员在添加图书时通过AddBookForm(添加图书边界类)向AddBookController(添加图书控制类)发出同步消息AddBook(添加图书的消息),添加完成后控制类会将结果返

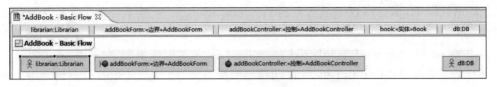

图 5.97　新建对象

回给管理员。控制类在添加之前,会先查询图书是否已经存在,如果不存在,则创建一个 Book(图书实体类),然后设置它的属性值并插入数据库 db(数据库角色)相应的数据库表中。

(1) 在 librarian 和 addBookForm 之间添加同步消息,命名为 addbook。

(2) 在 addBookForm 和 addBookController 之间添加同步消息,命名为 addBook。

(3) 在 addBookController 和 db 之间添加同步消息,命名为 isStore,查询图书是否已经存在。

(4) 在 addBookController 和 book 之间添加 3 个同步消息,分别命名为 setBookID(设置图书号)、setPublisher(设置出版社)和 setCopyNum(设置馆藏数量)。

(5) 在 addBookController 和 db 之间添加同步消息,命名为 insertBook。

完成后的时序图如图 5.98 所示。

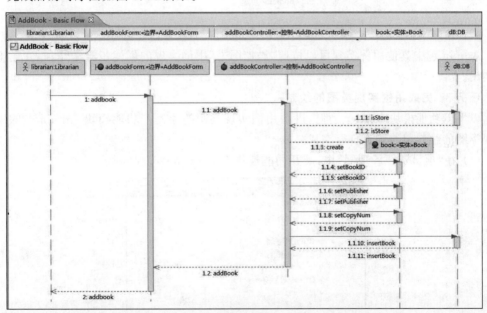

图 5.98　添加图书(AddBook)基本事件流的时序图

在完成了上述步骤后,添加图书(AddBook)基本事件流的时序图就完成了。

3) 为添加图书用例添加备选事件流

图书用例添加备选事件流描述了当管理员要添加的图书已经存在的情况下系统的调用流程。按照前面的方法介绍,为时序图添加 AddBookForm(添加图书边界类)、AddBookController(添加图书控制类)、BookStore(图书仓库实体类)和 Book(图书实体类)。

当管理员要求添加某本图书的信息时,AddBookController(添加图书控制类)会向 db(数据库角色)查询本书的信息,如果该书的信息存在,就返回信息 true。然后 AddBookController

(添加图书控制类)也会将这个消息发送给 addBookForm(添加图书边界类),并呈现给管理员。

(1) 在 addBookForm 和 addBookController 之间添加同步消息,命名为 addBook。

(2) 在 addBookController 和 db 之间添加同步消息,命名为 isStored,查询图书是否已经存在。

(3) 将 db 向 addBookController 返回的应答消息命令为 showBookIsStored。

(4) 将 addBookController 向 addBookForm 返回的应答消息命名为 showBookIsStored。

完成后的时序图如图 5.99 所示。

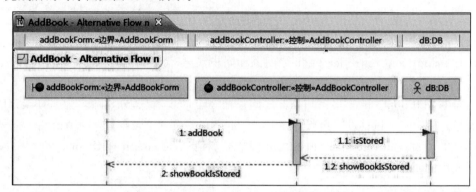

图 5.99 添加图书用例备选事件流时序图

Admin 包中其他用例实现可以按照"添加图书"用例实现的创建步骤来添加,在此不一一列出。

任务 3:完成用例实现类图的绘制。

以下以功能模块 Reader 为例,讲解用例实现类图的绘制。功能模块 Admin 中的用例实现类图的绘制留给读者自行完成。

(1) 在"项目资源管理器"中,展开功能模块 Reader,如图 5.100 所示。

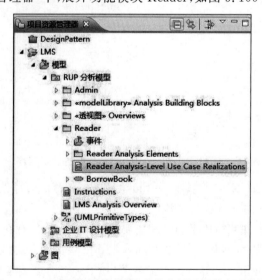

图 5.100 "项目资源管理器"中的分析层用例实现类图

（2）双击"项目资源管理器"中的分析层用例实现类图 Reader Analysis-Level Use Case Realizations，打开分析层用例实现类图。

（3）将"项目资源管理器"中的用例实现 Borrow Book 拖曳到分析层用例实现类图中。

（4）将"项目资源管理器"中用例模型中的用例 Borrow Book 拖曳到分析层用例实现类图 Reader Analysis-Level Use Case Realizations 中。

（5）在"选用板"视图中选中"创建实现关系"选项，以连接分析层用例实现类图 Reader Analysis-Level Use Case Realizations 中的 Borrow Book 的用例实现和用例 Borrow Book。

（6）重复步骤（3）～步骤（5），将功能模块 Reader 中所有的用例实现拖曳到分析层用例实现类图 Reader Analysis Level Use-Case Realizations 中。

注意图 5.101 只加入了 Borrow Book 用例实现。

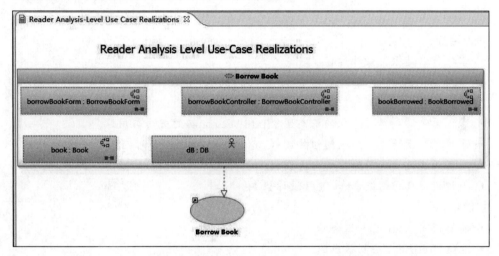

图 5.101　分析层用例实现类图 Reader Analysis Level Use-Case Realizations

第6章

系统设计建模阶段的设计模型

知识目标

- 掌握什么是系统设计建模。
- 掌握系统设计建模阶段的组合结构图（Composite Structure Diagram）的概念与用途。
- 掌握系统设计建模阶段的状态图（State Diagram）的概念与用途。
- 掌握系统设计建模阶段的组件图（Component Diagram）的概念与用途。
- 掌握系统设计建模阶段的部署图（Deployment Diagram）的概念与用途。
- 了解设计模式的概念和23种设计模式。

技能目标

- 能够使用 RSA 绘制组合结构图。
- 能够使用 RSA 绘制状态图。
- 能够使用 RSA 绘制组件图。
- 能够使用 RSA 绘制部署图。
- 能够在 RSA 中应用设计模式。

系统设计建模是建立在系统分析建模的基础之上的，为系统的实现提供技术方案。程序员根据系统设计模型就可以编写代码，完成系统的实现；或者通过模型转换将设计模型转换为可以运行的程序。

观看视频

6.1 系统设计建模概述

系统设计建模，是指在系统设计阶段，在考虑实际环境的前提下，将分析阶段的抽象模型扩展为可行的技术方案，使用各种不同的图（如组合结构图、状态图、组件图、部署图等），建立一个设计模型。它详细描述了这个应用是怎样构成的，以及是如何实现的。

设计模型是说明用例实现的对象模型，是对实现模型及其源代码的一个抽象，可以充当源代码如何被构建和编制的"蓝图"。设计模型被用来文档化软件系统的设计，它作为实现模型的输入，影响着软件开发生命周期中的后续活动。设计模型由设计类和一些描述组成，设计类包括具有良好接口的包和子系统，而描述则体现了类的对象如何协同工作，以及如何实现用例的功能。

设计模型与实现模型非常类似,在设计模型中,类、包和子系统将被映射为实现模型中的实现类、文件、包和子系统。这些元素之间映射的严格程度如何,决定了设计模型和实现模型之间的接近程度。

在设计阶段应该做什么和不应该做什么,RSA 没有做明确的规则说明。但是必须要定义出系统需要的足够信息,这样在实现时才会尽量避免导致误差。设计模型的详细程度取决于不同的项目、不同的系统或不同的公司。例如,对于一个小型系统,设计模型可能比较简单,它只需要让开发人员对系统的实现思路有一个大致的了解即可;相反,对于大型的、复杂的系统,设计模型就需要非常详细,并且需要像代码一样进行精心的维护。

一个好的设计模型应该具备以下特征。

(1) 能满足系统需求。

(2) 能经得起实施环境中的变更。

(3) 与其他可能的对象模型以及系统实施相比,更易于维护。

(4) 实施方式很明确。

(5) 不包含那些应该记录在程序代码中的信息。

(6) 容易适应需求变更。

此外,在建立设计模型阶段,一般会包含的 UML 图有:组合结构图,用来描述对象之间是如何交互的;状态图,用来对类的动态行为建模;组件图,用来描述系统的软件架构;部署图,用来描述系统的物理架构。

6.1.1 如何进行系统设计建模

在传统的软件工程中,系统设计建模的主要方法是结构化设计方法,在面向对象软件工程中,主要使用面向对象设计方法。

系统设计建模阶段的主要任务是找出设计类或接口以及将设计类或接口划分到不同的包中。分析类主要关注的是功能需求(即应该解决什么问题),而设计类关注的是非功能需求(即如何解决问题)。对系统分析建模阶段获得的分析类进行重构(重新划分类/接口,发现新的类/接口,建立类/接口与类/接口之间的关系)以获得设计类,在对分析类进行重构时可以应用设计模式。而组合结构图、状态图、组件图和部署图有助于对分析类进行重构。对分析类重构获得设计类常常有如下几种情形。

(1) 一个分析类演变为一个设计类的一部分。

(2) 一个分析类演变为一组设计类,这些设计类继承自相同的父类。

(3) 一个分析类演变为一个聚合设计类。

(4) 一个分析类演变为一组功能相关的设计类。

(5) 一个分析类演变为一个子系统或子系统的一部分。

(6) 一个分析类演变为设计类/接口之间的一个关系。

(7) 一个分析类之间的关系演变为一个设计类。

6.1.2 创建设计模型

IBM RSA 提供了"空白设计包""简化的空白设计包""企业 IT 设计包"3 个设计模型模板。用"空白设计包"模型模板创建的设计模型包含了类图、时序图、组件图和自由格式图。

用"简化的空白设计包"模型模板创建的设计模型包含了类图、时序图、组件图和自由格式图。用"企业 IT 设计包"模型模板创建的设计模型包含了各种 UML 图,是 RUP 推荐的设计模型。

创建设计模型的步骤和创建分析模型的步骤非常类似,只是在选择模型模板时选择"设计模型"模板即可,以"企业 IT 设计包"模型模板为例,创建设计模型的步骤如下。

(1)在"项目资源管理器"中,展开项目,右击项目下的"模型",在弹出的快捷菜单中选择"创建模型"选项,如图 6.1 所示。

图 6.1　新建 UML 模型

(2)在弹出的"创建模型"向导的"创建新模型"窗口中,选中"从以下项创建新的 UML 模型"选项组中的"标准模板"单选按钮,单击"下一步"按钮,如图 6.2 所示。

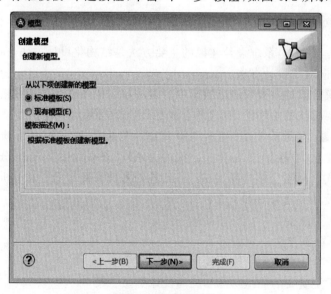

图 6.2　创建新模型

(3)在弹出的"创建模型"向导的"根据标准模板创建新模型"窗口中,选中"类别"列表框中的"分析和设计"选项,然后在"模板"列表框中选择"企业 IT 设计包"选项,在"文件名"文本框中输入模型的文件名,可通过单击"浏览"按钮选择保存的目标文件夹,最后单击"完成"按钮,如图 6.3 所示。

(4)在"项目资源管理器"中按设计模型模板"企业 IT 设计包"生成设计模型,如图 6.4所示。

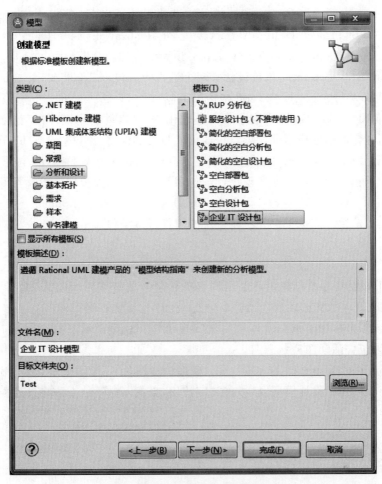

图 6.3 根据标准模板创建新模型

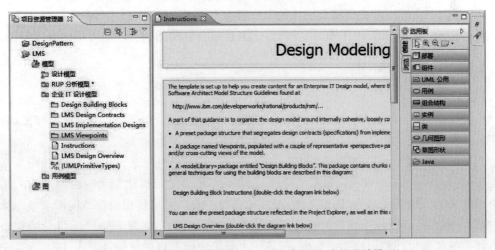

图 6.4 按设计模型模板"企业 IT 设计包"生成的设计模型

按照 RUP 最佳实践,我们选择了企业 IT 设计包模型模板创建的设计模型具有如下的层次结构。

（1）＄｛project｝Design Contracts：预置的设计规约子包，包含＄｛project｝Component Specifications 和＄｛project｝Design-Level Use Case Realizations 两个子包。

（2）＄｛project｝Implementation Designs：预置的实现设计子包。

（3）＄｛project｝Viewpoints：该包包含了两个透视图子包，＄｛project｝Package Dependencies（包依赖子包）和 Architectural Layers（架构层子包）。

（4）Design Building Blocks：包含了一些通用的、可以复制到设计模型中的模型元素，用户通过复制和修改这些模型元素可以快速创建自己的模型，该包包含如下子包：

① ＄｛functional. area. impldesign｝，用于在 Implementation Designs 包下按功能模块创建实现设计子包。功能模块的实现设计子包通常包含该功能模块的设计类及类图。

② ＄｛functional. area. specs｝，用于在 Design Contracts∷Component Specifications 包下按功能模块创建组件规范子包。功能模块的组件规范子包通常包含组合结构图、组件图、部署图。

③ ＄｛functional. area. ucrs｝，用于在 Design Contracts∷Design-Level Use Case Realizations 下按功能模块创建设计层用例实现子包。功能模块的设计层用例实现子包用模型元素＄｛use. case｝填充。

④ ＄｛use. case｝，用于填充设计层用例实现子包。模型元素＄｛use. case｝通常由时序图组成，也可以包含活动图或状态图。

（5）＄｛project｝Design Overview：设计模型概览图。

按模型模板创建了设计模型以后，首先应该用"查找/替换"的方法将设计模型下所有的＄｛project｝替换为项目名称。然后按照功能模块的划分进行设计模型的建模。

6.2 系统设计建模阶段的 UML 图

在 6.1 节中已经按照 RUP 最佳实践，选择"企业 IT 设计包"模型模板创建了设计模型。用"企业 IT 设计包"模型模板创建的设计模型包含了各种 UML 图，在第 4 章和第 5 章已经讲过用例图、活动图、类图和时序图，以下只讲组合结构图、状态图、组件图和部署图。

6.2.1 组合结构图

观看视频

1. 知识精讲

组合结构图，也可称为组成结构图，是 UML 2.0 中新出现的图。它是一种静态视图，用来表示一个类元或协作（Collaboration）的内部结构。

当系统变得越来越复杂时，事物之间的关系也变得越来越复杂。从概念上讲，组合结构图使用部件（Part）、端口（Port）和连接器（Connector）来描述结构化类元的内部结构。结构化类元定义类元的实现，它可以包含类、组件或部署节点。可以使用组合结构图来显示类元的内部详细信息，还可以描述协同工作以执行包含类元行为的对象和角色。组合结构图并不强调类的详细设计和系统如何实现，它描述了系统中的事物如何联合起来，以实现某一个复杂的模式。

在组合结构图中，端口用于定义类元与其环境之间或者类元与其内部部件之间的交互点。可以使用端口来指定类元为它的环境提供的服务以及环境中需要的服务。

在组合结构图中,还可以对协作和协作使用(Collaboration Uses)建模。协作描述用来定义类元的特定行为的角色和属性。协作使用表示使用协作来说明一个类元的属性之间的关系。要确定协作使用中的部件的角色,将协作使用连接至协作,然后将该协作使用添加至组合结构图。

RSA 中的组合结构图抽取器如图 6.5 所示。

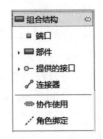

图 6.5　RSA 的组合结构图抽取器

组合关系虽然能够反映整体与部分的组成关系,但不能反映整体和各部件之间的结构关系,为了反映类的组成结构,于是提出了组合结构图。结构是指在系统运行时存在的一组互相连接的元素,这些元素一起提供了一些功能。例如,可以使用结构代表一个分离器的内部组成(如子系统,系统内部对象之间的联系,以及对象之间互相交互的信息等),UML 将这种结构称为内部结构。UML 定义了几种符号来表示子系统内部元素之间的关系和交流。

1) 部件

UML 对部件的定义是:"一个元素,它表示一个进行包容的类目(Classifier)的实例或者类目的角色所拥有的一组实例。"在组合结构图中,部件作为一个图元素,被用来表示某个类所拥有的一组(一个或多个)实例。部件描述一个实例在类中充当的角色,可以在类的结构部分以及 UML 图(如类图、组合结构图、组件图、部署图等)中创建。

部件用一个实心矩形表示,矩形里面包含该部件的名称、类型以及指定的任何多重性,如图 6.6 所示。它描述的是汽车的左前轮部件,它的对象名和类型之间用冒号(:)分隔。

2) 连接器

UML 对连接器的定义是:"连接器是一个链,它使两个或者更多的实例之间能够通信。"在组合结构图中,连接器代表了一个通信连接,这个通信链路连接了各个部件。一个连接器用连接两个部件之间的一条实线表示,如图 6.7 所示。

图 6.6　部件　　　　　　　　　　　图 6.7　连接器

3) 端口

UML 对端口的定义是:"类目的一个特征,指出类目与外部环境之间或者与内部的部件之间的一个明显的交互点。"在组合结构图中,一个端口定义了一个交互点,它可以处于分类器的实例和它所处的环境之间,也可以处于分类器的行为和它的内部部件之间。

外部环境与内部部件之间的所有交互是通过一个端口来实现的,因此可使用一个端口将内部对象从它所处的环境中隔离开。连接器将类的端口与属性链接起来,并且在两个或者多个对象之间发出通信请求。一个分类器可以定义多个端口来表示不同的交互点。

端口既可以加在组合结构图的边界上,也可以加在组合结构图内部的部件上。端口用一个小矩形■来表示。

4）提供的接口和必需的接口

UML 对接口的定义是："接口是一种类目,它表示对一组紧凑的公共特征和职责的声明。一个接口说明了一个合约;实现接口的任何类目的实例必须履行这个合约。"接口由某些类提供,为另外某些类所需要。因此,同一个接口在不同的语境下分别被称为提供的接口(Provided Interface)或必需的接口(Required Interface)。在组合结构图中,端口和提供的接口以及必需的接口联系在一起,提供的接口指的是一个分类器提供给环境的一些功能,必需的接口指的是当它的环境通过某个接口时所需要的接口。图 6.8 是一个包含了提供的接口和必需的接口的组合结构图。

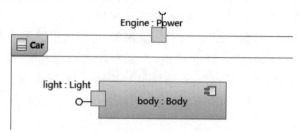

图 6.8　包含提供的接口和必需的接口的组合结构图

5）协作

UML 对协作的定义是："一个协作描述了一组为共同完成所要求的功能而进行协作的元素(角色)的结构,其中每个元素执行其特定的功能。"在组合结构图中,协作定义了一系列相互合作的职责,所有这些职责完成一个功能。一个协作应该只显示完成它定义好的任务或功能所需的职责和属性,将主要的职责分离开来有助于简化结构和明晰行为,也提供了一种重要的方法。

协作可以包括来自正在建模系统的不同部分的类,并且单个类可以具有不同的角色并参与多个协作,这意味着协作中的角色会引用或输入类,却不会实际拥有或包含所引用的类。

在 UML 图中,协作是一种结构化类元类型。在这种类元中,角色和属性互相合作来定义类元的内部结构。当用户想只定义完成协作的特定目标所需要的角色和连接时就可使用协作。例如,协作的目标可以是定义类元的角色或组件。通过将主要角色分隔开,协作简化了结构并阐明了模型中的行为。

在 RSA 的组合结构图中,协作常与协作使用一起使用。虽然"选用板"视图中没有协作模型元素,只有协作使用模型元素,但可以在"项目资源管理器"中,通过右击包,在弹出的快捷菜单中,执行"添加 UML"→"协作"命令创建协作模型元素。

6）协作使用

在组合结构图中,协作使用是一个模型元素,它表示使用协作来说明结构化类元的各部分之间的关系。使用协作使用将以协作描述的模式应用于一种特定情况,该情况涉及充当指定协作的角色的类或实例。可以具有多个协作使用,且每个协作使用涉及所给定协作的一组不同的角色和连接器。

可以在"项目资源管理器"中,通过右击类元,在弹出的快捷菜单中执行"添加 UML"→"协作使用"命令创建协作使用模型元素,也可以在"选用板"视图中选择"协作使用"模型元素,拖曳到组合结构图上创建协作使用模型元素。在创建协作使用模型元素时,可以指定现有的协作,也可以创建新的协作。如图6.9所示。在组合结构图中,协作和协作使用显示为一个由虚线组成的椭圆,里面包含协作和协作使用的名称,冒号左边是协作使用的名称,冒号右边是协作的名称。

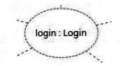

图6.9 组合结构图中的协作和协作使用

2. 操作演示

实例1:在 RSA 中创建组合结构图。

(1) 在需要创建组合结构图的包中右击,在弹出的快捷菜单中执行"添加图"命令,在下一级子菜单中执行"组合结构图"命令。

(2) 打开组合结构图之后,可以在"属性"视图中的"常规"选项卡中的"名称"文本框中对其进行重命名。

(3) 在右边的"组合结构"抽取器中,选择相应的 UML 元素进行建模。图6.10是在RSA 中画好的一个组合结构图。

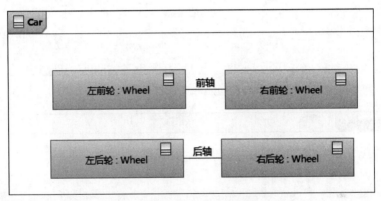

图6.10 组合结构图示例

在图6.10所示的组合结构图示例中,包含了两个类:Car 和 Wheel。组合结构图标识了容器分类器 Car,这个图中展示了它内部的四个组成部件(Part),每个部件都有其名字和类型,在两个前轮和两个后轮之间用连接器连接起来,表示它们之间有通信的关系。这样为Car 分类器创建实例时,它包含的构件(4个 Wheel 的实例)都会被创建起来,并且这4个实例由 Car 的实例维护,前轮和后轮之间用连接器连接。

实例2:在 RSA 的组合结构图中添加端口。

(1) 创建一个组合结构图或打开一个已经存在的组合结构图。

(2) 在右边的"选用板"视图中,选中"组合结构"抽取器中的"端口"选项。

(3) 在需要加入端口的元素中单击即可。图6.11是一个包含端口的组合结构图。

实例3:在 RSA 的组合结构图中添加提供的接口和必需的接口。

(1) 创建一个新的组合结构图或打开一个已经存在的组合结构图。

(2) 在右边的"选用板"视图中,选择"组合结构"抽取器中的"提供的接口"或"必需的接口"选项。

(3) 在组合结构图中的某个端口上单击即可。图6.12是一个包含了提供的接口和必需的接口的组合结构图。

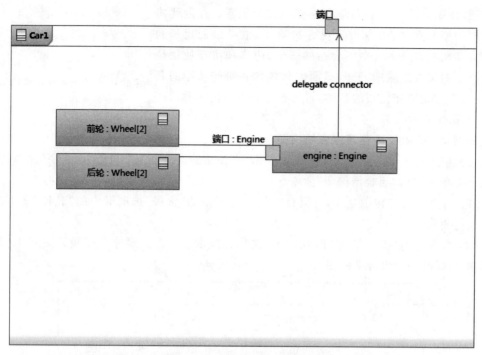

图 6.11　包含端口的组合结构图

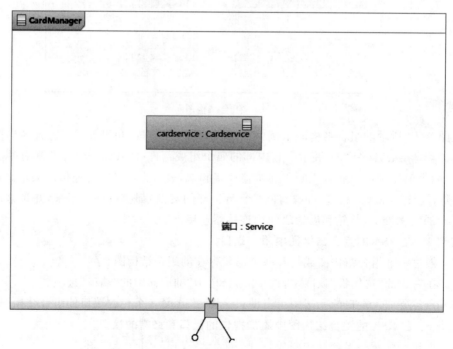

图 6.12　包含了提供的接口和必需的接口的组合结构图

3. 课堂实训

以"图书管理系统"为例,为 User 类(用户类)创建组合结构图。不同的用户有不同的
角色(Role),不同的角色有不同的权限(Permission),用户与角色关联(UserRole),角色与

权限关联(RolePermission)。用户登录时需要这些类一起协作。在 RSA 中为 User 类添加组合结构图的步骤如下。

1) 在设计模型中创建功能模块组件规范子包

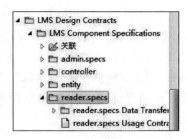

用模型模板——"企业 IT 设计包"创建设计模型,通过"查找/替换"操作将 ${project} 替换为 LMS。复制 Design Building Blocks→ ${functional. area. specs},粘贴到 LMS Design Contracts→LMS Component Specifications。通过"查找/替换"将新建的子包命名为 reader. specs,如图 6.13 所示。

图 6.13　设计模型中功能模块组件规范子包

2) 在功能模块组件规范子包中创建空白组合结构图

右击 reader. specs 子包,在弹出的快捷菜单中,依次执行"添加图"→"组合结构图"命令,可以添加组合结构图,如图 6.14 所示。

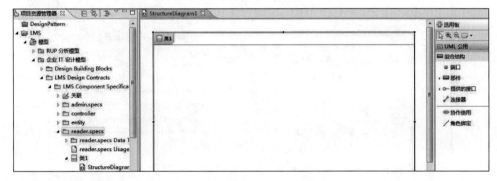

图 6.14　User 组合结构图

将"类 1"重命名为 User,将组合结构图 StructureDiagram1 重命名为"User 组合结构图"。

3) 在组合结构图中添加模型元素

(1) 在组合结构图中添加"角色"。在"选用板"视图中选择角色,拖曳到组合结构图,在弹出的快捷菜单中执行"选择现有元素"命令,然后浏览 reader. specs 子包,选择 User 模型元素。

(2) 在组合结构图中再添加 4 个"角色":Role、Permission、UserRole、RolePermission。在"选用板"视图中选择角色,拖曳到组合结构图,在弹出的快捷菜单中执行"创建类"命令,然后输入"分类器名称"为 Role。用同样的步骤分别输入"分类器名称"为 Permission、UserRole、RolePermission。

(3) 在组合结构图中添加"协作使用"。在"选用板"视图中选择"协作使用"模型元素,拖曳到组合结构图,在弹出的快捷菜单中执行"创建协作"命令,将"协作"重命名为 Login,将"协作使用"重命名为 login。

(4) 在组合结构图中添加"角色绑定"。在"选用板"视图中选中"角色绑定"模型元素,在组合结构图中单击选中协作使用 login,拖曳到角色 User,在弹出的"选择角色绑定的供应端"对话框单击"是"按钮,将新建的属性"角色"重命名为 user。

在"项目资源管理器"中,右击协作 Login,在弹出的快捷菜单中依次执行"添加 UML"→

"角色"命令。在新的弹出的快捷菜单中单击"选择现有元素"按钮,浏览 reader.specs 子包,选中 Role 模型元素。用同样的步骤,分别选取 Permission、UserRole、RolePermission。

（5）在组合结构图中连接协作使用 login 和角色 Role、Permission、UserRole、RolePermission。在"选用板"视图中选中"角色绑定",在组合结构图中单击协作使用 login,拖曳到角色 Role,在弹出的"选择角色绑定的供应端"对话框,浏览 reader.specs 子包,选择属性 role。用同样的步骤,分别选取属性 permission、userRole、rolePermission。

绘制完成的 User 组合结构图如图 6.15 所示。

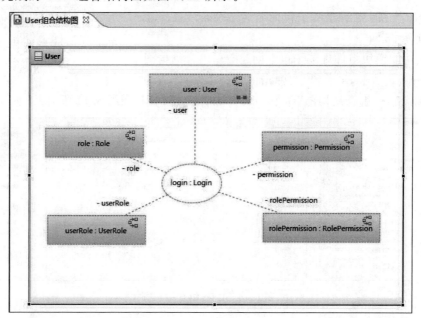

图 6.15　User 组合结构图

6.2.2　状态图

观看视频

1. 知识精讲

状态图(在 RSA 中又称状态机图),用于在 UML 中建立动态模型,主要描述系统随时间变化的行为,这些行为是用从静态视图中抽取的系统的瞬间值的变化来描述的。在对象的生命期建模中,状态图显示了一个状态机,展示的是单个对象内从状态(State)到状态的控制流。状态图通过对类的对象的生存周期建立模型来描述对象随时间变化的动态行为。

UML 状态图中的状态是指在对象的生命周期中满足某些条件、执行某些活动或等待某些事件时的一个条件或状况。状态用圆角矩形表示,初态(Initial State)用实心圆点表示,终态(Final State)用圆形内嵌圆点表示。

状态图由状态、转换(Transition)、事件、活动(Activity)和动作 5 部分组成,是展示状态与状态转换的图。通常一个状态图依附于一个类,并且描述一个类的实例。状态图包含了一个类的对象在其生命周期期间的所有状态的序列以及对象对接收到的事件所产生的反应。它是状态节点通过转移连接的图,描述了一个特定对象的所有可能状态,以及由于各种事件的发生而引起状态之间的转移。大多数面向对象技术都使用状态图来描述一个对象在其生命周期中的行为。

图 6.16 是 RSA 提供的状态机抽取器。

1）状态

状态是状态图的重要组成部分，它描述了状态图所建模对象的动态行为产生的结果。状态描述了一个对象生命期中的一个时间段，它建模的对象包括在某些方面性质相似的一组对象值、对象等待一些事件发生时的一段时间、对象执行持续活动时的一段时间等。一个状态可以包含别的状态，一般称为嵌套状态或者子状态。状态也能包含一些行为，行为指的是当一个对象在某个状态时能发生的任务。

状态用一个圆角矩形来表示，矩形顶部显示状态的名称，如图 6.17 所示。

图 6.16　状态机抽取器　　　　图 6.17　状态的表示

RSA 中的状态类型分为以下 5 种，如表 6.1 所示。

表 6.1　RSA 中的状态类型

状 态 名 称	说　明
简单状态(Simple State)	这种状态没有区域
组合状态(Composite State)	包含了一个区域状态
正交状态(Orthogonal State)	包含了一个或多个区域状态
最终状态(Final State)	指放在组合状态中的一个状态，表示在这个区域里活动结束了
子机状态(Submachine State)	指引用了别的状态机的状态，在 RSA 中可以通过双击子机状态来查看具体引用的实现

2）初始状态

初始状态是一个状态图中一系列状态的起始点，只能作为转换的源，而不能作为转换的目标。初始状态在一个状态图中只允许有一个，用一个实心圆表示，如图 6.18 所示。

3）最终状态

最终状态是一个状态图中一系列状态的终止点。最终状态只能作为转换的目标，而不能作为转换的源。最终状态在一个状态图中可以有多个，它用一个套有实心圆的空心圆来表示，如图 6.19 所示。

图 6.18　初始状态　　　　图 6.19　最终状态

4）转换

转换（在 RSA 中也称为转移）显示了两个状态或者伪状态之间的联系（或者叫路径），每个转换用一个警戒来指定这个转换能否被允许。一个转换包含3部分：触发器(Trigger)、警戒(Guard)和结果(Effect)。

(1) 触发器：触发器通常是一个事件，表示在什么条件下可能会导致这个转换的发生。

(2) 警戒：它是一个约束，当状态机触发了一个事件时，会通过这个表达式的值来决定这个转换是否被允许。警戒不应对状态的变化有任何影响，并且它的计算结果必须是布尔类型的。

(3) 结果：指触发转换时将发生的可选活动。活动可以是操作、属性、拥有的分类器的连接，以及触发事件的任何参数。一个活动可以显式地产生事件，如发送消息或调用操作等。

在 RSA 中提供了 4 种事件类型，如表 6.2 所示。

表 6.2　RSA 中的事件类型

事 件 类 型	说　　明
调用事件(Call)	表示接收请求以调用某项操作的事件。一个对象接到了请求去调用一个操作，对这个操作的调用触发了转换。RSA 中可以给这个调用事件指定一个操作名字，这个名字可以在生成调用触发器时指定
更改事件(Change)	表示条件的事件。该条件由一个布尔表达式定义，当布尔表达式的值从 false 更改为 true 时就会触发一次转换
信号事件(Signal)	表示一条特定的消息，当一个对象接收到了该消息时就会触发转换
时间事件(Time)	当时间到达某个特定时刻，或某个阈值时，将要触发的事件。它表示已定义的时间段，或者一个绝对时间的推移。当满足时间值时，就会启动具有时间事件触发器的转换

5) 伪态

伪态在 UML 中是用来联合和指示转换的。RSA 状态图中提供的伪态如图 6.20 所示。

图 6.20　RSA 状态图中的伪态类型

RSA 中的伪态类型如表 6.3 所示。

表 6.3　RSA 中的伪态类型

伪 态 类 型	说　　明
初始状态(Initial Pseudostate)	初始状态放在一个区域里，它标识了一个起始点，当一个转换执行到组合状态边界时就会运行它。当有一个或者多个从初始状态发出的转换时，起始的状态由每个转换的警戒条件的运算值决定

续表

伪态类型	说 明
选项点(Choice)	接收单个进入转换,然后输出两个转换,每个转换都有一个警戒条件,其中一个警戒条件的结果为 true
节点(Junction)	将多个可能的转换放到一个伪态中,一个或多个转换可以离开节点到别的状态中
深度历史记录(Deep History)	转换为组合状态中的深历史记录状态时,将调用紧接在最近一次退出组合状态之前的活动状态。可以按任意深度来嵌套最后的活动状态。转换必须使最后的活动状态直接脱离组合状态
浅度历史记录(Shallow History)	转换为组合状态中的浅度历史记录状态时,将调用在最近一次退出组合状态之前的最后一个活动状态,该活动状态的嵌套深度与历史记录状态本身的深度相同
连接(Join)	接收两个或多个流入转换,这些转换相遇之后组成一个流出转换。进入连接伪状态的每个流入转换必须来源于一个正交状态的不同区域
派生(Fork)	接收一个流入转换,然后该转换分成两个或多个流出转换。来自派生伪状态的每个流出转换必须以一个正交状态的不同区域中的状态为目标
入口点(Entry Point)	位于状态机或组合状态的边界上或者某一区域中,而在该组合状态中,有单个流出转换将转换为子状态。当可以通过多种方式进入某一状态并且转换没有单个默认子状态作为目标时,就可以使用入口点伪状态
出口点(Exit Point)	位于状态机或组合状态的边界上或者某一区域中,而在该组合状态中,有单个流入转换来源于某一子状态。当可以通过多种方式退出某一状态时,就可以使用出口点伪状态。每个出口点可以是外部转换的源
终止(Terminate)	表示状态机执行完毕

6) 活动

在 UML 建模中,可以对简单状态、组合状态和正交状态添加"执行""进入""退出"活动,描述正处于特定状态的活动或者仅当进入或退出某一状态时才会执行的活动。当处于某一状态时,就会发生"执行"活动。当进入某一状态时,就会发生"进入"活动。当退出某一状态时,就会发生"退出"活动。

UML 提供了 3 种保留活动,如表 6.4 所示。

表 6.4 UML 中的保留活动

活动名称	说 明
入口活动	在进入某一状态前将执行的活动。在状态进入时被触发,入口活动在所有别的活动发生之前执行
出口活动	在退出某一状态时将执行的活动。在状态离开时被触发,出口活动在所有别的活动发生完成之后执行
执行活动	当进入某一状态时就会开始执行的活动,并且会一直执行到完成该活动或者退出该状态为止

如果执行活动完成了,它会产生一个完成事件,这个完成事件会触发一个转换。如果这

里有一个完成转换(是指一个没有别的事件条件的转换),则出口活动将会被执行,然后状态的转换就发生了。如果在执行活动完成之前,别的事件导致状态的变化,则当前的活动就终止,并且出口活动开始执行,出口活动执行完毕之后转换就发生了。

2. 操作演示

实例 1:在 RSA 中创建状态图。

(1) 选中需要创建状态图的包,右击,在弹出的快捷菜单中执行"添加图"命令,在下一级子菜单中执行"状态机图"命令。

(2) 打开状态机图之后,可以在"属性"视图中的"常规"选项卡中的"名称"文本框中对其进行重命名。

(3) 在右边的"状态机"抽取器中,选择相应的 UML 元素进行建模,图 6.21 是一个自动柜员机读取金额的状态图。

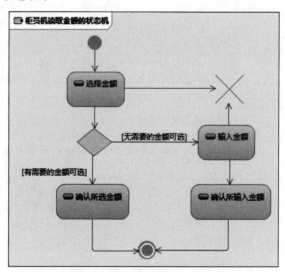

图 6.21 自动柜员机读取金额的状态图

实例 2:为一个转换指定事件。

(1) 打开一个已经存在的状态图或者创建一个新的状态图。

(2) 放入两个新的状态,并将两个状态用转换连接。

(3) 选中连接两个状态的转换,在"属性"视图中,选择"触发器"页面,然后单击"添加"按钮,在出现的对话框中选择相应的事件类型即可,如图 6.22 所示。

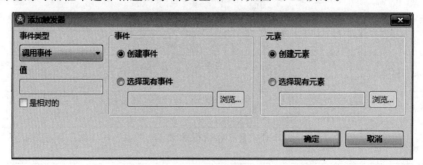

图 6.22 指定事件

实例 3：创建一个包含"选项点"伪态的状态图。

（1）选择需要创建状态图的包，右击，在弹出的快捷菜单中执行"添加图"命令，在下一级子菜单中执行"状态机图"命令。

（2）打开状态机图之后，可以在"属性"视图中的"常规"选项卡中的"名称"文本框中对其进行重命名。

（3）在右边的"状态机"抽取器中，选择相应的伪态类型元素进行建模，图 6.23 是一个包含了"选项点"伪态的状态图。

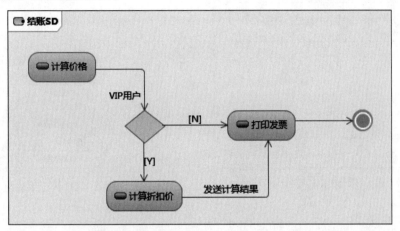

图 6.23　包含"选项点"伪态的状态图

实例 4：在状态中添加活动。

（1）打开一个已经存在的状态图或者创建一个新的状态图。

（2）在状态图中绘制一个状态。

（3）右击该状态，在弹出的快捷菜单中执行"属性"命令，在弹出的"属性"对话框中，选择"常规"选项，然后单击"添加"按钮，如图 6.24 所示。

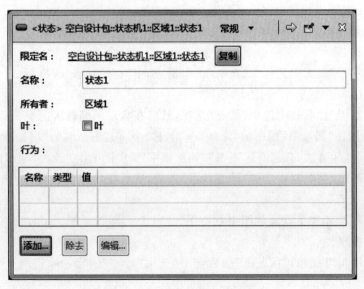

图 6.24　状态的属性对话框

（4）在弹出的"添加行为"对话框中，输入行为名称，选择行为类型（入口、执行活动或出口），单击"确定"按钮，如图 6.25 所示。

图 6.26 是一个包含有入口、执行活动和出口的状态。

图 6.25　"添加行为"对话框

图 6.26　包含有入口、执行活动和出口的状态

3. 课堂实训

以"图书管理系统"为例，"图书"状态图中包括 5 个状态：增加图书、在库图书、删除图书、图书借出和预约。在 RSA 中绘制该状态图的步骤如下。

1）在 RSA 中创建状态图

（1）右击要创建的状态图所在的包，在弹出的快捷菜单中依次执行"添加图"→"状态图"命令。

（2）打开状态图之后，在状态图的"属性"视图的"常规"选项卡中的"名称"文本框中输入状态图的名称对其进行重命名。

如图 6.27 所示，创建了一个名称为"图书状态图"的空白状态图。

2）添加状态

（1）在"选用板"视图中选择"状态机"抽取器，选中"初始状态"选项，然后在状态图编辑区的空白处单击，则生成一个"初始状态"。

（2）在"状态机"抽取器中选中"状态"选项，然后在状态图编辑区的空白处单击，则生成一个新状态，最后在"属性"视图中的"常规"→"名称"中将其重命名为"增加图书"。

（3）使用同样的方法完成"在库图书""删除图书""图书借出""预约"状态的添加。

（4）在"状态机"抽取器中选中"最终状态"选项，然后在状态图编辑区的空白处单击，则生成一个"最终状态"。

图 6.28 是一个添加了状态的图书状态图。

3）添加转换事件

（1）在"选用板"视图的"状态机"抽取器中，选中"转移"图标 ，将两个状态用转换连接起来。

（2）选中连接两个状态的转换，在"属性"视图中，选中"触发器"选项，然后单击"添加"

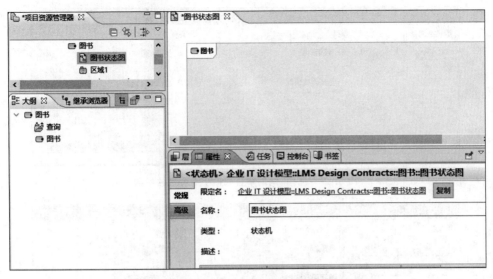

图 6.27 新建的名称为"图书状态图"的空白状态图

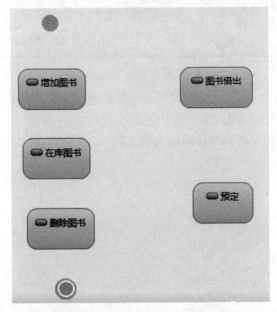

图 6.28 添加了状态的图书状态图

按钮,在出现的对话框中设置对应的事件类型即可。

根据选择事件的不同,需要指定不同的条件,具体说明如下。

(1) 如果选择的是"调用事件",则需要指定一个事件,可以是"创建事件"或者"选择现有事件"。如果指定的是"创建事件",则需要在"元素"中选择"创建元素"或者"选择现有元素"。如选择了"创建元素",则在该状态机中会自动生成一个"操作"的元素。图 6.29 是选择"调用事件"作为转换触发器的对话框。

(2) 如果选择的是"更改事件",则需要指定一个值,以决定是否执行该转换,只有当flag 为 true 时才会执行该转换。图 6.30 是选择"更改事件"作为转换触发器的对话框。

图 6.29　选择"调用事件"作为转换的触发器

图 6.30　选择"更改事件"作为转换的触发器

（3）如果选择的是"时间事件"，则需要指定转换发生的时间。除此之外，事件类型还有"信号事件"和"任何接收事件"。

图 6.31 是一个添加了转换事件的图书状态图。

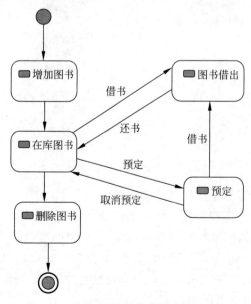

图 6.31　添加了转换事件的图书状态图

6.2.3 组件图

1. 知识精讲

组件图显示软件系统的结构,它描述了软件组件(Component)及其接口和依赖关系(Relationship)。可以使用组件图来对高级别的软件系统建模或者显示处于较低的包级别的组件。

组件图支持基于组件的开发,采用这种开发方法时,软件系统被划分为可复用和可替换的组件和接口。

组件图的特点如下。

(1) 组(构)件可以是可执行程序、库、表、文件和文档等,它包含了逻辑类或者逻辑类的实现信息,因此逻辑视图和实现视图之间存在映射关系。

(2) 组(构)件间也存在依赖关系,利用它可方便地分析一个组(构)件的变化会给其他组(构)件带来怎样的影响。

(3) 组(构)件图中也可包括包或子系统,它们都用于将模型元素组织成较大的组块。

组件图中通常包含 3 种元素:组件、接口和依赖关系。每个组件实现一些接口,并使用另一些接口,如果组件间的依赖关系与接口有关,那么可以被具有同样接口的其他组件所替代。

组件图的主要应用领域如下:

(1) 为源代码建模。

(2) 为可执行版本建模。

(3) 为数据库建模。

(4) 为自适应系统建模。

使用组件图有如下受益。

(1) 帮助客户理解最终的系统结构。

(2) 使开发工作有一个明确的目标。

(3) 帮助开发组的其他人员理解系统。

(4) 复用软件组件。

RSA 中提供的组件图元素如图 6.32 所示。

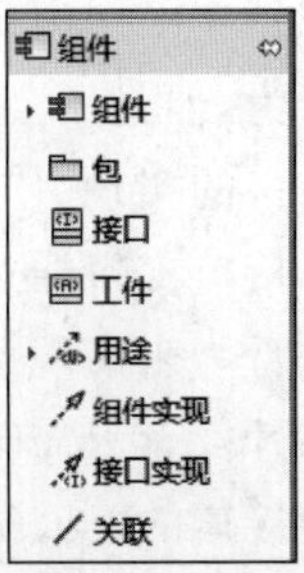

1) 组件

组件是表示系统的独立可互换部件的模型元素。它们符合接口定义并实现所提供的或必需的一个或多个接口,这些接口将确定组件的行为。

组件使得系统更灵活、更易扩展和更易复用。

一个可替换的组件必须满足以下条件。

(1) 必须隐藏该组件的内部结构。组件和其他对象的内容之间不能存在依赖关系。

(2) 组件必须提供接口,以便外部对象可以与它们进行交互。

(3) 组件的内部结构必须是独立的。内部对象必须不知道外部对象。

(4) 组件必须指定它们必需的接口,以便它们能够访问外部对象。

组件是系统中遵从一组接口定义且提供实现的一个物理部件,通常指开发和运行时类

观看视频

图 6.32 组件图中的元素

的物理实现。组件常用于对可分配的物理单元建模,这些物理单元包含模型元素,并具有身份标识和明确定义的接口,它具有很广泛的定义,以下的一些内容都可以被认为是组件:程序源代码、子系统、动态链接库(Dynamic Link Library,DLL)等。

在 RSA 中,组件用一个标注了"组件"构造型的矩形来表示,如图 6.33 所示。

图 6.33　组件的
表示

在软件建模中,组件可以分为以下 3 种类型。

(1) 配置组件(Deployment Component):配置组件是构成一个可执行系统必要和充分的组件,如动态链接库、二进制可执行文件(EXEcutable file,EXE)、ActiveX 控件和 JavaBean 组件等。

(2) 工作产品组件(Work Product Component):这类组件主要是开发过程的产物,包括创建实施组件的源代码文件及数据文件,这些组件并不直接地参加可执行系统,而是开发过程中的工作产品,用于产生可执行系统。

(3) 执行组件(Execution Component):这类组件是作为一个正在执行的系统的结果而被创建的,如由 DLL 实例化形成的 COM+对象。

一般来说,组件在许多方面与类相同:二者都有名称;都可以实现一组接口;都可以参与依赖、泛化和关联关系;都可以被嵌套;都可以有实例;都可以参与交互。

但是组件和类之间也有一些显著的差别:

(1) 类表示逻辑抽象,而组件表示存在于计算机中的物理抽象。简言之,组件是可以存在于可实际运行的计算机上的,而类不可以。

(2) 组件表示的是物理模块而不是逻辑模块,与类处于不同的抽象级别。组件是一组其他逻辑元素的物理实现(如类及其协作关系),而类仅仅只是逻辑上的概念。

(3) 类可以直接拥有属性和操作,而一般情况下,组件仅拥有只能通过其接口访问的操作。这表明虽然组件和类都可以实现一个接口,但是组件的服务一般只能通过其接口来访问。

2) 接口

接口是用来定义其他模型元素(例如,类)或组件必须实现的多组操作的模型元素。已实现的模型元素通过重写由接口声明的各项操作来实现接口。

可以在类图和组件图中使用接口来指定接口与实现该接口的类元之间的合约。每个接口都指定了一组严格定义的具有"公有"可视性的操作。操作特征符告知实现类元要调用哪种行为,但是不会告诉它们应该如何调用该行为。多个类元可以实现单个接口,每个类元提供唯一的实现。

接口支持通过公开声明某些行为或服务的方式来隐藏信息和保护客户机代码。通过实现此行为来实现接口的那些类或组件简化了应用程序的开发过程,这是因为编写客户机代码的开发者只需知道接口即可,而不需要了解有关实现的详细信息。如果替换模型中用来实现接口的类或组件,那么用新的模型元素实现相同的接口时,不需要重新设计应用程序。

接口是一组用于描述类或组件的一个服务的操作,它是一个被命名的操作的集合,与类不同,它不描述任何结构(因此不包含任何属性),也不描述任何实现(因此不包括任何实现操作的方法)。每个接口都有一个唯一的名称。

组件的接口可以分为两种类型。

(1) 提供的接口:描述了类或组件提供给客户的服务。

(2) 必需的接口:指定了要调用这个类或组件所需要提供的接口。

3）关系

在 UML 中,关系是模型元素之间的连接。UML 关系是这样一种模型元素:它通过定义模型元素的结构和模型元素之间的行为来对模型添加语义。

关系表示的是事物之间的联系,在组件图中,组件之间的关系主要包括使用关系(Usage)、组件实现关系(Realization)、接口实现关系(Implementation)、关联关系(Association)和抽象关系(Abstraction),如表 6.5 所示。

表 6.5　组件图中的关系

关 系 名 称	说　　明
使用关系	使用关系是一种依赖关系。如果一个模型元素(客户)需要另一个模型元素(供应者)才能完全实现或操作,那么这两个模型元素之间就存在使用关系。RSA 8.5.1 中称为用途关系,但用使用关系更贴切,RSA 8.5.1 的中文化存在一些翻译不准确的问题
组件实现关系	如果一个模型元素(客户)实现另一个模型元素(供应者)指定的行为,那么这两个元素之间就存在组件实现关系。多个客户可以实现单个供应者的行为。可以在类图和组件图中使用实现关系
接口实现关系	接口实现关系是类元与提供的接口之间的私有类型的实现关系。接口实现关系指定在实现类元时必须遵守提供的接口指定的合约
关联关系	关联是指两个类元(例如,类或用例)之间的关系,这两个类元用来描述该关系的原因及其管理规则
抽象关系	抽象关系就是在不同抽象级别或者从不同视点来表示同一概念的模型元素之间的依赖关系。可以在多个图(包括用例图、类图和组件图)中对模型添加抽象关系

2. 操作演示

实例 1:在 RSA 中创建组件图。

(1) 选中要创建状态图所在的包,右击,在弹出的快捷菜单中执行“添加图”命令,在下一级子菜单中执行“组件图”命令。

(2) 打开组件图之后,可以在“属性”视图中的“常规”选项卡中的“名称”文本框中对其进行重命名。

(3) 在右边的“组件”抽取器中,选择相应的 UML 元素进行建模,图 6.34 是一个组件图示例。

实例 2:在 RSA 中画一个组件。

(1) 打开一个已经存在的组件图或者创建一个新的组件图。

(2) 在右边的“选用板”视图中,选中“组件”抽取器中的“组件”。

(3) 在组件图编辑区的空白处单击即可绘制一个组件。图 6.35 是 RSA 中组件的表示。

在默认情况下,RSA 不会显示各个间隔的标题,并且“属性”“操作”“实现”“结构”等间隔也不会被显示出来,用户可以通过选中该组件,在“属性”视图中选择“外观”页签,然后在“显示间隔”“显示间隔标题”选项组中选择要显示的内容。

如何画组件的必需的接口或提供的接口?

首先创建接口,然后将接口拖曳到必需的接口或提供的接口间隔。

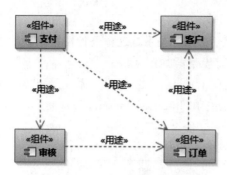 

图 6.34　RSA 中的组件图　　　　　图 6.35　RSA 中组件的表示

3. 课堂实训

以"图书管理系统"为例,系统中共包含 3 个组件:系统服务组件、系统管理组件和系统维护组件,系统管理和系统维护组件都使用了系统服务组件提供的功能。在 RSA 中绘制该系统组件图的步骤如下。

1) 在 RSA 中创建组件图

(1) 选中要创建组件图的包,右击,在弹出的快捷菜单中执行"添加图"→"组件图"命令。

(2) 打开组件图之后,在"属性"视图中的"常规"选项卡中对其进行重命名。

如图 6.36 所示,创建了一个名称为"图书管理系统组件图"的空白组件图。

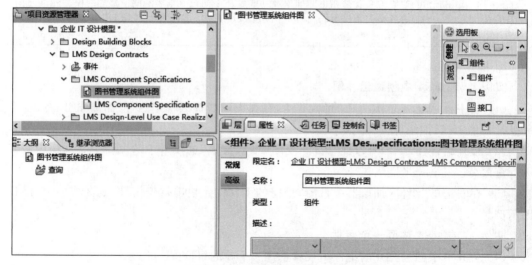

图 6.36　名称为"图书管理系统组件图"的空白组件图

2) 添加组件

(1) 在组件图的"选用板"视图中选择"组件"选项 ￼。

(2) 在组件图中单击,然后在"属性"视图中的"常规"选项卡中的"名称"文本框中对其重命名为"系统服务",由此完成"系统服务"组件的添加。

(3) 使用同样的方法完成"系统管理"组件和"系统维护"组件的添加。

图 6.37 是一个添加了组件的组件图。

3）添加关系

（1）在组件图的"选用板"视图中，选择"用途"选项 。

（2）在组件图中，在组件"系统管理"上按住鼠标右键并拖动到组件"系统服务"上。注意箭头指向被使用组件——系统服务。

（3）用同样的方法，连接"系统维护"与"系统服务"两个组件。

图 6.38 是添加了关系后绘制完成的"图书管理系统"组件图。

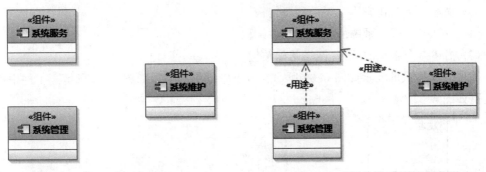

图 6.37　添加了组件的组件图　　　　　图 6.38　"图书管理系统"组件图

6.2.4　部署图

1. 知识精讲

观看视频

部署图用于对系统的物理结构建模。部署图将显示系统中的软件组件和硬件组件之间的关系以及处理工作的物理分布。

部署图通常是在开发过程的实现阶段准备的，它显示分布式系统中的节点（Node）的物理布局、存储在每个节点上的工件以及工件实现的组件和其他元素。节点表示一些硬件设备（Device，如计算机、传感器和打印机）以及支持系统运行时环境的其他设备。通信路径和部署关系用于对系统中的连接建模。

部署图对于指定和说明下列类型的系统以及使这些系统可视化是很有效的。

（1）使用受外部激励控制的硬件的嵌入式系统。例如，受温度变化控制的显示器。

（2）通常会区分系统的用户界面和持久数据的客户机/服务器系统。

（3）具有多台服务器并且可以主管多个版本的软件工件的分布式系统。某些版本的软件工件甚至可以从一个节点迁移到另一个节点。

因为部署图主要用于配置运行时处理节点及其组件和工件，所以可使用此类型的图来评定分布和资源分配的含义。

部署图用于静态建模，是一种表示运行时过程节点、结构、组件实例及其对象结构的图，展示了组件图中所提到的组件如何在系统硬件上部署，以及各个硬件部件如何相互连接。UML 部署图显示了基于计算机系统的物理体系结构。它用于描述计算机以及安装在每台机器中的软件，展示了计算机之间的连接。每台计算机用一个立方体表示，立方体之间的连线表示这些计算机之间的通信关系。

一个 UML 部署图描述了一个运行时的硬件节点,以及在这些节点上运行的软件构件的静态视图。部署图显示了系统的硬件、安装在硬件上的软件以及用于连接异构机器之间的中间件。创建一个部署模型的目的包括如下几点。

(1)描述系统投产的相关问题。

(2)描述系统与生产环境中的其他系统间的依赖关系,这些系统可能是已经存在的,或是将要引入的。

(3)描述一个商业应用主要的部署结构。

(4)设计一个嵌入系统的硬件和软件结构。

(5)描述一个组织的硬件/网络基础结构。

部署图所提供的元素如图 6.39 所示。节点中提供的类型如图 6.40 所示。工件中提供的类型如图 6.41 所示。

图 6.39　部署图的元素

图 6.40　节点的类型

图 6.41　工件的类型

1) 节点

在 UML 建模中,节点是用来表示系统的计算资源(例如,个人计算机、传感器、打印设备或服务器)的模型元素。可以使用通信路径将节点互相连接起来以描述网络结构。

节点中可以包含其他节点(称为嵌套节点),并且还可以在这些节点上部署工件。

通常,节点名称用来描述它表示的硬件。

当为分布式系统开发软件时,可以在部署图中使用节点来对系统执行的不同组件建模。例如,电子商务应用程序可能让一些软件在客户机上运行,而让另一些软件在公有服务器上运行。这些不同的组件是由节点表示的。每个节点部署的工件可以排列显示在它的"部署"部分中,或者使用部署关系来明确显示。

节点代表一个运行时计算机系统中的硬件资源。节点通常拥有一些内存,并具有处理能力。例如,一台计算机、一个工作站等其他计算设备都属于节点。

在 RSA 中,节点用一个标有<<节点>>构造型的立方体表示,如图 6.42 所示。RSA 还提供了一种节点叫"构造型节点"(Stereotype Node),这种构造型节点代表的是一种特定类型的硬件,在 RSA"选用板"的部署图下提供了很多构造型节点(RSA 8.5.1 中文版翻译为构造的节点)。

图 6.42　节点的
表示

2) 设备

设备是一种节点类型,用来表示系统中的物理计算资源,例如,应用程序服务器。

一个设备可以包含另外的设备,例如,一个应用程序服务器可以包含一个处理器。设备和节点有点不一样,不同点在某种配置文件里表现得更加明显,在这个配置文件里指定了在某个特殊的环境中不同的设备。图 6.43 是设备的表示。隔间里显示了属性、部署的元素、嵌套的节点,以及设备的内部结构等。

图 6.43　设备的表示

3）执行环境

执行环境是一种节点,它代表了特定的执行平台,如一个操作系统或者数据库管理系统。通过执行环境可以指定某种应用的上下文环境。图 6.44 是 RSA 中执行环境的表示,执行环境显示为一个三维矩形中包含名称和执行环境图标,而执行环境图标是一个包含命令提示符的小矩形。执行环境的隔间显示的信息和设备中的一样,即显示了有关执行环境的属性、部署的元素、嵌套的节点,以及设备的内部结构。

图 6.44　执行环境的表示

4）部署规范

部署规范实际上是一个配置文件,比如一个文本文件或一个 XML 文档,它定义了一个工件是如何部署在节点上的。一个部署规范列举出属性,这些属性定义了一个组件或者是部署在节点内部的工件的执行参数。参数可能包含并发、执行,以及基于事务的。RSA 部署规范图标的隔间里显示了它的属性和操作。

5）关系

部署图中的关系主要包括关联关系(Association)、通信路径(Communication Path)、部署关系(Deployment)、泛化关系(Generalization)和显示关系(Manifestation),如表 6.6 所示。

表 6.6　部署图中的关系

关系名称	说明
关联关系	在 UML 模型中,关联是指两个类元(例如,类或用例)之间的关系,这两个类元用来描述该关系的原因及其管理规则。 关联表示用于将两个类元联系起来的结构关系。与属性相似,关联记录了类元的特性。例如,在两个类之间的关系中,可以使用关联来显示对应用程序中包含数据的类的所做的设计决策,还可以显示这些类中的哪些类需要共享数据。可以使用关联的可导航性功能部件来显示一个类的对象如何访问另一个类的对象。或者,显示在自身关联中如何访问同一个类的对象。 关联名称描述两个类元之间的关系的性质,且应该是一个动词或短语。 在图编辑器中,两个类元之间的关联用一条实线来表示
通信路径	在 UML 建模中,通信路径是部署图中的节点之间的一种关联类型,它说明节点之间如何交换消息和信号。 指定通信路径时,可以定义在每一端可连接的节点数。还可以使用标注来标识通信中使用的协议或网络类型
部署关系	指定了可以支持工件的部署的节点
泛化关系	泛化关系已经在类图中定义了,请参见类图中对泛化的介绍
显示关系	表示在工件中出现的建模元素,例如组件或者类等

2. 操作演示

实例 1：在 RSA 中创建部署图。

(1) 右击要创建部署图的包,在弹出的快捷菜单中依次执行“添加图”→“部署图”命令。

(2) 打开部署图之后,可以在部署图的“属性”视图中的“常规”选项卡中的“名称”文本框中输入部署图的名称对其进行重命名。

（3）在右边"选用板"视图的"部署"抽取器中,选择相应的 UML 模型元素进行建模。图 6.45 是一个汽车租赁系统的部署图。

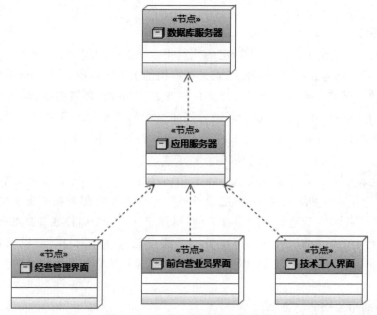

图 6.45　汽车租赁系统的部署图

实例 2：在 RSA 中画设备。

（1）打开一个已经存在的部署图或者创建一个新的部署图。

（2）在右边的"选用板"视图中,选中"部署"抽取器中的"设备"。

（3）在部署图编辑区的空白处单击即可。图 6.46 是 RSA 中的一个设备。

图 6.46　一个名为 Server 的设备

3. 课堂实训

以"图书管理系统"为例,系统中需要部署的节点主要包括数据库服务器、应用服务器和客户端,其中客户端又分为系统管理员客户端、图书管理员客户端和读者客户端。3 种客户端通过网络调用应用服务器,应用服务器则调用数据库服务器。在 RSA 中绘制该部署图的步骤如下。

1）在 RSA 中创建部署图

（1）选中要创建图的包,右击,在弹出的快捷菜单中依次执行"添加图"→"部署图"命令。

（2）打开部署图之后,可以在"属性"视图的"常规"选项卡中的"名称"文本框中输入部署图的名称对其进行重命名。

如图 6.47 所示,创建了一个名称为"图书管理系统部署图"的空白部署图。

2）添加节点

（1）在部署图的"选用板"中选中"节点"选项 。

（2）在部署图编辑区的空白处单击,然后在"属性"视图中的"常规"选项卡中的"名称"文本框中输入"数据库服务器",完成"数据库服务器"节点的添加。

图 6.47　名称为"图书管理系统部署图"的空白部署图

（3）使用同样的方法完成"应用服务器"节点、"系统管理员客户端"节点、"图书管理员客户端"节点以及"读者客户端"节点的添加。

图 6.48 是一个添加了节点的部署图。

图 6.48　添加了节点的部署图

3）添加关系

（1）在部署图的"选用板"中，选中"依赖性"选项 ✎。

（2）在部署图中在节点"系统管理员客户端"上按住鼠标右键并拖到节点"应用服务器"。箭头指向"应用服务器"，表明"系统管理员客户端"依赖"应用服务器"。

（3）用同样的方法，连接"图书管理员客户端"与"应用服务器"、"读者客户端"与"应用服务器"、"应用服务器"与"数据库服务器"之间的节点。

如图 6.49 是添加了关系后，绘制完成的"图书管理系统"部署图。

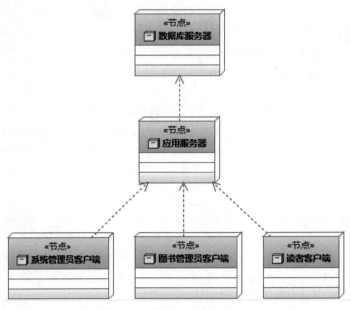

图 6.49 "图书管理系统"部署图

6.3 设计模式的应用

IBM RSA 提供了模式资源管理器,在模式资源管理器中列出了 GOF 的 3 类共 23 种设计模式。开发者可以在系统设计阶段应用这些模式,也可以开发自己的模式。在 IBM RSA 中,模式开发者只需写少量的代码就能定义一个模式及它的各种行为,还能方便地测试新的模式。当模式开发测试完成后,可以轻松地发布模式,使模式可以在同一个团队、公司中得到重用,或者在更大的范围内共享。如何开发设计模式超出了本书的范围,限于篇幅本书不予阐述。

6.3.1 设计模式简介

观看视频

GOF 的 23 种设计模式有两种分类方法。一种是按目的分类:创建型模式(Creational Patterns)、结构型模式(Structural Patterns)和行为型模式(Behavioral Patterns)。创建型模式主要用于创建对象;结构型模式主要用于处理类或对象的组合;行为型模式主要用于描述类或对象如何交互和如何分配职责。另一种是按范围分类:类模式和对象模式。类模式主要用于处理类之间的关系;对象模式主要用于处理对象之间的关系。表 6.7 列出了 GOF 的 23 种设计模式。

表 6.7　GOF 的 23 种设计模式

范围	目　　的		
	创建型模式	结构型模式	行为型模式
类模式	工厂方法模式 Factory Method Pattern	(类)适配器模式 (Class)Adapter Pattern	解释器模式 Interpreter pattern 模板方法模式 Template Method Pattern

续表

范围	目 的		
	创建型模式	结构型模式	行为型模式
对象模式	抽象工厂模式 Abstract Factory Pattern 建造者模式 Builder Pattern 原型模式 Prototype Pattern 单例模式 Singleton Pattern	(对象)适配器模式 (Object)Adapter Pattern 桥接模式 Bridge Pattern 组合模式 Composite Pattern 装饰模式 Decorator Pattern 外观模式 Façade Pattern 享元模式 Flyweight Pattern 代理模式 Proxy Pattern	职责链模式 Chain of Responsibility Pattern 命令模式 Command Pattern 迭代器模式 Iterator Pattern 中介者模式 Mediator Pattern 备忘录模式 Memento Pattern 观察者模式 Observer Pattern 状态模式 State Pattern 策略模式 Strategy Pattern 访问者模式 Visitor Pattern

其中(类)适配器模式和(对象)适配器模式统称为适配器模式。关于 GOF 的 23 种设计模式简要说明如下。

工厂方法模式：定义一个用于创建对象的接口，让子类决定将哪一个类实例化。工厂方法模式让一个类的实例化延迟到子类。

抽象工厂模式：提供一个创建一系列相关或相互依赖对象的接口，而无须指定它们具体的类。

建造者模式：将一个复杂对象的构建与它的表示分离，使得同样的构建过程可以创建不同的表示。

原型模式：使用原型实例指定待创建对象的类型，并且通过复制这个原型来创建新的对象。

单例模式：确保一个类只有一个实例，并提供一个全局访问点来访问这个唯一的实例。

适配器模式：将一个类的接口转换成客户希望的另一个接口。适配器模式使得那些接口不兼容的类可以一起工作。适配器模式包括类适配器和对象适配器。在对象适配器中，适配器与适配者之间是关联关系；在类适配器模式中适配器与适配者之间是继承(或实现)关系。

桥接模式：将抽象部分与实现部分解耦，使得两者都能够独立变化。

组合模式：组合多个对象形成树状结构以表示具有部分-整体关系的层次结构。组合模式使得客户端可以统一对待单个对象和组合对象。

装饰模式：动态地给一个对象增加一些额外的职责。就扩展功能而言，装饰模式提供了一种比使用子类更加灵活的替代方案。

外观模式：为子系统中的一组接口提供一个统一的入口。外观模式定义了一个高层接口，这个接口使得这一子系统更加容易使用。

享元模式：运用共享技术有效地支持大量细粒度对象的复用。

代理模式：给某一个对象提供一个代理或占位符，并由代理对象来控制对原对象的访问。

解释器模式：给定一个语言，定义它的文法的一种表示，并定义一个解释器，这个解释器使用文法的表示解释语言中的句子。

模板方法模式：定义一个操作中算法的框架，将一些步骤延迟到子类中。模板方法模式使得子类可以不改变一个算法的结构就可以重定义该算法的某些特定步骤。

职责链模式：避免将一个请求的发送者与接收者耦合在一起，使得多个对象都有机会处理请求。将接收请求的对象连接成一条链，并且沿着这条链传递请求，直到有一个对象能够处理这个请求为止。

命令模式：将一个请求封装为一个对象，从而可用不同的请求对客户进行参数化，对请求排队或者记录请求日志，以及支持可撤销的操作。

迭代器模式：提供一种方法顺序访问一个聚合对象中的各个元素，而不用暴露该对象的内部表示。

中介者模式：定义一个对象，以便封装一系列对象的交互。中介者模式使得各对象之间不需要显式地相互引用，从而使其耦合松散，并且可以独立地改变它们之间的交互。

备忘录模式：在不破坏封装的前提下捕获一个对象的内部状态，并在该对象之外保存这个状态，使得可以在以后将对象恢复到保存的状态。

观察者模式：定义对象之间的一种一对多依赖关系，使得每当一个对象状态发生改变时其相关依赖对象都能得到通知并被自动更新。

状态模式：允许一个对象在其内部状态改变时改变它的行为。对象看起来似乎修改了它的类。

策略模式：定义一系列算法，将每一个算法封装起来，使得它们可以互相替换。策略模式使得算法可以独立于使用它的客户而变化。

访问者模式：表示一个作用于某对象结构中的各个元素的操作。访问者模式可以在不改变各元素的类的前提下定义作用于这些元素的新操作。

6.3.2 在 IBM RSA 中应用设计模式

1. 知识精讲

观看视频

系统设计阶段是系统分析阶段的延续，而应用设计模式是从分析类获得设计类的重要方法。如何应用设计模式从分析类获得设计类超出了本书的范围，请参考设计模式类的书籍。本节的应用设计模式是指，在获得了设计类以后，用建模工具 IBM RSA 表达应用设计模式获得的设计类之间的关系。

IBM RSA 中"模式资源管理器"的使用步骤如下。

(1) 打开模式资源管理器，依次执行"窗口"→"显示视图"→"其他"命令，打开"显示视图"窗口，如图 6.50 所示。

(2) 展开"建模"节点，选择"模式资源管理器"列表项，

图 6.50 "显示视图"窗口

单击"确定"按钮。

（3）在"模式资源管理器"视图中，分 3 类（Behavioral、Creational、Structural）显示了 23 种设计模式。

（4）单击某个设计模式，在"简短描述"页签，显示了对该设计模式的简短描述。

2. 操作演示与课堂实训

以下以"图书管理系统"登录功能的实现为例。不论是图书管理员还是读者，都需要登录系统，也可能需要增加系统管理员。尽管都是登录系统，但是因为权限不同，登录系统后的操作不同。为了提高系统的可维护性，可以采用策略模式（Strategy）划分类与接口。可以设计 3 个类：UserController、LibrarianService 和 ReaderService，从类 LibrarianService 和 ReaderService 抽象得到一个接口 UserService。我们把这 3 个类和一个接口放在"用设计模式（策略模式）设计用户登录的类图"类图中。如果需要增加系统管理员，只需要增加一个类 AdminService 即可。在 IBM RSA 中应用设计模式的步骤如下。

（1）右击 Strategy 设计模式，在弹出的快捷菜单中执行"应用模式"命令，将弹出"应用模式 Strategy"→"模式实例目标"窗口，如图 6.51 所示。

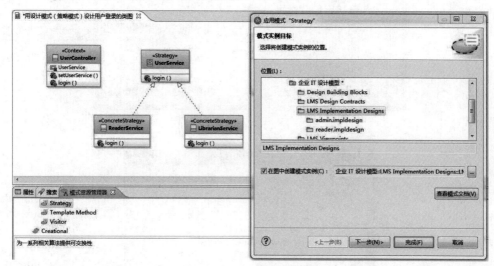

图 6.51　"模式实例目标"窗口

（2）在"应用模式 Strategy"→"模式实例目标"窗口，展开"企业 IT 设计模型"选择 LMS Implementation Designs 包，单击复选框"在图中创建模式实例"右边的省略号按钮，选择类图"用设计模式（策略模式）设计用户登录的类图"。然后单击"下一步"按钮，将弹出"应用模式 Strategy"→"模式参数"窗口，如图 6.52 所示。

（3）在"应用模式 Strategy"的"模式参数"窗口中，单击 Strategy 的值栏，然后单击 Strategy 的值栏右边的省略号按钮，将弹出"为参数 Strategy 选择值"对话框，如图 6.53 所示。

（4）在"为参数 Strategy 选择值"对话框中，选择"企业 IT 设计模型"→LMS Implementation Designs→UserService 类，然后单击"确定"按钮。

（5）用与步骤（4）同样的操作步骤，为参数 ConcreteStrategy 选择值"企业 IT 设计模型"→LMS Implementation Designs 下的 LibrarianService 类和 ReaderService 类，注意在为

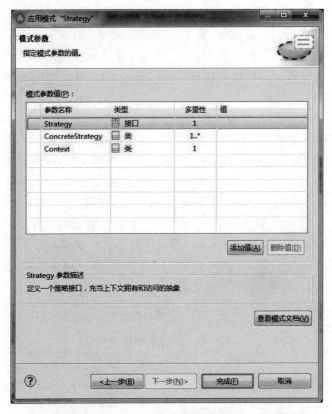

图 6.52 "模式参数"窗口

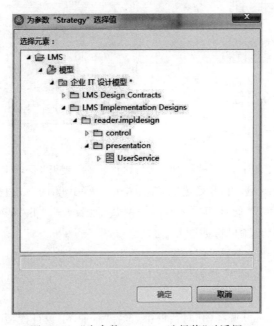

图 6.53 "为参数 Strategy 选择值"对话框

参数选择第二个值时,需要先单击"添加值"按钮。

(6) 用与步骤(4)同样的操作步骤,为参数 Context 选择值"企业 IT 设计模型"→LMS

Implementation Designs 下的 UserController 类。完成后的效果如图 6.54 所示。

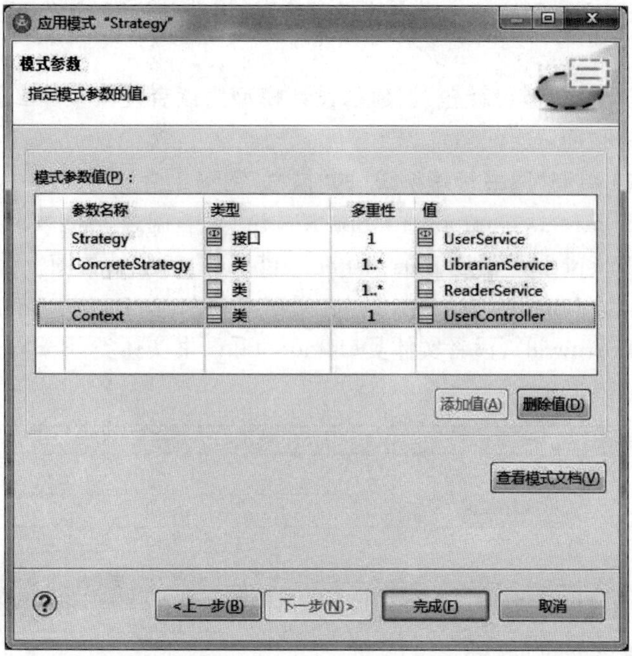

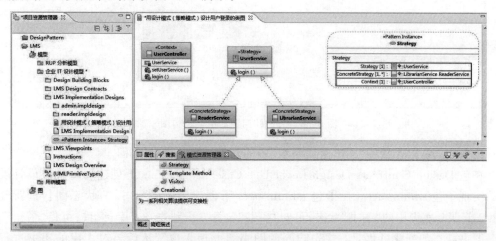

图 6.54 策略模式的模式参数

（7）单击"完成"按钮，则在"项目资源管理器"中创建了策略模式的模式实例，并将这个模式实例加入类图中，结果如图 6.55 所示。

图 6.55 策略模式的模式实例

思考题

1. 什么是系统设计建模？一个好的设计模型应该具备哪些特征？

2. 什么是组合结构图？组合结构图的作用是什么？它由哪些部分组成？

3. 什么是状态图？状态图的作用是什么？它的要素有哪些？

4. 什么是组件图？组件图有哪些特点？RSA 提供的组件图元素有哪些？

5. 什么是部署图？创建部署图的目的是什么？部署图一般包含哪些元素？

实训任务

按照下面的分析和步骤完成"图书管理系统"的组合结构图、状态图、组件图、部署图的绘制。

按照模型模板"企业IT设计包"创建的设计模型为读者建议在什么子包下创建组合结构图、状态图、组件图、部署图(6.1.2节)。

任务1：用RSA绘制"图书管理系统"的"借书"用例组合结构图。

在包 Design Contracts-Component Specifications 下创建功能模块规范子包 admin. specs,在子包 admin. specs 下创建 BorrowBook(借书)的组合结构图。为了完成借书过程,需要借阅图书界面类(BorrowBookForm)、借阅图书控制类(BorrowBookController)、图书借阅实体类(BookBorrowed)、读者实体类(Reader)和图书实体类(Book)。"借书"用例组合结构图效果如图 6.56 所示。

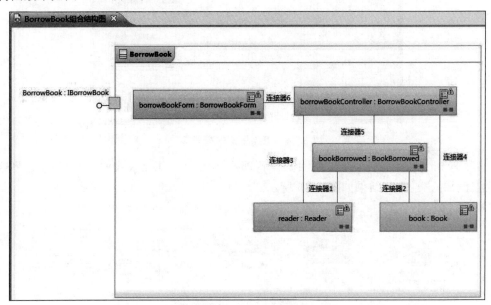

图 6.56 "借书"用例的组合结构图

任务2：用RSA绘制"图书管理系统"中的对象-"图书"的状态图。

在包 Design Contracts-Design-Level Use Case Realizations 下创建功能模块设计层用例的实现子包 admin. ucrs,在子包 admin. ucrs 下创建 Book(图书)的状态图。重新分析 6.2.2 节课堂实训中的"图书"状态,可知"图书"包含 5 个状态:入库、编目、可借、借出和归还。图书状态的变化过程是:首先购入的图书要办理入库。然后要对入库的图书进行编目,编目完成的图书可以上架,上架的图书才可以借出。借出的图书会被归还,也可能丢失。归还的图书可以被再次借出,也可能损坏。图书状态图效果如图 6.57 所示。

任务3：用RSA绘制"图书管理系统"的组件图。

在包 Design Contracts-Component Specifications 下创建"图书管理系统"的组件图。

对 6.2.3 节课堂实训中划分的"图书管理系统"组件进行重新分析,可以将"图书管理系统"划分为 5 个包:controller、service、entity、repository、util 以及可将数据库视为一个组件db。这些模型元素之间存在使用关系。"图书管理系统"的组件图效果如图 6.58 所示。

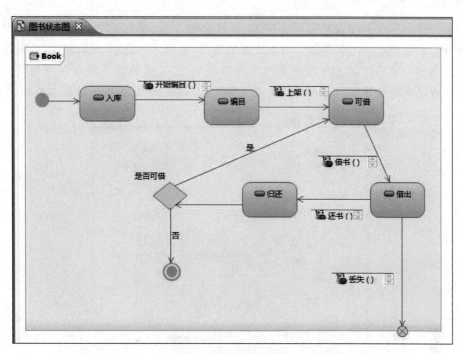

图 6.57　图书状态图

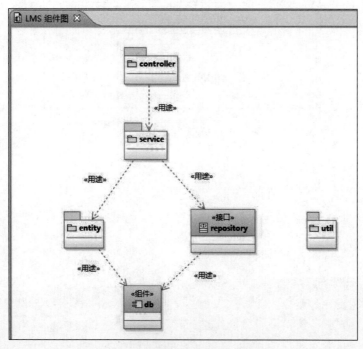

图 6.58　"图书管理系统"组件图

任务 4：用 RSA 绘制"图书管理系统"的部署图。

在包 Design Contracts-Component Specifications 下创建"图书管理系统"的部署图。重新分析 6.2.4 节课堂实训中的部署图，需要部署的节点主要包括：①数据库服务器节点——负责数据存储、处理等。②Web 服务器节点——负责接受、处理用户的 Web 请求。

③读者客户端节点——读者可以查找图书、浏览图书介绍、预约图书、查看自己的借书等。
④管理员客户端节点——管理员可以对读者的借书、还书进行登记,可以增加、修改图书,可以增加图书分类等。读者客户端或管理员客户端与 Web 服务器之间存在使用关系,Web服务器与数据库服务器之间存在关联关系。"图书管理系统"的部署图效果如图 6.59 所示。

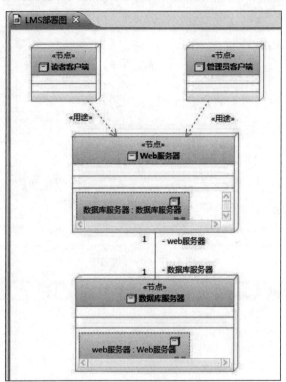

图 6.59 "图书管理系统"部署图

第7章

RSA对系统实现阶段的支持

知识目标
- 掌握模型与代码之间的转换方法。
- 了解模型驱动开发方法。

技能目标
- 掌握如何在 RSA 中用正向工程生成代码框架。
- 了解如何使用 RSA 进行模型驱动开发。
- 掌握如何在 RSA 中用逆向工程获得 UML 模型。

系统实现阶段就是要创建可以运行的系统,即用具体的程序设计语言实现软件设计的功能。由于 IBM RSA 是基于开发工具 Eclipse 的,开发者用 IBM RSA 就可以完成系统的实现。传统的系统实现方法是,由设计模型生成代码框架,程序员根据系统设计模型完成详细的编码工作。而使用模型驱动的软件开发方法,则可以通过模型转换生成可以运行的系统,自动完成系统实现工作。

7.1 从模型到实现

观看视频

UML 在软件系统中的建模能力和在业界的被认可程度越来越高,越来越多的软件开发项目采用 UML 作为项目的分析设计的表述工具。然而,UML 模型作为系统的模型描述的最终目的是要获得各种可编译运行的代码的。从 UML 模型到代码的过程,在过去是通过人工来进行翻译的。而现在,这个模型到代码的转换过程可以通过软件工具来自动化完成的。在 UML 设计之初,就考虑到了模型到代码转化的自动化的问题,因此 UML 模型本身就是适合自动化过程的。如今,已经有很多 UML 工具实现了 UML 模型到代码的转化过程,如 IBM RSA、Together 等。

7.1.1 从 UML 模型转换为 Java 代码

1. 知识精讲:从 UML 模型到 Java 代码转换的规则

在 IBM RSA 中,用户可以通过从 UML 到 Java 的转换,将 UML 模型生成 Java 代码。转换生成的 Java 代码元素取决于源 UML 模型的元素和它们的属性。表 7.1 列出了 UML 元素和 Java 代码元素之间的映射。

表 7.1   UML 元素和 Java 代码元素之间的映射

UML 元素	Java 代码元素
包	同名的 Java 包
带有泛型的<< perspective >>包	忽略
带有关键词<< analysis >>或<< Analysis >>的包	忽略
类	同名的 Java 类
带有属性 isLeaf 的类	如果值为 true,Java 类的类型为 final
带有属性 isAbstract 的类	如果值为 true,Java 字段的类型为 abstract
带有泛化关系的类	Java 类继承指定的基类
实现	Java 类实现指定的接口
类和接口之间的实现关系	Java 类实现指定的接口
接口	同名的 Java 接口
有泛化关系的接口	Java 接口继承指定接口
枚举	同名的 Java 接口
枚举文字	同名的 Java 字段
操作	同名的 Java 方法
带有 isStatic 属性的操作	如果为 true,Java 方法的类型为 static
带有 isAbstract 属性的操作	如果为 true,Java 字段的类型为 abstract
带有 isLeaf 属性的操作	如果为 true,Java 字段的类型为 final
与类同名的操作	Java 的构造方法
带有泛型<< create >>的操作	Java 的构造方法
参数	同名的 Java 参数
指定类型的参数	指定类型的 Java 参数
带有 direction 属性的方法	如果设置为 return,Java 方法将返回< param type >;如果没有设置为 return,Java 方法的签名将带有< param type >< param name >
带有多重的参数或属性	
0···1	属性,指示字,或引用
1	属性
N(N>1)	数组
1··· * , * ,or x···y	参照表 7.2
属性	同名的 Java 字段
带有 isStatic 的属性	如果为 true,Java 字段的类型为 static
带有 isLeaf 的属性	如果为 true,Java 字段的类型为 final
带有类型的属性	指定类型的 Java 字段

表 7.2 列出了转换如何处理集合的参数和属性。

表 7.2   转换如何处理集合的参数和属性

isOrdered 属性	isUnique 属性	UML collection	生成的 Java 类型
true	true	有序集合	java. util. SortedSet
true	false	序列	java. util. List
false	true	集合	java. util. Set
false	false	无序的单位组	java. util. Collection

2. 操作演示与课堂实训

在运行任何转换之前,都要先创建转换配置,然后再进行相应的转换,主要的操作如下。

1) 模型转换的创建与配置

(1) 创建一个转换配置。

创建转换配置的步骤如下。

① 依次执行"文件"→"新建"→"变换配置"命令,或者依次执行"文件"→"新建"→"其他"→"变换"→"变换配置"命令。

② 在弹出的变换配置窗口中,在"名称"文本框里输入一个名称。

③ 指定"配置文件目标位置",这个目标位置是用户工作空间的一个相对位置,用户可以指定一个项目名称或者文件夹名称,如果指定一个文件夹名称,则必须在文件夹名称前加一斜杠"/"。

④ 在"变换"列表中选择一个变换类型,这里选择"UML 至 Java",单击"下一步"按钮,如图 7.1 所示。

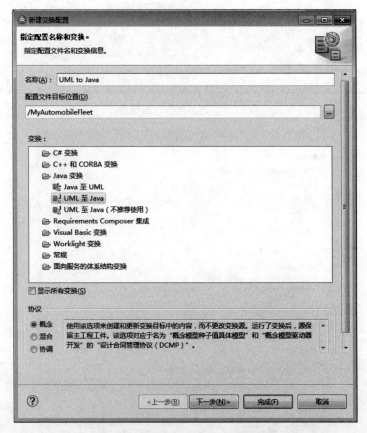

图 7.1　新建 UML 至 Java 变换配置

⑤ 在弹出的"源和目标"窗口中,指定变换操作需要变换的元素以及变换输出的目标,如图 7.2 所示。

指定"目标"须单击"创建目标容器"按钮,并在弹出的窗口中完成接下来的配置向导,如图 7.3 所示。

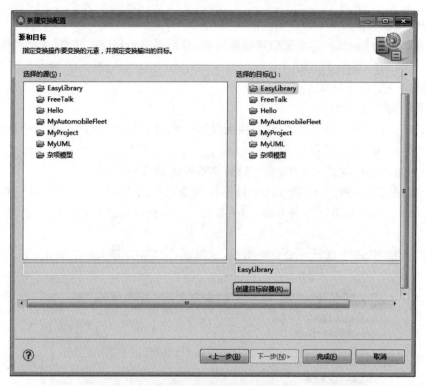

图 7.2 选择源和目标配置

图 7.3 创建目标容器配置

⑥ 最后单击"完成"按钮。创建好的转换配置如图 7.4 所示。

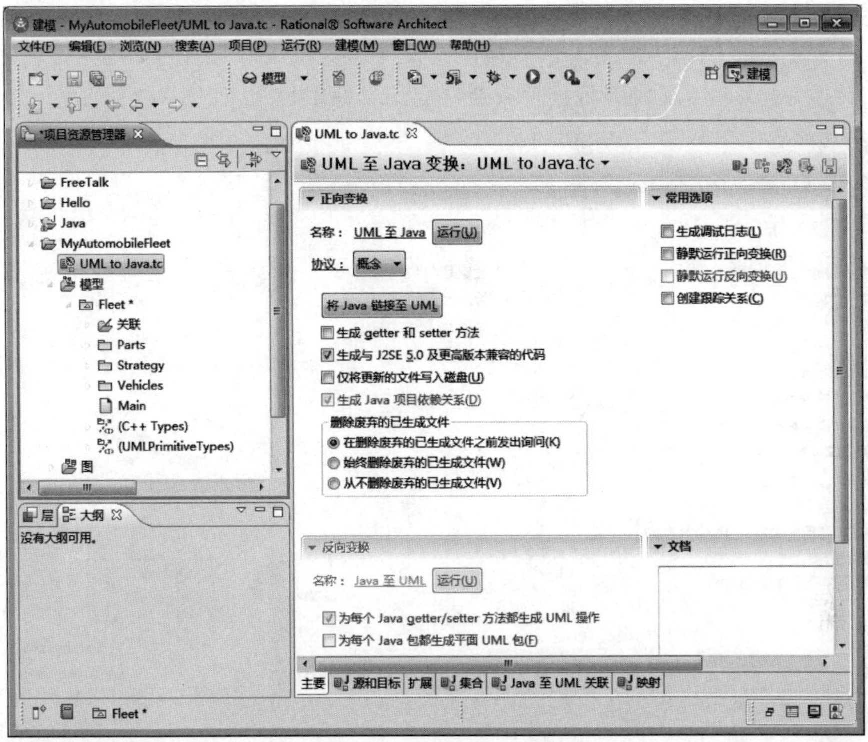

图 7.4　创建好的转换配置

（2）删除转换配置。

用户可以删除不需要的转换配置。删除一个转换配置不会影响转换，也不会影响其他转换配置，用户不能恢复删除的转换配置。

删除转换配置的步骤如下。

① 在"项目资源管理器"中，选择一个转换配置文件（.tc），在这个文件上右击，在弹出的快捷菜单中执行"删除"命令。

② 在确认窗口上单击"确认"按钮即可。

（3）生成转换日志文件。

用户在运行转换时可以生成日志文件。这个日志文件记录了规则执行、源元素和目标元素的信息。用户可以通过这个日志文件了解到一个转换是如何将源元素转换为目标元素的，或者在转换没有生成所期望结果时用于调试。生成的日志文件是一个 XML 文件，存放在工作空间的 .metadata 文件夹下。

生成日志文件的步骤如下。

① 右击转换配置文件，然后在弹出的快捷菜单中执行"打开"命令。

② 在打开的页面中，选中"常用选项"下的"生成调试日志"复选框，如图 7.5 所示。

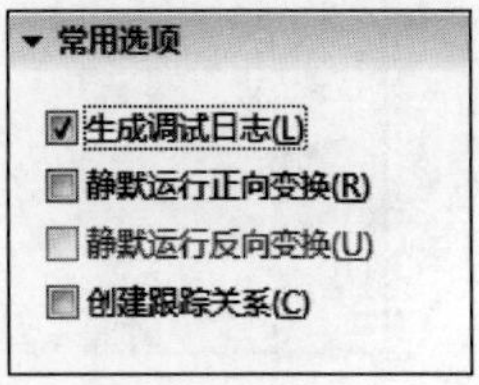

③ 执行"文件"→"保存"命令，保存对转换配置文件的

图 7.5　生成转换日志文件配置

修改。

2）运行 UML 到 Java 的转换

（1）打开上一步创建和配置好的转换配置文件，单击"运行"按钮，如图 7.6 所示。

（2）转换完毕后，Java 代码将被存放在选定的目标项目中，如图 7.7 所示。

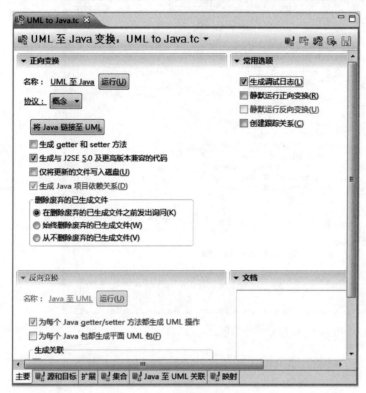

图 7.6 打开创建好的配置文件

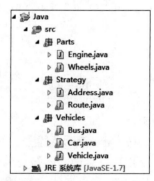

图 7.7 Java 代码被存放在选定的目标项目中

其中的 Engine.java 文件和 Address.java 文件的代码如图 7.8 和图 7.9 所示。

图 7.8 Engine.java

图 7.9 Address.java

7.1.2　从 UML 模型转换为 C++代码

可以使用"UML 至 C++"的转换类型,将 UML 模型转换生成 C++代码。具体操作与 UML 至 Java 的转换方法类似,只是在选择转换类型时选择"UML 至 C++",如图 7.10 所示。

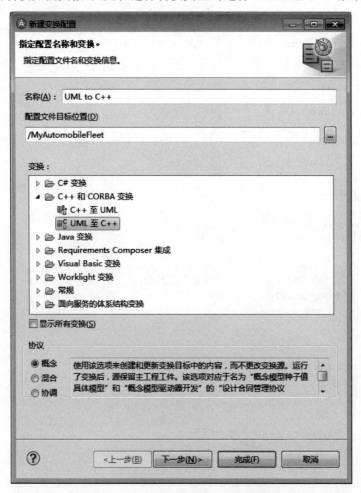

图 7.10　新建 UML 至 C++变换配置

打开创建好的转换配置文件,单击"运行"按钮,转换完毕后,C++代码将被存放在选定的目标项目中,如图 7.11 所示。其中 Route.cpp 代码如图 7.12 所示。

7.1.3　从 UML 模型转换为 XML 文档

用户可通过从 UML 至 XSD 的转换方法将 UML 转换为可扩展标记语言(Extensible Markup Language,XML)或文档结构描述(XML Schema Definition,XSD)文件。XSD 是 XML 文件的结构定义,可以用来验证 XML 的文件结构是否有效。这一转换与其他类型的转换方法类似,只是在选择转换类型时需要选择"UML 至 XSD",如图 7.13 所示。

打开创建好的转换配置文件,单击"运行"按钮,转换完毕后,XML 或 XSD 代码将被存放在选定的目标项目中,如图 7.14 所示。

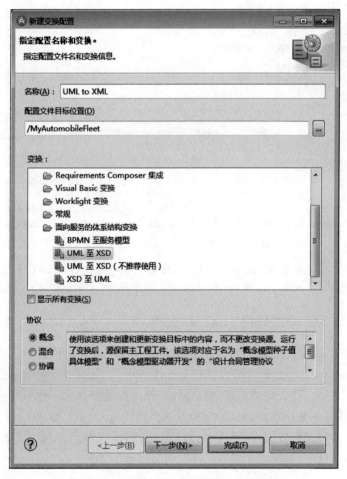

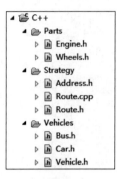

图 7.11 C++代码被存放在选定的
目标项目中

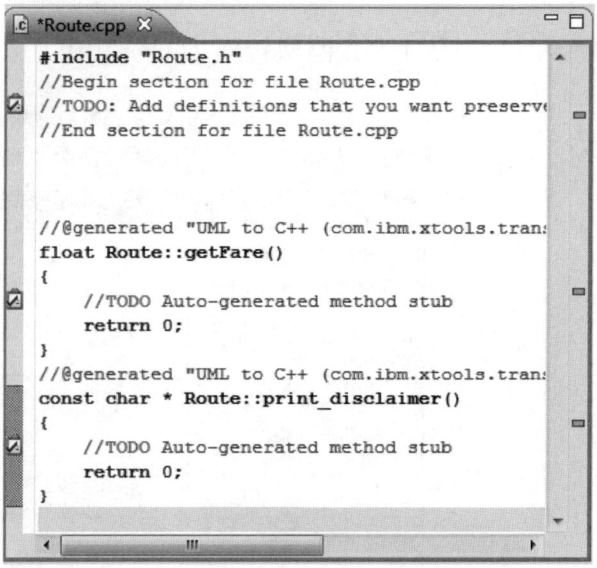

图 7.12 Route.cpp

图 7.13 新建 UML 至 XSD 变换配置

其中 Parts.xsd 代码如图 7.15 所示。

图 7.14　XML 代码被存放在选定的目标项目中

图 7.15　Parts.xsd

7.2　RSA 中用逆向工程获得 UML 模型

逆向工程是对一个已存在系统的分析处理,以鉴别它的组成部分及它们的内在联系,从而以高层抽象性来构建一个系统的框架。在大多数情况下,逆向工程用于以抽象模型的 UML 格式为基础从已存在的源代码中提取已丢失的设计文件,从而同时可得知一个系统的静态结构及动态行为。

7.2.1　用逆向工程从 Java 代码获得 UML 模型

用逆向工程从 Java 代码获得 UML 模型的方法与其他类型的变换方法类似,只是在选择变换类型时需要选择"Java 至 UML",如图 7.16 所示。

观看视频

图 7.16　新建 Java 至 UML 变换配置

值得注意的是,"Java 至 UML"变换目前只能获得 UML 元素——类。可以在 UML 项目中创建类图,将获得的类放进类图中。

7.2.2　用逆向工程从 C++代码获得 UML 模型

用逆向工程从 C++代码获得 UML 模型的方法与其他类型的变换方法类似,只是在选择变换类型时需要选择"C++ 至 UML",如图 7.17 所示。

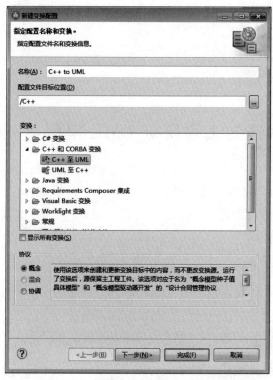

图 7.17　新建 C++ 至 UML 变换配置

和"Java 至 UML"变换一样,"C++ 至 UML"变换目前只能获得 UML 元素——类。

观看视频

7.3　用 RSA 进行模型驱动开发

实施软件工程的目标可以说就是提高软件开发的效率和质量。在软件开发的实现阶段,存在大量重复的、简单的编码工作。近年来出现的模型驱动开发方法(Model Driven Development,MDD),将建模和实现较好地结合起来,通过模型转换,避免了简单重复的编码工作。而将编码工作的重心转移到模型转换程序的编写。本节简单介绍了模型驱动开发方法,希望读者对模型驱动开发方法有所了解。

7.3.1　模型驱动开发概述

1. 模型驱动开发的产生

传统的软件开发过程以代码为中心,即整个项目的开发以代码生产为主要任务。随着软件系统的复杂程度越来越高,代码驱动的开发方法开始面临以下几个问题。

（1）开发者疲于应付需求的不断变更。

（2）软件文档迅速地失效、维护困难。

（3）项目二期开发生产力无法提升。

（4）每当一种新的技术产生时，必须做许多重复的工作。

（5）需求工程师、系统分析师、软件工程师、测试人员之间缺少一个共同的交流平台，使得一个项目从需求分析开始无法完整统一地交付后面的流转环节，最终软件工程师根据自己所获得的信息编写出来的代码，不是用户真正表达和需要的。

为解决代码驱动开发方法存在的问题，消除开发过程中各种参与者之间的隔阂，将设计与具体的技术分离，使软件达到更高的复用层次和适应性，出现了模型驱动开发方法，该方法的示意图如图 7.18 所示。

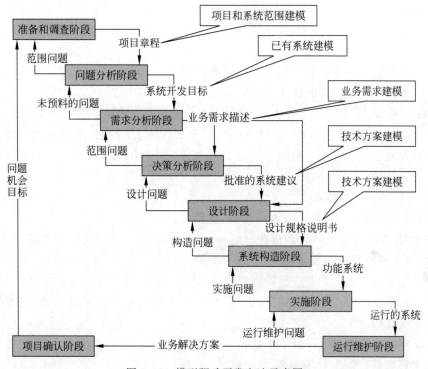

图 7.18　模型驱动开发方法示意图

模型驱动开发方法是以软件模型贯穿整个软件的开发过程，通过模型转换，最终生成代码。它是采用对象管理组织（Object Managment Group，OMG）的模型驱动架构（Model Driven Architecture，MDA）的软件开发方法。MDA 中涉及的人员可分为如下 3 种。

（1）MDA 基础研究者：负责 MDA 的建模语言的研究、MDA 的模型转换理论与方法的研究。

（2）MDA 领域应用研究者：负责领域元建模、领域模型转换方案的研究。

（3）MDA 应用者：负责应用建模、应用模型转换的研究。

2. 模型驱动开发的定义

模型驱动开发是一种新型软件设计方法——面向模型的分析设计方法。系统一开始首先确立实体模型（Entity Model），以及它们之间的关系，进而可以交由程序员分别实现表现层、业务服务层和持久层,通过使用 Jdon Framework(以下简称 JF)等模型驱动框架,结合特征驱动开发(Feature Driven Development,FDD)等模型驱动的工程方法,正确无误且快速高质量地完成一个软件开发过程。

可以把 MDD 看作一种使用模型进行编程的开发技术。模型是以特定的观点对系统的描述,忽略了不相关的细节,同时可更清晰地显示开发者关注的特性。在 MDD 中,模型必须是计算机能够处理的,这样可以用自动化的方式访问模型的内容。为了能够生成工件,模型必须是计算机可以处理的。白板上的图可能会满足作为模型的其他标准,但直到以计算机能够处理的方式获取它时,才能在 MDD 工具链中使用它。

软件模型一般用 UML 表示。UML 模型隐藏了技术实现细节,这样可以利用来自应用领域的概念来设计系统。一般应用程序设计用 UML 建模工具,例如 IBM Rational Software Architect,以及与应用领域相关的概念来实现。

甚至在 MDD 之前,使用 UML 模型来设计软件就是很好的实践。在大部分情况下,以如下两种方式来使用模型。

(1) 作为非正式地传达系统某方面的框架结构。

(2) 作为描绘人工实现的详细设计的蓝图。

在 MDD 中,模型不仅用于作为框架结构或蓝图,而且也作为主要工件,通过应用转换,这些工件可生成实现时的代码。在 MDD 中,当开发新软件组件时,准确地描述面向领域的应用程序模型是主要关注点。代码和其他目标领域工件利用根据建模专家和目标领域专家设计的转换来生成。

3. 模型驱动开发的特点

MDD 是一种抽象的软件开发设计流程,主要包括以下特点。

(1) 抽象(提高层次)、封装和信息隐藏。通过模型的多个层次(横向和纵向)来隐藏和展现信息,从而使模型更容易被理解。

(2) 以模型为中心。开发过程始终以模型为工作中心。

(3) 不依赖于任何一种特定的实现。模型独立于运行平台的实现细节,这部分往往是最容易发生变化的。

(4) 双向工程。新应用开发──通过正向工程来生成代码,针对遗留系统的开发──通过逆向工程来从代码中抽象出模型。

(5) 应用系统的自动生成。能够从模型生成完全可运行的应用系统。

4. 模型驱动架构 MDA

MDD 的重要性已经越来越多地被认识,模型驱动开发方法的提出,促进了模型驱动架构工具的诞生。MDA 工具能使建模过程变得高效快捷。

模型驱动开发是由模型驱动体系架构技术支持并驱动的新软件开发范例,是对象管理组织发布的软件设计方法。MDA 提供了一组指南,用于表示构建模型的规范,从独立于平台独立模型(Platform-Independent Model,PIM)开始,通过适当的具体到领域的语言,然后转换为用于实际的实现平台的一个或多个特定平台模型(PSM)。它可以是很多种平台,例如 Java2 Enterprise Edition (J2EE)、CORBA 或 .Net。用通常的程序设计语言实现,例如 Java、C♯ 和 Python。MDA 通常用自动化的工具来执行,如 RSA。MDD 由 MDA 驱动,并更着重于模型转换和代码生成。

通过抽象层次的不同,MDA 定义了计算独立模型(Computation Independent Model,CIM)、平台独立模型和平台相关模型。

计算独立模型类似于我们常说的业务模型和用例模型,是一个抽象层次较高、独立于任何实现技术的系统模型,它着眼于操作环境中的系统以及系统需求的描述,而不关心系统本身的结构和功能实现细节。

平台独立模型类似于系统分析模型,它处于中间抽象层次,关注系统的整个架构实现,但却忽略掉与平台相关的部分。平台独立模型可以转换成多个平台相关模型。

平台相关模型则与设计模型相像,它把业务独立模型与具体使用平台的细节相结合,包含了具体平台的特定实现技术。软件开发过程中架构师会根据系统架构的质量要求,选择一种或几种平台技术具体实现系统。MDA 的模型及其转换技术如图 7.19 所示。

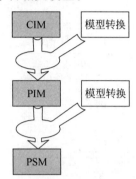

图 7.19　MDA 的模型及其转换技术

5. 模型驱动开发过程

模型驱动开发对构建业务应用软件的方式有着深远的影响,它获得了顶级技术人员的经验及决策,通过为项目的需求所定制的工具使余下的团队可以获得这些经验和决策。由于大量的低层次编码工作已经自动化了,所以开发的成本,以及测试业务软件的成本极大地减少了。错误的数量减少了,并且在工作完成的方式上增加了一致性。

然而,运用 MDD 进行管理软件系统构建时,会涉及内部工程,需要管理一个项目中的另一个项目。内部工程包含了模型驱动开发工具的开发,这些工具可以供开发团队在外部项目中构建业务应用程序时使用。一般来说,开始要将一个业务应用程序确定为利用模型驱动开发工具构建的、着重于需求的,并且可以对该方法进行一些调整的第一个项目。一旦开始开发了,就可以将模型驱动开发工具用于构建许多业务应用程序了。

对于两个项目,谨慎地组织和计划非常重要,特别是在一开始时。除了与开发项目直接相关的问题之外,还存在着管理额外的内部依赖集性需求。MDD 工具需求必须在应用程序开发人员需要它们之前进行确认和开发。两个项目的任务流要互相联结,这样可以确保由 MDD 工具项目而来的交付产品是及时的。

图 7.20 展示了 MDD 工具项目中的任务流。阴影框的任务可能在传统项目中执行,无阴影框的任务是为具体项目构建 MDD 工具的附加任务。

6. 模型驱动开发方法的优点及局限性

使用模型驱动开发方法具有下列一些优点。

(1)最小化计划费用,因为所有的阶段都事先安排好了。

(2)需求分析更加透彻,各种文档内容更加详细。

(3)对于所有可行的候选方案,分析得更加完整。

(4)系统设计相对来说比较简单、稳定、适应性强、更加灵活,在系统设计之前模型已建立。

(5)这种方法对于那些技术人员非常熟悉的系统是有效的,但是完成这些模型需要更多技术人员。

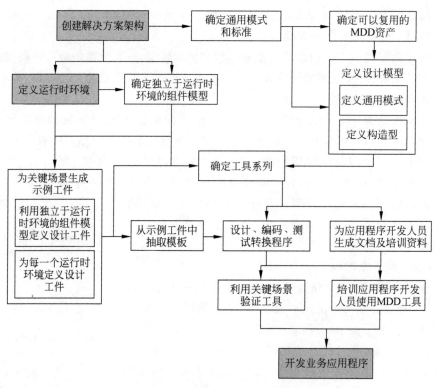

图 7.20　MDD 项目中的任务流

（6）这种方法可以更好地满足用户的需要和提高信息系统的质量。

但是，使用模型驱动开发方法也存在如下缺点。

（1）系统开发的周期比较长，这是因为需要花费更多的时间去采集数据和校验建立的模型。

（2）模型不是软件，模型中存在着一些模糊的现象。

（3）这种方法相对来说不够灵活，因为在形成模型之前用户必须提出自己的需求。

7.3.2　用 RSA 进行模型驱动开发

RSA 是集成的设计和开发工具，支持模型驱动开发。利用模式、概要文件、变换使得人们可以定制 RSA，以便支持 MDD 开发过程的自动化。

RSA 还包含了 J2EE、Web、Web Service 等开发工具。因此，如果目标平台包含 J2EE 和 Web Service，RSA 就是适合架构师、设计师和开发者的工具。

概要文件包含了一组构造型，构造型是对现有 UML 元素的扩充。RSA 发布了一组概要文件，也支持创建新的概要文件。例如，RUP 分析概要文件就是 RSA 提供的一个概要文件，它包含了使用 RUP 方法创建分析模型所需要的构造型。

模式本质上是一种可重用的设计模型。模式一旦被设计出来并且被证明有用后，就可以反复使用于同一类场景中。这是一种非常有效的设计重用。RSA 提供了一些设计模式，包括 GoF 模式。它还提供了模式的框架，开发者可以使用这个框架创建自己的模式。模式通常与概要文件一起使用。

变换支持分层的模型驱动开发,它使得在不同抽象层次的模型之间可以转换(例如,从分析模型转换为设计模型),直至产生代码。RSA 8.5.1 提供了一些示例变换,包括 UML 至 EJB 3.0、UML 至 Java、UML 至 Hibernate、Java 至 UML 等。RSA 还提供了变换框架,使得开发者可以创建自己的变换或增强提供的变换。

1. RSA 中的 MDD 的活动

模型驱动开发有两类不同的活动——框架开发和应用开发。

1) 框架开发

获取专家经验知识,创建模型驱动开发框架,将符合特定架构风格的软件开发自动化。包括下面的一些任务。

(1) 以架构原则和模式的形式获取专家经验。

(2) 实现示例组件和定义技术架构。

(3) 设计和实现 UML 概要文件。

(4) 设计和实现 RSA 模式。

(5) 设计和实现模型变换。

2) 应用开发

将选定的模型驱动开发框架应用到软件开发中,构建软件组件、应用和方案。包括下面的一些任务。

(1) 用框架提供的 UML 概要文件和模式来建模应用。

(2) 应用转换生成实现工件和其他工作产品。

这两类活动一般由不同角色的人员完成,他们具有不同的技能。RSA 支持这两类活动的实现,使用 RSA 创建 UML 概要文件、模式和变换,通过自定义 RSA 使得 RSA 提供模型驱动开发框架。

以上两类活动之间的依赖关系如下。

(1) 在建模应用之前,UML 概要文件和模式必须已经存在。

(2) 为了生成实现工件,必须定义转换。

2. MDD 框架开发

下面介绍如何开发 MDD 框架来定制 RSA。

1) 定义架构风格

开发新的模型驱动开发框架之前必须首先开发能被自动化处理的架构风格。主要有以下一些任务。

(1) 开发高层次架构原则和模式。

(2) 设计 UML 概要文件。

(3) 开发技术架构和示例组件。

2) 开发和实现模式

MDD 框架所需的模式被认为是架构风格开发的一部分。RSA 模式被实现为 Java 的 RSA 插件。模式的开发任务一般由资深的开发人员或系统架构师完成,本书不作详细介绍。感兴趣的读者请参考 IBM 的开发文档。

3) 创建 UML 概要文件

假定有一个示例应用场景,在该示例应用场景中,企业 Web 应用一般需要一些元素,例如 Action、State 以及 Action 之间或者 Action 与 State 等承接关系,这些承接关系可以有 Forward 和 Redirect 等。下面将描述如何创建示例中的构造型集。

(1) 创建概要文件项目。

创建概要文件项目的步骤如下。

① 打开 RSA,依次执行"文件"→"新建"→"项目"命令,将弹出"新建项目"向导对话框。

② 在对话框中依次执行"建模"→"UML 可扩展性"→"UML 概要文件项目"命令,单击"下一步"按钮。

③ 输入项目名,这里输入 MyProfile,然后单击"完成"按钮。

(2) 添加构造型。

一个概要文件包含一组构造型,可以应用于模型元素。例如,创建 forward 构造型用来表示从一个动作到一个状态之间的转换,构造型标识那些可以被重用而不需要由转换生成的元素。

添加构造型的步骤如下。

① 右击概要文件元素,在弹出的快捷菜单中依次执行"添加 UML"→"构造型"命令。

② 为新添加的构造型命名为 WebAction。

③ 指定该构造型能应用于哪些 UML 元素,在"项目资源管理器"中选中构造型 WebAction,在其"属性"视图的"扩展"页单击"添加扩展"按钮,在"创建元类扩展"窗口的列表框中选择 Activity 元类,然后单击"确定"按钮。

(3) 验证和测试概要文件。

可以对概要文件进行阶段性测试。验证和测试概要文件的步骤如下。

① 保存概要文件项目。

② 右击概要文件项目,在弹出的快捷菜单中执行"验证"命令,验证错误和警告信息会在"控制台"视图中显示。

③ 创建新的 UML 建模项目 TestProfile 和新的空白模型 TestModel,选择该模型。

④ 在 TestModel 模型的"属性"视图中,选择"概要文件"选项卡,然后单击"添加概要文件"按钮。如果还没有部署新创建的概要文件,可以选中"文件",指定已经创建好的 .epx 文件。

⑤ 新建一个能够应用 WebAction 的 UML 元素(活动,Activity)。

⑥ 选择这个元素,在"属性"视图中可以看到添加的构造型。

(4) 为构造型添加继承关系。

为构造型添加继承关系的操作步骤如下。

① 创建一个 ServiceAction 构造型,为 Activity 元类添加扩展。

② 在"属性"→"常规"页面中,选中"抽象"选项,这意味着在模型中不能直接使用这个构造型。

③ 在"项目资源管理器"中右击 ServiceAction 构造型,在弹出的快捷菜单中依次执行"浏览"→"显示方式"→"继承浏览器"命令,打开"继承浏览器",将在"继承浏览器"中显示 ServiceAction 构造型。

④ 在"继承浏览器"中右击 ServiceAction 构造型,在弹出的快捷菜单中执行"创建新子类型"命令,添加 ForwardAction 和 RedirectAction 子类型。

⑤ 保存概要文件。

⑥ 用示例模型测试该概要文件,在 TestModel 模型中新建两个活动,对这两个活动分别应用构造型 ForwardAction 和 RedirectAction。

(5) 为构造型添加属性。

可以为构造型添加属性,这样开发者在应用该构造型时需要提供属性的值。

为构造型添加属性的步骤如下。

① 在"项目资源管理器"中,右击构造型 WebAction,在弹出的快捷菜单中依次执行"添加 UML"→"属性"命令。

② 命名该属性为 targetURL。

③ 在"属性"视图中,选中"常规"选项,将属性类型设置为 String。

(6) 设置枚举类型。

设置枚举类型的步骤如下。

① 右击模型,在弹出的快捷菜单中依次执行"添加 UML"→"枚举"命令,添加名为 actionType 的枚举类型。

② 右击枚举 actionType,在弹出的快捷菜单中依次执行"添加 UML"→"枚举字面值"命令,为枚举 actionType 添加两个字面值:forward 和 redirect。

(7) 将枚举类型应用于属性。

① 为构造型 WebAction 添加一个属性 actionType。

② 在 actionType"属性"视图的"常规"页中,单击"选择类型"按钮。

③ 在弹出的窗口中输入 actionType,按 Enter 键选择 actionType。

④ 保存概要文件,测试和验证所有的改动。

(8) 添加图标。

构造型也可以为 RSA 引入图标,图标在构造型的"属性"视图的常规页中添加,如图 7.21 所示。

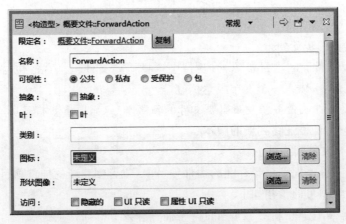

图 7.21　添加图标

4) 部署 UML 概要文件

一旦概要文件最终确定后,以 RSA 插件形式提供概要文件就变得非常方便,使用概要文件的任何人都可以安装它,于是模型也可以在不同的开发者之间自如地交换。

部署一个概要文件的步骤如下。

(1) 定义一个映射到概要文件的路径。

如果模型文件和概要文件在同一个项目中,模型文件可以使用相对路径引用概要文件。

在团队开发的情景下,通过定义一个到工作区中概要文件的路径映射允许其他成员使用概要文件的方法更方便。路径映射将一个符号名和文件路径关联起来。无论什么时候,模型引用该路径下的任何文件,可以直接使用符号名称而没有必要使用完全文件路径。

在创建新的概要文件时就建立路径映射是一个好的做法。在建立路径映射时,如果已经有了引用概要文件的模型,必须确保概要文件和模型在不同的项目中,否则模型不会使用路径映射。

建立路径映射的步骤如下。

① 从主菜单中依次执行"窗口"→"首选项"命令。

② 在"首选项"窗口的左侧列表框中,展开"建模",选中"路径图",单击"新建"按钮,弹出"定义新的路径变量"对话框,如图 7.22 所示。

图 7.22　创建路径映射

(2) 发布概要文件。

发布概要文件的步骤如下。

① 打开概要文件,在"项目资源管理器"中选择概要文件包。右击包,在弹出的快捷菜单中选择"发布"命令,输入一个发布版本标签。

② 修改概要文件或者重新发布概要文件的新版本后,需要重新打开所有应用该概要文件的模型,以便它们能被迁移到新的版本。

(3) 添加概要文件到插件。

可以将概要文件添加到已经存在的插件项目中,或者创建新的插件项目。

创建一个插件项目的步骤如下。

① 依次执行"文件"→"新建"→"项目"→"插件开发"→"插件项目"命令,然后单击"下一步"按钮,将项目命名为 MyPlugin。再单击"下一步"按钮,将弹出"新建插件项目"向导的"内容"窗口,如图 7.23 所示。

② 单击"下一步"按钮,将弹出"新建插件项目"向导的"模板"窗口,如图 7.24 所示。

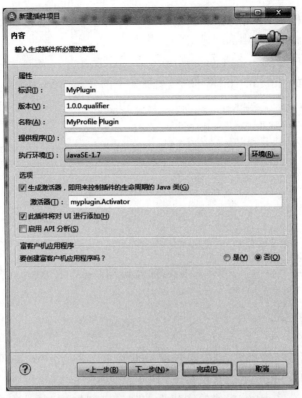

图 7.23 "新建插件项目"向导的"内容"窗口

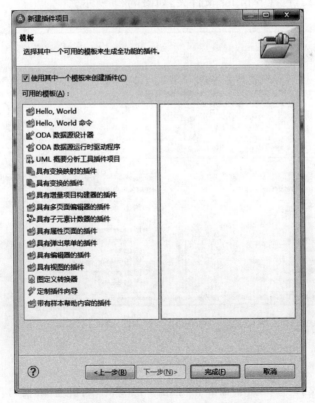

图 7.24 "新建插件项目"向导的"模板"窗口

③ 选择适当的模板,单击"完成"按钮。这样就创建了一个插件项目 MyPlugin。

将概要文件添加到插件中的步骤如下。

① 在插件项目中新建一个文件夹 profiles。

② 在插件项目的 plugin.xml 文件中,增加如下的代码:

```
< extension point = "com.ibm.xtools.emf.msl.Pathmaps">
        < pathmap name = "MyProfilePath"
            plugin = "Myprofile Plugin"
            path = "profiles">
        </pathmap>
    </extension>
    < extension
        point = "com.ibm.xtools.uml.msl.UMLProfiles">
        < UMLProfile
            id = "概要文件"
            name = "概要文件"
            path = "pathmap://MyProfilePath/概要文件.epx"
            required = "false"
            visible = "true">
        </UMLProfile>
    </extension>
```

③ 打开"插件开发"透视图,在"包资源管理器中",将 MyProfile 项目下的"概要文件.epx"拖曳到项目 MyPlugin 下的文件夹 profiles 下。

④ 单击 MyPlugin.xml 编辑器的构建页,在"二进制构建"复选框中,选中要在插件中部署的文件和文件夹,包含 profiles 文件夹,如图 7.25 所示。

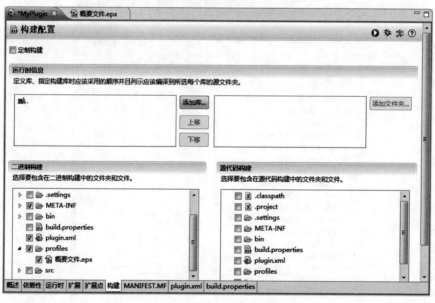

图 7.25　MyPlugin.xml 编辑器的构建页

⑤ 保存 plugin.xml 文件。

(4) 部署插件。

① 依次执行"文件"→"导出"命令,将弹出"导出"向导的"选择"窗口,如图 7.26 所示。

图 7.26　"导出"向导的"选择"窗口

② 选中"插件开发"下的"可部署的插件和段"选项,单击"下一步"按钮,将弹出"导出"向导的"可部署的插件和段"窗口,如图 7.27 所示。

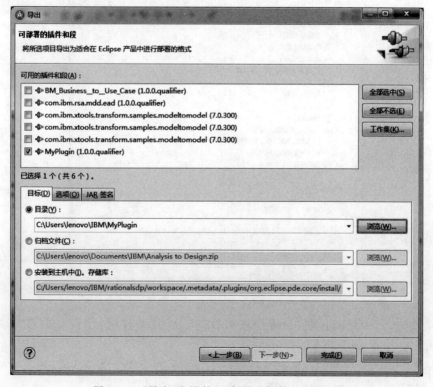

图 7.27　"导出"向导的"可部署的插件和段"窗口

③ 在"导出"向导的"可部署的插件和段"窗口,选中要部署的插件 MyPlugin。可以将插件部署到目录、归档文件或存储库。

④ 将导出的插件安装到 RSA 中,随后重启 RSA。在部署的概要文件中可以看到部署的概要文件"概要文件"。

(5) 创建示例工件。

在转换开发开始之前,必须创建符合技术架构的示例工件,创建这些示例工件有两个主要目的。

① 验证技术架构。

② 为转换开发提供作为输入的示例工件。

(6) 开发和实现转换。

开发和实现转换的步骤如下。

① 依次执行"文件"→"新建"→"项目"命令,在"新建项目"向导的"选择向导"窗口,展开"插件开发"列表项,然后选择"插件项目"列表项,如图 7.28 所示。

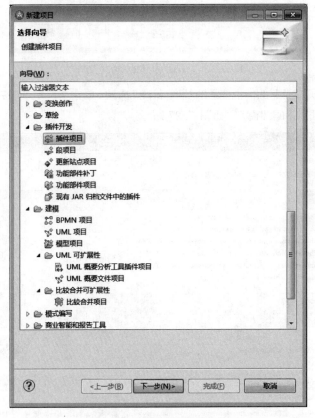

图 7.28　选择插件项目向导

② 单击"下一步"按钮,在"新建插件项目"向导的"插件项目"窗口中输入项目名称 com.ibm.rsa.mdd.ead,如图 7.29 所示。

③ 单击"下一步"按钮,打开"新建插件项目"向导的"内容"窗口,可以输入生成插件所需的数据,如图 7.30 所示。

图 7.29　新建插件项目向导

图 7.30　新建插件属性设置

④ 单击"下一步"按钮,打开"新建插件项目"向导的"模板"窗口,选择"定制插件向导"模板,如图 7.31 所示。

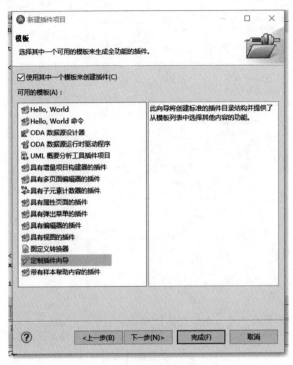

图 7.31　选择插件模板

⑤ 在"具有定制模板的新插件项目"向导的"选择模板"窗口的"可用的模板"列表框中,勾选"变换提供程序"模板,如图 7.32 所示。

图 7.32　第二次选择插件模板

⑥ 单击"下一步"按钮,打开"具有定制模板的新插件项目"向导的"新建变换提供程序"

窗口,如图7.33所示。

图7.33 新建变换提供程序

⑦ 单击"下一步"按钮,打开"具有定制模板的新插件项目"向导的"新建变换"窗口,选择"使用默认 UML2 变换框架",如图7.34所示。

图7.34 新建变换属性

⑧ 单击"下一步"按钮,打开"具有定制模板的新插件项目"向导的"新建规则定义"窗口,如图7.35所示。由于使用了默认 UML2 转换框架,新建规则定义窗口允许定义特定规则类关联特定 UML 元素类型。这些信息用于生成转换的框架代码。

⑨ 单击"完成"按钮,将生成插件项目。如图7.36所示,显示了新项目生成的所有文件、插件类、转换提供程序类和根转换。

图 7.35 转换规则

图 7.36 转换插件项目内容

⑩ 利用生成的转换框架代码,编写转换程序。编写转换程序的方法请参考 IBM MDD
工具开发文档。关于 API,请参考 RSA 在线帮助中的 Rational Transformation Developer
Guide。

3. MDD 应用开发

利用模型驱动开发框架进行 MDD 应用开发的方法如下。

1)安装 MDD 框架

安装 MDD 框架步骤如下。

（1）获取 MDD 框架部署的应用包，一般是 Eclipse 插件。

（2）将该应用包安装到 Eclipse 的插件目录。

（3）重新启动 RSA 集成环境。

2）创建模型

MDD 应用开发要求从设计企业应用的模型开始。

3）应用 UML 概要文件

创建一个新的 UML 项目，命名为 UserLoginAPP，依次执行"文件"→"新建"→"项目"命令，在"新建项目"向导的"选择向导"窗口，展开"建模"列表项，然后选择"UML 项目"列表项，单击"下一步"按钮，输入项目名称，再单击"下一步"按钮，使用向导提供的默认选项，单击"完成"按钮。

将建好的 UML 概要文件应用到模型中的步骤如下。

（1）在"项目资源管理器"中选中要使用概要文件的模型，"属性"视图会显示该模型的属性。

（2）在"属性"视图中选择"概要文件"页签。

（3）单击"添加概要文件"按钮。

（4）在"选择概要文件"对话框中，在部署的概要文件下拉框中选择概要文件，或单击工作空间中的概要文件输入框（或文件输入框）右侧的"浏览"按钮以选择"概要文件"，如图 7.37 所示。

图 7.37 应用概要文件

当所有操作步骤完成后，名称为"概要文件"就会显示在该模型的应用概要文件列表中。作为共享部署的概要文件的另一种方法，可以引用扩展名为.epx 的文件。

要将前面创建的 MyProfile 概要文件应用到模型中，可参照以下步骤。

（1）在选择概要文件的对话框中，选择文件而不是部署的概要文件。

（2）转到概要文件的项目中，选择这个概要文件，确定应用概要文件。

4）应用模式

可以使用所应用的概要文件中定义的构造型和模式库中的模式来建模应用。

5）应用变换

要应用创建的 Web 变换，右击该模型，在弹出的快捷菜单中依次执行"变换"→"EA 变换"→"运行"命令,该变换会产生实现 Web 应用中基本活动及状态的实现。

6)测试生成的代码

使用 RSA 提供的 J2EE 视图来部署和测试生成的 Web 应用。

思考题

1. 什么是模型驱动开发(MDD)？模型驱动开发的特点有哪些？

2. 什么是模型驱动架构(MDA)？模型驱动架构定义了哪几类抽象层次的模型？

3. 模型驱动开发的过程是怎样的？

实训任务

1. 用正向工程将 UML 模型转换成代码(Java、C++和 XML)。

2. 用逆向工程从代码(Java 或 C++)获得 UML 模型。

3. 借助"图书管理系统"参考实现思考软件建模与代码实现的关系,尝试改进和完善"图书管理系统"的软件建模或代码实现。

第8章

RSA数据库建模

- -

知识目标

- 掌握什么是数据库建模。
- 掌握数据库建模的用途。

技能目标

- 会用 RSA 建立物理数据模型。
- 会用 RSA 从物理数据模型生成 DDL。
- 会用 RSA 从数据库获得物理数据模型。

前面的章节中介绍了 RSA 对 UML 建模的支持,本章主要介绍 RSA 对数据库建模的支持。

(1) RSA 对数据建模及数据库开发提供了一定的支持,侧重于较为具体的数据库设计开发。

(2) RSA 在数据建模方面主要支持物理数据模型设计,为用户提供了以数据图为基础的可视化建模环境。

(3) 用户可以在 RSA 的数据图中绘制数据模型中的表、视图,以及进行对如列、索引、触发器等具体对象的设计,此外还能方便地建立表、视图对象之间的相互联系,在一个接近于特定数据库的层次上进行建模。

另外,RSA 支持多种数据库,包括 MySQL、Oracle、SQL Server、Sybase、Cloudscape、DB2、Derby、Informix,以及通用的 JDBC 等。

8.1 数据库建模概述

观看视频

很多应用程序的开发都离不开数据库的应用,数据库管理系统有多种,例如 Oracle、MS SQL Server、MySQL 等。有时开发者需要从一种数据库管理系统转换到另一种数据管理系统,或者需要应用程序支持多种数据库管理系统。数据库模型将会提高数据库应用程序的开发效率。

8.1.1 什么是数据库建模

在设计数据库时,对现实世界的数据进行分析、抽象,并从中找出内在联系,进而确定数据库的结构,这一过程被称为数据库建模。

数据库建模过程是一个面向数据系统结构的建模过程。与其他的建模方法类似,数据模型可以服务于许多不同的目的,如从高层的概念建模到较为具体的物理数据建模等多种不同场合。数据建模中设计者需要识别出"实体类型",就像在类建模的过程中人们需要识别出"类"对象。这些"实体类型"会被赋予各种数据属性,与面向对象建模中将属性和方法赋予"类"相似。此外,"实体类型"之间具有与"类"之间相似的联系,例如,关系、继承、组成、聚合等都可以应用于数据建模。但值得注意的是,传统数据建模将注意力集中于数据本身,在数据模型中设计者只能探索数据问题,而不像面向对象建模中可以同时探讨问题域中行为与数据的两方面。

数据模型的主要类型有以下 3 种。

(1) 概念数据模型(Conceptual Data Model,CDM):这类数据模型,也被称为领域模型,通常被用于与项目的利益相关者一起探讨领域概念。领域概念模型的创建常常在建立逻辑数据模型之前。有时它可以用来取代逻辑数据模型。

(2) 逻辑数据模型(Logical Data Model,LDM):逻辑数据模型用于研究问题领域中的业务概念及它们的相互关系。可以为一个单一项目进行逻辑数据建模,也可以为整个企业进行建模。LDM 从逻辑上描述实体类型,一般简单地包含"实体类型"、描述"实体类型"的数据属性及"实体类型"间的关系。

(3) 物理数据模型(Physical Data Model,PDM):物理数据模型用于设计一个数据库的内部结构,是一个关于特定数据库系统的模型,描述关系数据对象及它们之间的关系,如表定义、视图定义、主键、外键等。

PDM 与 LDM 的主要区别在于数据描述的详细程度,PDM 主要是面向数据库开发的设计模型,需要为代码开发和项目部署提供具体的指南,而 LDM 通常是较为概括和抽象的,一般用于与利益相关者一同进行问题领域分析或业务逻辑分析等较高层次上的建模。

数据库建模工具首选 PowerDesigner,PowerDesigner 是第一个数据库建模的工具。MySQL Workbench 也支持对 MySQL 数据库建模。Navicat for MySQL 11.1.13 也提供了对数据库建模的支持,一些 UML 建模工具也提供了对数据库建模的支持。

RSA 提供了对物理数据模型(PDM)建模的支持,用户通过 RSA 工作台可以建立、修改物理数据模型及根据模型自动生成 DDL 脚本。在 RSA 中,数据模型能够通过数据图可视化地展现出来,并且可以直接在图中对底层数据模型进行编辑。

企业应用开发主要是数据库应用软件的开发,良好的数据库设计在企业应用开发过程中至关重要。使用建模工具进行数据库建模有如下好处。

(1) 用可视化的方法进行数据库设计,方便快捷。

(2) 保持数据库设计文档与物理数据库的一致。

(3) 使应用程序更换数据库更容易。

8.1.2 物理数据建模的一般步骤

物理数据模型建模是面向开发这一层次的设计,通过不断迭代完成数据库的设计。通常使用如下的步骤。

(1) 识别实体类型:通常说的实体也是指实体类型,它在概念上与面向对象中的类的概念很相似,实体类型代表了一个相似对象的集合,如一个订单系统的 Customer、Address、Order、Tax 等实体。在进行实体类型建模时,只需要考虑对象包含的数据,而在面向对象设计时还需要考虑对象的行为。

(2) 识别属性:每个实体类型都会包含一个或多个数据属性,例如 Customer 实体可能包含了 FirstName 和 LastName 之类的属性。属性同样是与问题紧密联系的,通常是依赖于设计者的判断,比如可以决定将用户的姓与名分开作为两个属性,将地址分解为国家、城市、城区、街道地址等多个属性。正确地决定属性设定的粒度,能够对系统的开发和维护带来便利。

(3) 应用命名规范:一个组织或者一个团队应该具有一套可以应用于数据建模的标准或指导,通常这样的规范中都包含了针对逻辑和物理数据模型的命名规范。逻辑模型命名规范着重于人的可读性,而物理模型的命名规范会反映一些技术上的考虑。如逻辑模型中的 FirstName 在 物 理 模 型 中 可 能 就 被 称 为 VC _ FIRSTNAME,以 显 示 其 类 型 为 VARCHAR。

(4) 识别关系:在现实世界中,实体具有与其他实体的某种关系。如用户下达订单,用户位于某地址、订单包含多件物品。与此同时。设计者需要识别关系两端实体的基数与可选性,如订单与物品间的对应关系,一个订单可以与多个但至少一个物品相关联。数据模型中的关系与 UML 建模中的关系有一定区别,数据建模通常不会像 UML 建模那样对关系进行详细的区分。

(5) 应用数据建模模式:一些设计者会运用常见的数据模型模式。

(6) 分配主键:主键的分配主要有两种,一种是利用一个或是一组相对于业务概念唯一的自然属性作为实体类型的键,即自然键,如身份证号码对于人、车牌相对于车辆;另一种是代理键,当一个概念很难用较少量的属性唯一确定时,常常选择引入一个代理键,如为地址引入一个 AddressID 属性作为主键。对于这两种方式的争论很多,但事实上它们各有利弊,在不同的环境中应该酌情选用。

(7) 通过范化(Normalization)降低数据冗余:数据的范化是将数据模型的数据属性进行组织,从而提高实体类型内聚性的过程。范化的目标就是降低或者去除数据的冗余性。因为在数据库应用程序中维护多处数据对于开发人员来说是异常困难的。人们使用范式来描述数据规范化的程度,常用的第三范式规定,一个实体类型如果符合第二范式,同时它所有的属性都直接依赖于主键,即满足第三范式。高度范化的数据能够很大程度上保证系统数据的一致性,同时这样的数据模型与面向对象模型更接近,更容易实现数据与对象的映射,因为它们都有较高的内聚性与较低的对象间耦合,但是高范化往往会使性能下降。

(8) 通过解范化(Denormalization)提高数据库性能:范化数据在运用到生产环境时,常常被性能问题困扰。这是由于在范化过程中主要关注数据冗余度的降低,而不是数据访问性能。数据建模很重要的一部分内容是通过对数据模式(Data Schema)的一部分进行解范化,增加系统冗余度,在查询过程中避免过多表的连接,从而加快访问速度。但这一过程依赖于项目对性能的要求,设计人员必须通过对要求与环境的分析,对性能和系统冗余度两方面进行权衡做出判断。

8.1.3 在RSA中创建数据设计项目

让我们从在RSA中创建数据设计项目开始,学习如何使用RSA进行数据库建模。

1. 创建数据设计项目

(1) 从"文件"菜单中依次执行"新建"→"数据设计项目"命令,将打开"创建数据设计项目"向导窗口,如图8.1所示。

图8.1 选择数据设计项目向导

(2) 单击"下一步"按钮,在"创建数据设计项目"窗口中,输入项目名称,如MyDB,如图8.2所示。

图8.2 输入数据设计项目名称

（3）单击"完成"按钮，弹出"要打开相关联的透视图吗?"对话框，如图 8.3 所示。

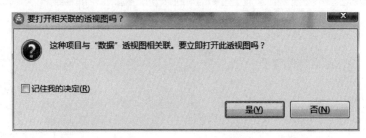

图 8.3 "要打开相关联的透视图吗?"对话框

（4）单击"是"按钮，就创建了一个数据设计项目。

完成了数据设计项目的创建后，就可以通过以下步骤创建空白的物理数据模型。

2. 创建空白的物理数据模型

（1）在"数据项目资源管理器"视图中右击目标的数据设计项目，在弹出的快捷菜单中依次执行"新建"→"物理数据模型"命令，将打开"新建物理数据模型"窗口。或从"文件"菜单中依次执行"新建"→"物理数据模型"命令，打开"新建物理数据模型"窗口，如图 8.4 所示。

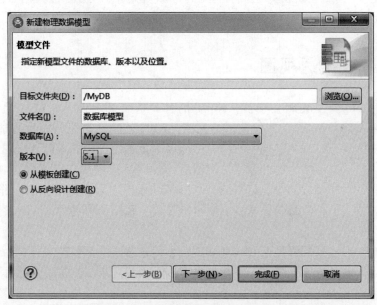

图 8.4 "新建物理数据模型"窗口

（2）在"新建物理数据模型"窗口中，确保在"目标文件夹"一栏填入的是希望在其中新建数据模型的数据设计项目，选择"从模板创建"；并根据实际情况填入或选择"文件名""数据库"及版本等，如图 8.4 所示。此处使用了默认文件名、选择了 MySQL 数据库，版本 5.1。

（3）单击"完成"按钮后，RSA 在项目 MyDB 中"数据模型"下添加了"数据库模型.dbm"，如图 8.5 所示。

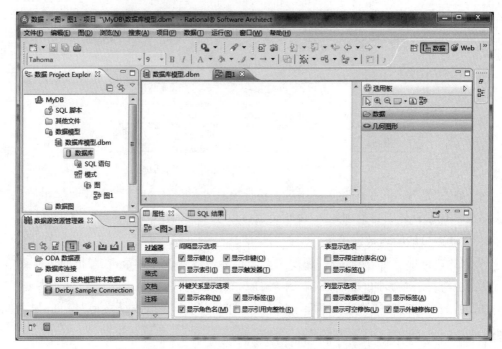

图 8.5　添加了物理数据模型的数据透视图

观看视频

8.2　RSA 数据透视图

　　初次使用 Eclipse 工具的人常被 Eclipse 的各种透视图所困扰。RSA 是基于 Eclipse 的,此处读者可先熟悉一下 RSA 的数据透视图。RSA 的数据透视图需要通过"窗口"菜单中的"打开透视图"子菜单的"其他"命令来打开,因为数据透视图并不默认出现在"打开透视图"子菜单的快捷键选项中。打开数据透视图后,即可看到如图 8.5 所示的工作台界面。

　　在该透视图中,左上方的"数据项目资源管理器"视图中列出的是当前工作区中所有的数据项目(包括数据设计项目与数据开发项目),及其项目下所有的元素,用户可以在这里任意地导航。

　　左下方的"数据库资源管理器"视图中的"数据库连接"目录下包含了 RSA 所管理的数据库连接,该目录默认可能会列出一些数据库连接。用户可以根据需要,在视图中添加其他的数据库连接。

　　在打开了一个数据模型的情况下,RSA 会打开模型编辑器及数据图编辑器。在数据图编辑器的右侧是"选用板"视图,"选用板"中包含了绘制数据图时会用到的组件。

　　在透视图的下方,有一个"属性"视图,与前面 UML 部分提到的"属性"视图有相同的作用。此外,下方区域还有"模型报告"与"SQL 结果"两个视图,用于显示模型分析结果与数据库操作的响应输出。如果没有看到"模型报告"视图,可以依次执行菜单的"窗口"→"显示视图"→"模型报告"命令,使"模型报告"视图出现在透视图的下方。

8.2.1　常用视图与编辑器介绍

　　数据透视图中的核心视图之一就是前面提到的"数据项目资源管理器",如图 8.6 所示。

该视图用于显示数据设计和数据开发项目。

在"数据项目资源管理器"中,通过这两种不同的项目类型,用户可以在逻辑上操作数据对象。

数据设计项目主要用于数据库的设计与信息整合。通过这种类型的项目,用户可以设计出物理数据模型、XSD 模型与脚本,其中的物理数据模型可以用来生成用于部署的数据库 DDL 语句。

数据开发项目主要用于数据库应用程序开发。这种类型的项目与"数据库资源管理器"的一个数据库连接相关联。通过这种项目用户可以进行以下一些工作。

（1）使用 SQL 或 Java 编写的存储过程及用户定义函数（User Defined Functions,UDF)的开发、测试与部署工作。

（2）如果目标服务器支持 XML,用户可以在项目中开发 XML 文档及相关组件。

（3）SQL 查询的开发与测试。

图 8.6　数据透视图

此外,通过"数据项目资源管理器",用户还能够进行以下一些工作。

（1）分析数据对象的相互影响与依赖关系。

（2）分析数据模型以保证数据模型完整性。

（3）比较数据对象。

（4）通过版本控制工具共享开发项目。

"数据图编辑器"是开发数据模型使用的主要工具,包括了图区域与"选用板",如图 8.7 所示。

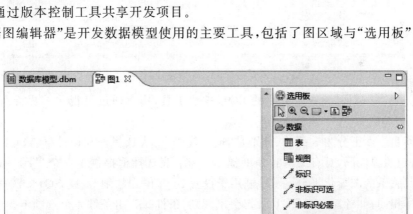

图 8.7　数据图编辑器

"数据图编辑器"左侧的主要部分显示数据图,同时也是绘制数据图的工作区域,右侧的"选用板"视图提供了可以用于数据图绘制的各种组件,包括了基本工具,如注释、知识产权说明、子数据图等,还包括了数据对象及辅助图形等。在数据图编辑器中为数据图添加组件或图形,只需从"选用板"视图中选择相应的组件,接着在数据图区域中绘出即可。

在"数据项目资源管理器"中,右击"SQL 语句",在弹出的快捷菜单中执行"新建 SQL 语句"命令,将弹出"新建 SQL 语句"对话框,如图 8.8 所示。

在"新建 SQL 语句"对话框中,输入 SQL 语句的名称,选择编辑工具为"SQL 查询构建

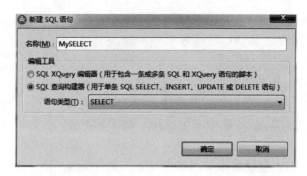

图 8.8 "新建 SQL 语句"对话框

器",将打开"SQL 查询构建器",如图 8.9 所示。

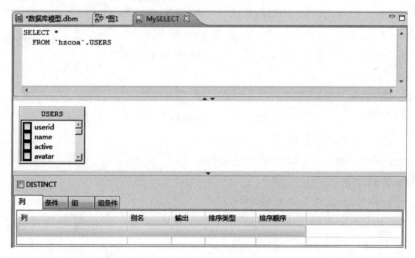

图 8.9 SQL 查询构建器

"SQL 查询构建器"是一个方便的 SQL 构建工具,用户通过可视化的界面可以方便地构建与执行 SQL 语句。

构建器自上而下分为 3 部分,分别是 SQL 代码框、表选择框和设计框。SQL 代码框呈现 SQL 语句的源代码,具有编辑和辅助提示功能;表选择框提供了一个显示、添加引用表及建立相互关系的图形化平台;设计框用于设置 SQL 语句的细节,随 SQL 语句类型变化,选项也不尽相同,如针对 SELECT 语句会出现列、条件、组、组条件 4 个选项卡。

"SQL 结果"视图用于显示 SQL 语句在数据库执行所得到的结果,如执行消息及返回的数据集等。该视图在设计 SQL 的过程中是一个直观的反馈窗口,如图 8.10 所示。"SQL 结果"视图的左侧是一个 4 列的只读表格,用于显示 SQL 执行记录。右侧的部分由 2 个选项卡组成。

8.2.2 常用技巧

1. 快速添加数据图对象

向数据图中添加常用的数据对象的方法除了从"选用板"视图或者菜单中执行命令外,还可以方便地通过出现在光标指针或打开对象旁的悬浮菜单来操作。如将光标移动到"数据图编辑器"的空白区域,将看到如图 8.11 所示的表/视图添加菜单。当选中一个数据表

图 8.10　SQL 结果视图

时,悬浮菜单会自动提供可以向表对象添加子数据对象,包括了键、列、索引、触发器,如图 8.12 所示。

图 8.11　表/视图添加菜单　　图 8.12　向表对象添加子数据对象

2. 显示网格和标尺

用户可以根据个人喜好,来决定是否要显示 UML 图中的网格和标尺。

显示数据图中网格和标尺的步骤如下。

(1) 右击数据图,在弹出的快捷菜单选择"查看"命令。

(2) 选中"标尺"或者"网格"选项即可。

3. 对图中的数据图对象进行排列、对齐以及设置大小

在绘制数据图时,可能需要同时把多个数据对象进行排列、对齐或者设置成一样的大小。

对图中的数据对象对齐以及设置大小的步骤如下。

(1) 选中需要对齐的多个数据对象。

(2) 在工具栏中单击"排列"或"对齐"按钮(如图 8.13 和图 8.14 所示。),在下拉的菜单中选择相应的排列或对齐方式选项。用户除了在工具栏可以做这个操作之外,还可以打开"图"子菜单,然后执行"排列"或"对齐"命令,最后选择相应的方式。

图 8.13　设置一组数据对象的排列方式　　图 8.14　设置一组数据对象的对齐方式

(3) 如果用户想对选中的数据对象同时设置大小,与设置对齐方式类似,可以打开"图"子菜单,然后选择"使用同样大小"命令,最后选择相应的方式(如宽度/高度一致等)。

4. 显示/隐藏数据图中的部分内容

数据图中可以包含非常具体的数据模型设计信息,如表中的列数据类型、索引、一些修

饰符等。但是并不是所有的内容对当前用户都是有价值的,如当前用户只关心图中表与表之间的相互联系而并不关心表中的索引、触发器等对象的情况,这时显示过多的信息就会给用户带来干扰。RSA支持有选择地显示数据图中的一部分内容。

显示/隐藏数据图中的部分内容的步骤如下。

(1) 在项目资源管理器中单击要设置的数据图。

(2) 在"属性"视图中,选择"过滤器"页,用户可以通过其中的4类选项来设置数据图中需要显示的数据对象、辅助标识等内容,如图8.15所示。此处选择了在数据图中显示主键及其他列的名称,显示包含模式名的限定表名及外键修饰。

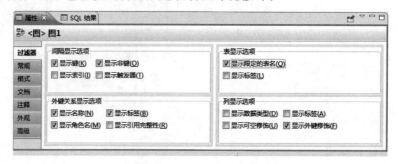

图 8.15 设置数据图的显示内容

5. 向数据模型中添加其他数据对象

除了可以在数据图中显示表、视图这两种数据对象外,数据模型中还可以包括很多其他类型的数据对象,如存储过程、函数、自定义类型等,这些数据对象可以帮助用户设计一个包含数据结构、数据行为等多方面的数据模型。

向数据模型中添加其他数据对象的步骤如下。

(1) 在"数据项目资源管理器"视图中右击数据模型中的某个模式。

(2) 在右键菜单中的"添加数据对象"子菜单中选择需要添加的对象类型,如图8.16所示。然后通过"属性"视图对新添加的数据对象进行设置。

图 8.16 向数据模型中添加其他数据对象

8.3　RSA 数据库建模

通过前述内容的学习,读者已经掌握了在 RSA 中创建数据设计项目和在数据设计项目中创建空白物理数据模型。并且了解了使用 RSA 数据透视图的一些常用技巧。接下来将学习如何进行物理数据模型建模。

8.3.1　表设计

表的设计基于对模型中实体类型和其属性进行识别,是构建数据模型的基础。在 RSA 中的数据图中可以方便地添加数据表,为数据表添加列、主键、索引、触发器等一系列对象,从而实现一个完整的数据表设计,达到能够自动生成 DDL 的详尽程度。

本节集中介绍在 RSA 中对表进行设计的操作过程。

1. 创建新表

用户可以选择以下 3 种方法的任意一种来添加表:

(1)通过"选用板"视图中的"表"对象添加。

(2)将光标放在数据图中,在出现的动态悬浮菜单中选择"添加表"命令。

(3)右击"数据项目资源管理器"中数据设计项目的模式对象,从弹出的快捷菜单中依次执行"添加数据对象"→"表"命令,但这样添加的表不会默认出现在数据图中,需要拖曳到数据图中。如图 8.17 所示,在数据图中添加了空白的 Customer(客户)表。

图 8.17　数据图中添加
Customer 表

在创建完成新表后,需要对数据表进行设置,主要的工作有:修改表名;添加列、主键、索引等子对象;添加注释、调整外观等。

2. 添加列

向数据表添加列时,可以采用 3 种不同的方式:

(1)通过动态悬浮菜单快速添加列。

(2)在表的"属性"视图的列选项卡中添加列。

(3)在"数据项目资源管理器"中通过右键菜单添加列。

在进行比较详细的列设计时,推荐使用表的"属性"视图,该视图清晰地将列及其主要属性列出,使得设计者对列的设计一目了然,并且能够方便地添加、删除、编辑列定义。当给图 8.15 中的 Customer 表添加了 Cust_NO、FirstName、LastName、Address 共 4 列以后,表属性视图的列选项卡把这 4 列的定义清晰地呈现出来,如图 8.18 所示。

3. 建立索引

用户可以通过"数据项目资源管理器"中的右键菜单或者使用悬浮菜单快速添加索引。需要注意的是,如果希望索引出现在数据图中,需要在数据图的"属性"视图"过滤器"选项卡中选中"显示索引",默认为不显示。

为上述的 Customer 表在 LastName 列上建立一个顺序索引。首先为该表添加一个索引 Cust_LN_IDX,如图 8.19 所示。

在添加了索引后应该在属性窗口对它进行设置,索引的键列与包含列等详细设置都位于索引的"属性"视图的"详细信息"选项卡中。在"键列"中添加 LastName 列,如图 8.20 所示。

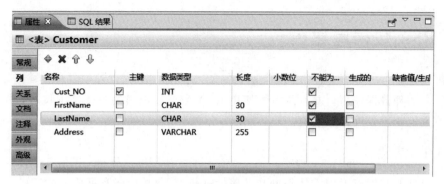

图 8.18　表属性视图的列选项卡

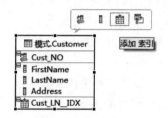

图 8.19　添加索引

图 8.20　设置索引

4. 创建触发器

创建触发器的步骤与创建索引很相似,先通过悬浮菜单或者"数据项目资源管理器"中的右键菜单为表对象添加触发器对象,然后在"属性"视图对触发器进行详细地设置。设置过程分为两步。首先需要通过"属性"视图"常规"选项卡设置该触发器的基本属性,如:模式、操作时间、触发器事件类型等。其次在"详细信息"选项卡中的"操作体"文本框输入程序逻辑代码。

例如,在 Customer 表上创建一个触发器。这个触发器在数据插入 Customer 表之前检查是否已经存在与列 FirstName 和列 LastName 完全相同的记录,如果存在就返回异常,中止插入动作,其属性设置如图 8.21 和图 8.22 所示。

5. 添加约束

RSA 支持为数据表添加唯一约束与检查约束。添加约束需要通过"数据项目资源管理器"中表对象的右键菜单进行操作,如图 8.23 所示。

唯一约束的设置十分简便,重点是在该约束"属性"视图的"成员"选项卡中选定受到约束的列的组合,如图 8.24 所示。

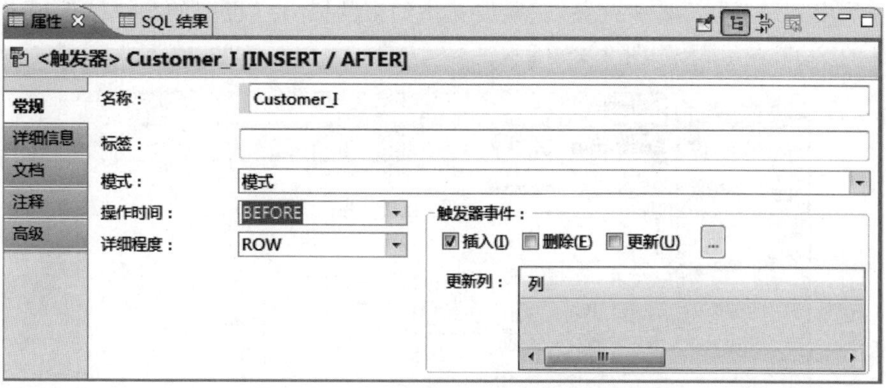

图 8.21　触发器"常规"选项卡

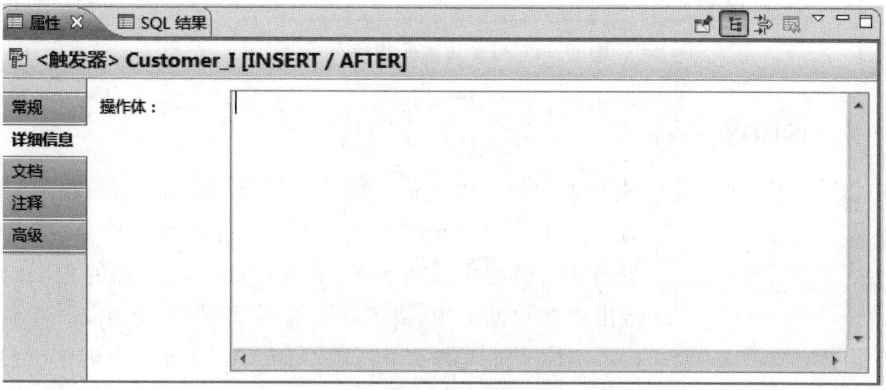

图 8.22　触发器"详细信息"选项卡

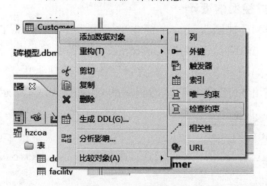

图 8.23　添加约束

图 8.24　设置唯一约束成员

检查约束的设置同样非常简便,只需要在该约束的"属性"视图的"常规"选项卡中填入用于验证的 SQL 表达式,如图 8.25 所示。

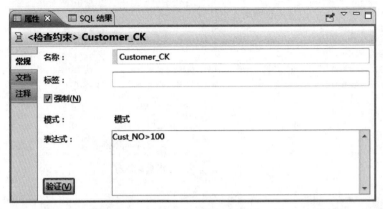

图 8.25　设置检查约束的表达式

8.3.2　视图设计

图 8.26　数据图中显示视图对象

RSA 提供的视图设计功能与表的设计很类似。用户可以通过"选用板"视图、数据图中的悬浮菜单或是通过右击"数据项目资源管理器"中的模式对象向数据模型中添加视图(但通过此方法添加的视图对象不直接出现在数据图中,需要将其拖放到图中)。图 8.26 显示的是在示例模型加入的一个视图 Cust_FullName,用于显示 Customer 表中的用户全名与地址。

1. 用 SQL 语句完成视图的设计

为 CUST_FULLNSME 视图设计一个简单的 SQL 语句 SELECT CONCAT(FirstName, LastName) AS Name, Address FROM Customer。只需要将 SQL 语句填入该视图"属性"窗口的 SQL 选项卡中,如图 8.27 所示。在完成了 SQL 选项卡中 SQL 语句的设计之后,就能够在列选项卡中找到由 SQL 语句产生的相应的列,如图 8.28 所示。

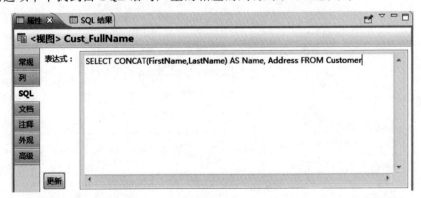

图 8.27　视图对象属性的 SQL 选项卡

2. 为视图创建触发器

与表设计类似,开发者能够在 RSA 数据模型中直接设计视图上的触发器,创建方法和

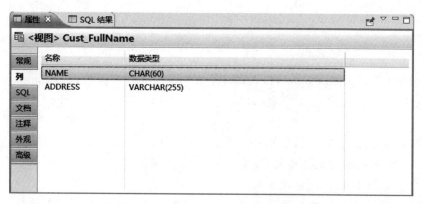

图 8.28　视图对象属性的"列"选项卡

过程与数据表上触发器设计相同。先通过悬浮菜单或者"数据项目资源管理器"中的右键菜
单为表对象添加触发器对象,然后在"属性"视图对触发器进行详细的设置。设置过程分为两步,首先需要通过"属性"视图"常规"选项卡设置该触发器的基本属性,如:模式、操作时间、触发器事件类型等。其次在"详细信息"选项卡中的"操作体"文本框输入程序逻辑代码。图 8.29 是用悬浮菜单添加触发器对象的示例。详见 8.3.1 节中相应内容。

图 8.29　用悬浮菜单为视图添加
触发器对象

8.3.3　关系设计

利用 RSA 可以在数据模型中的表与表之间创建外键参照关系,外键关系是数据模型中最主要的关系类型,具体可以分为以下两种类型:

(1) 标识关系:子表的数据实例能够通过与父表的关联识别,即父表的主键属性成为子表的主键属性。标识关系在图中使用实线表示,如图 8.30 所示(本节关系的图示均为左侧连接主表右侧连接子表)。

(2) 非标识关系:子表的数据实例不能通过与父表的关联识别,即父表的主键属性成为子表的非主键属性。非标识关系在图中使用虚线标识,如图 8.31 所示。

图 8.30　标识关系　　　　　　　　图 8.31　非标识可选关系

根据子表数据与父表数据关联的方式,非标识关系可以细分为如下 3 种:

(1) 非标识必需:父表的基数是 1,即每一个子表实例能够与且仅与一个父表实例相关联,子表上的外键属性不能为 NULL 值,如图 8.32 所示。

(2) 非标识可选:父表的基数是 0..1(表示 0 或 1,后同),即每一个子表实例至多可以与一个父表实例相关联,也可以不关联,子表的外键属性可以为 NULL,如图 8.31 所示。

(3) 非标识一对一:父表的基数是 1,子表的基数是 0..1,即每一个子表实例能够与且仅能与一个父表实例相关联,子表上的外键属性不能为 NULL 值,一个主表实例最多只能被一个子表实例参照,如图 8.33 所示。

图 8.32　非标识必需关系　　　　　图 8.33　非标识一对一关系

现已创建了客户表 Customer,再创建订单表 Order 与订单项目表 Order_Item,一个简单的订单系统通常应包含这 3 个表,订单表 Order 与订单项目表 Order_Item 的定义如图 8.34 所示。

分析这 3 个表之间的关系,Order 表通过非主键列 Cust_NO 列参照 Customer 表的主键 Cust_NO 列,形成非标识必需关系;Order_Item 表通过主键属性 Order_NO 参照 Order 表的主键 Order_NO 列,形成标识关系。

在 RSA 中创建表与表的关系非常容易,通过右侧的"选用板"视图选取适当的关系图标后,此时光标在图中表对象上将变为黑色箭头,左键单击主表不放,然后拖放到子表,当光标再次变为黑色箭头时释放鼠标右键即可创建关系,如图 8.35 所示。

图 8.34　Order 表与 Order_Item 表的定义

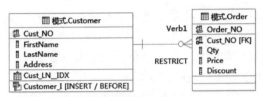
图 8.35　创建关系

如果子表中不包含与父表主键相同的列,RSA 会自动将父表的列直接添加到子表;否则,就会出现如图 8.36 所示的"键迁移"对话框,根据实际情况选择后单击"确定"按钮即可。

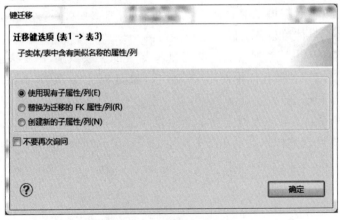
图 8.36　"键迁移"对话框

当关系创建完成后,在关系的"属性"视图中的详细信息页可以为关系指定"反转查…短语"或"查询描述短语"。"反转查…短语"是一个描述子表与父表关系的说明短语,"查询描述短语"是一个描述父表与子表关系的说明短语,其关系属性的详细信息页如图 8.37 所示。

为 Customer 表和 Order 表之间的关系指定"反转查…短语"为 belongs-to 表示订单属于某一个用户,如图 8.38 所示。

以相同方法建立 Order_Item 到 Order 表的标识关系,并指定"反转查…短语"为 part-of 表示订单项目是订单的一部分,最终这 3 个表及其相互关系如图 8.39 所示。

图 8.37　关系属性的详细信息页

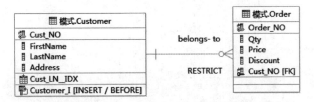

图 8.38　Order 表与 Customer 表的关系

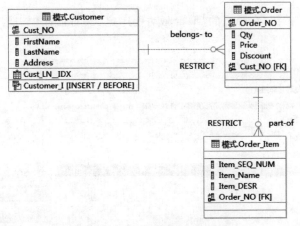

图 8.39　简单订单系统数据图

8.4　用逆向工程从数据库获得数据库模型

除了按照前文介绍的从空白的数据模型开始进行物理数据模型设计,RSA 还支持通过逆向工程从现有数据库或 DDL 文件中抽取物理数据模型。最常见的是从数据库中抽取表、视图、触发器、例程等数据库对象,并创建相应的数据图。通过这种方式,用户可以很方便地从现有数据库着手,开始新的设计。

在使用逆向工程前,必须先建立数据库连接,为此,需要有数据库连接驱动程序。系统默认定义了很多常见的数据库驱动程序。需要根据使用的数据库检查数据库驱动程序的定

观看视频

义,或新建数据库驱动程序的定义。下面以 MySQL 为例,介绍新建数据库驱动程序的定义的步骤。

(1) 依次执行菜单的"窗口"→"首选项"命令。

(2) 在弹出的"首选项"窗口中左边的列表框中选择"数据管理"→"连接"→"驱动程序定义"命令;在右边的列表过滤器下拉框中选择 MySQL;在右下边的列表框中选中MySQL 5.1,如图 8.40 所示。

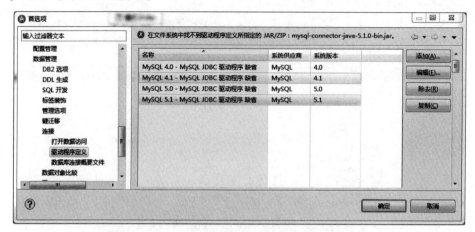

图 8.40　在首选项窗口定义数据库连接驱动程序

(3) 单击"编辑"按钮,在弹出的"编辑驱动程序定义"对话框中,选择"JAR 列表"页签,如图 8.41 所示。

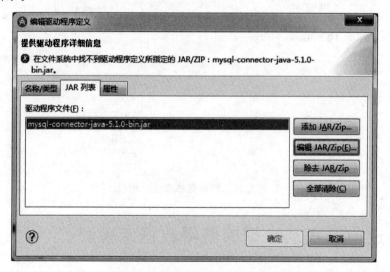

图 8.41　"编辑驱动程序定义"窗口

(4) 单击"编辑 JAR/Zip(E)"或"添加 JAR/Zip"按钮,在 Windows 文件系统中找到驱动程序文件,结果如图 8.42 所示。

建立数据库连接的步骤如下。

(1) 在"数据源资源管理"中,右击数据库连接,选择菜单中的"新建"命令,如图 8.43所示。

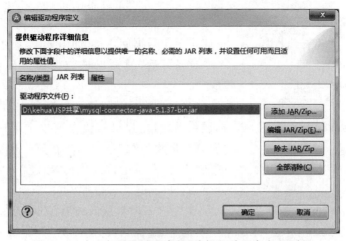

图 8.42　定义好了驱动程序的"编辑驱动程序定义"窗口

图 8.43　新建数据库连接的右键菜单

（2）在弹出的"新建连接"窗口输入数据库连接信息，例如，数据库（其实是数据库连接名称）、URL、用户名和密码等，单击"测试连接"按钮可以测试数据库连接信息是否输入正确，如图 8.44 所示。

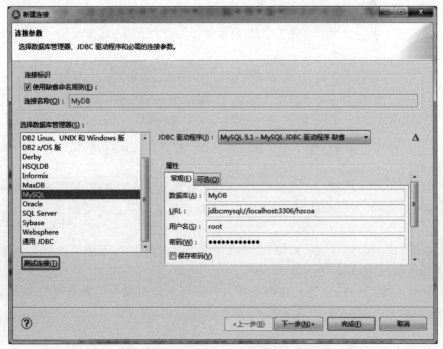

图 8.44　"新建连接"窗口

图 8.45 "数据源资源管理器"中的
数据库连接

（3）单击"完成"按钮,在"数据源资源管理器"中就新建了一个数据库连接,如图 8.45 所示。

准备好后,就可以从数据库导出数据模型,步骤如下。

（1）在"数据项目资源管理器"视图中右击目标数据设计项目,在弹出的快捷菜单中依次执行"新建"→"物理数据模型"命令,打开"新建物理数据模型"窗口。或从"文件"菜单中依次执行"新建"→"物理数据模型"命令,打开"新建物理数据模型"窗口。

（2）在"新建数据设计项目"对话框的首页"模型文件"页面中,确保"目标文件夹"一栏填入的是新建数据模型所在的数据设计项目,选中"从反向设计创建"单选按钮,并根据实际情况填入或选择"文件名""数据库"及"版本"等,如图 8.46 所示。

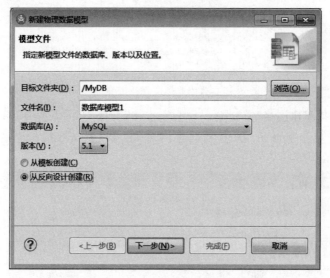

图 8.46 从反向设计新建物理数据模型

（3）单击"下一步"按钮,在"选择连接"窗口选择数据库连接,选择已经建好的数据库连接 MyDB,如图 8.47 所示。

（4）单击"下一步"按钮,在"选择模式"窗口选择需要导出的模式,如图 8.48 所示。

（5）单击"下一步"按钮,在"数据库元素"窗口选择需要导出的数据库元素,如图 8.49 所示。

（6）单击"下一步"按钮,在"选项"窗口选择是否生成概述图,是否推断隐含主键与关系等反向工程选项,如图 8.50 所示。

（7）单击"完成"按钮,当导入结束后在目标项目中会生成新的数据模型与数据图,如图 8.51 所示。

图 8.47　选择反向设计的数据库连接

图 8.48　选择模式

图 8.49　选择数据库元素

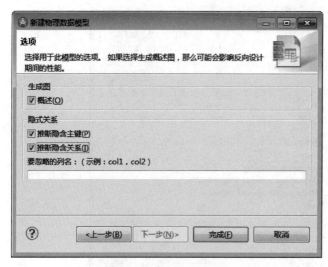

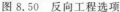

图 8.50 反向工程选项

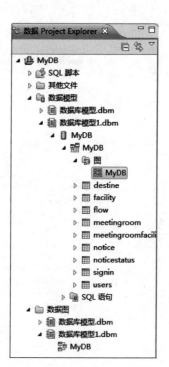

图 8.51 反向设计产生的数据模型

8.5 用物理数据模型生成 DDL

观看视频

数据建模工具的一项重要功能是将建立的数据模型进行部署,所谓部署是指生成具体的数据库管理系统下的数据库。或者变换成可以部署的 DDL 语句,然后在具体的数据库管理系统下,用 DDL 生成数据库。RSA 支持从物理数据模型生成针对目标数据库的 DDL,可以选择直接部署到数据库管理系统中或者只存储在一个 SQL 脚本文件中。

从数据模型生成 DDL 的步骤如下。

(1)在"数据项目资源管理器"视图中右击数据设计项目中的数据库对象或数据库对象下的某个模式,在弹出的快捷菜单中执行"生成 DDL"命令,如图 8.52所示。

(2)在弹出的"选项"窗口中,选中希望 DDL 包含的模型元素,如"标准名称""CREATE 语句""DROP语句"等,如图 8.53 所示。

(3)单击"下一步"按钮,在"对象"窗口中,选择要包含在 DDL 脚本的模型对象,如"表""触发器""视图""索引"等,如图 8.54 所示。

(4)单击"下一步"按钮,在"保存并运行 DDL"窗口中设置保存 DDL 脚本的位置,以及是否在服务器上运行,如图 8.55 所示。

图 8.52 从右键菜单中执行"生成 DDL"
命令

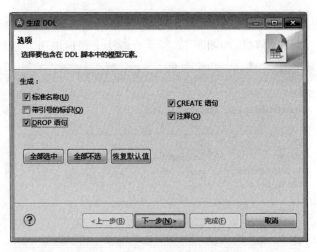

图 8.53　生成 DDL "选项" 页面

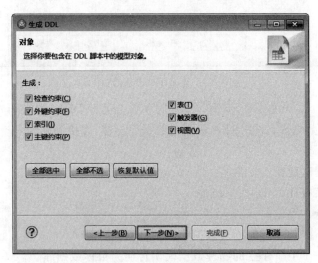

图 8.54　生成 DDL "对象" 窗口

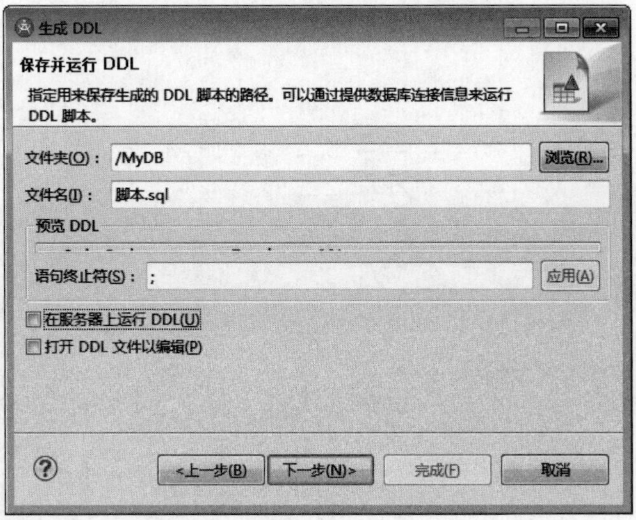

图 8.55　生成 DDL "保存并运行 DDL" 窗口

（5）不选择"在服务器上运行 DDL"，单击"下一步"按钮，将出现"总结"页面，显示出对生成 DDL 设置的完整设置信息，如图 8.56 所示。确认无误后单击"完成"按钮。

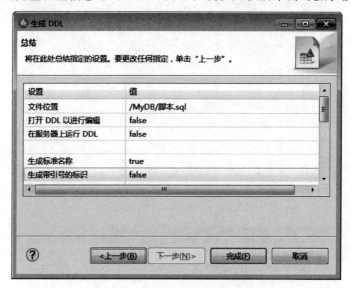

图 8.56　生成 DDL"总结"页面

值得注意的是，如果在第（4）步选择了在服务器上运行 DDL，则必须先在数据库管理系统中新建一个空白数据库，并在 RSA 中创建数据库连接，连接到新建的空白数据库。

思考题

1. 什么是数据库建模？

2. 数据库建模有什么作用？

实训任务

1. 建立"图书管理系统"的物理数据模型。

2. 将实训任务 1 中所建立的物理数据模型转换为目标数据库。

3. 选择一个目标数据库，用逆向工程，生成物理数据模型。

第9章

综合实训

知识目标
- 复习巩固已学习的知识。

技能目标
- 掌握在软件开发各阶段如何应用 UML 软件建模技术。

本章以"PiggyBank 在线银行"作为综合实训项目,使读者理解在软件开发过程中如何应用 UML 软件建模技术,复习巩固已学习的知识。软件开发工作也遵循"二八定律",在一个大的软件系统开发中,只要开发者把握了少部分的工作,其他工作都可以同样地做好。因此,本章不包含综合实训项目的全部工作,只关注少部分的工作。读者应能举一反三,完成剩余的工作,直至完成整个软件项目的开发。

9.1 项目概览

软件开发项目一般是首先与用户进行初步的沟通,立项后才进行软件建模工作。建模的过程中仍然需要与用户进行深入的沟通,而模型是与用户沟通的有效工具。

9.1.1 项目描述

PiggyBank 在线银行是一个虚拟的网上银行,客户主要是个人和小企业。它使得客户可以通过互联网访问他们的银行账户,进行银行业务的处理。PiggyBank 有许多客户,每个客户有一个或多个账户。CityBank 是本地商业银行,客户主要是大的公司和其他银行。因为 PiggyBank 在 CityBank 开设了账户,PiggyBank 还与本地商业银行 CityBank 互联。

当客户在 PiggyBank 开户后,他们将收到包含了用户名称和密码的账户信息,他们可以用用户名称和密码登录 PiggyBank 在线银行,进行银行业务处理,例如显示账户余额、转账等。

客户也可以到 PiggyBank 营业厅通过柜员完成银行业务,例如,支票兑现与托收、取款、转账等。在 PiggyBank 营业厅,银行柜员使用终端进行银行业务的操作。

9.1.2 创建 UML 项目

1. 创建 UML 项目

(1) 依次执行"窗口"→"打开透视图"→"其他"→"标准建模"命令,打开标准建模透视图。

(2) 依次执行"文件"→"新建"→"项目"→"UML 项目"命令,单击"下一步"按钮。

(3) 输入项目名 PiggyBank,单击"下一步"按钮。

(4) 在类别列表中选中"需求"选项,在模板列表中选中"用例包"选项,单击"完成"按钮。

2. 创建功能模块

为了创建用例图,必需首先识别功能模块。因为所有的用例都是与银行业务有关的,将功能模块命名为 Account Operations。

(1) 在"项目资源管理器"中展开"用例模型"→ Use-case Building Blocks,将包 ${functional. area}拖曳到"用例模型"下。

(2) 右击新建的 ${functional. area},在弹出的快捷菜单中选择"查找/替换"命令。

(3) 在"查找/替换"对话框输入 ${functional. area},然后单击"替换"按钮。

(4) 在"搜索并替换"对话框输入 Account Operations,然后单击"全部替换"按钮。

9.2 创建 PiggyBank 用例模型

创建用例模型时,必须首先收集和分析需求。可以采用与用户沟通、头脑风暴等方法收集需求。分析需求的目的是定义系统的功能领域需求,所谓功能领域需求是指为了满足客户定义的需求系统应具有的功能。这就是软件开发过程的需求分析阶段,这个阶段需要产生需求分析文档。应通过建立用例模型产生这些文档。

用例模型描述了系统的功能需求,包含用例图和活动图。

9.2.1 创建用例图

1. 识别用例

(1) 在"项目资源管理器"中,展开 Account Operations 包,双击 Account Operations Use Cases 图,打开用例图编辑器。

(2) 在用例图编辑器中,右击注释,然后在弹出的快捷菜单中选择"从图中删除"命令。

(3) 在"选用板"视图中,双击"用例"图标,输入 Display Balance,然后调整用例到用例图编辑器的适当位置。

(4) 在"选用板"视图中,双击"用例"图标,输入 Transfer Money,然后调整用例到用例图编辑器的适当位置。

(5) 在"选用板"视图中,双击"用例"图标,输入 Cash Check,然后调整用例到用例图编辑器的适当位置。

2. 识别参与者

(1) 在"项目资源管理器"中,双击 Account Operations Use Cases 图。

(2) 在"选用板"视图中,双击"参与者"图标,并命名为 Customer。

(3) 将 Customer 参与者拖曳到适当的位置。

(4) 在"选用板"视图中,双击"参与者"图标,并命名为 Teller。

(5) 将 Teller 参与者拖曳到适当的位置。

（6）在"选用板"视图中，双击"参与者"图标，并命名为 CityBank。

（7）将 CityBank 参与者拖曳到适当的位置。

3. 创建 Account Operations 用例图

创建 Customer 参与者与用例的关系的步骤如下。

（1）在"项目资源管理器"中，展开 Account Operations，双击 Account Operations Use Cases。

（2）在"选用板"视图中选择单击"关联"图标。

（3）在用例图编辑器中，单击 Customer 参与者，拖曳到 Display Balance 用例。

（4）在"选用板"视图中选中"关联"图标。

（5）在用例图编辑器中，单击 Customer 参与者，拖曳到 Transfer Money 用例。

用相同的方法创建参与者 Teller、CityBank 与相关用例的关系，如图 9.1 所示。

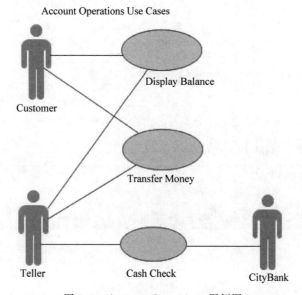

图 9.1 Account Operations 用例图

9.2.2 创建活动图

1. 创建 Display Balance 活动分区

（1）在"项目资源管理器"中，展开 Account Operations，右击 Display Balance 用例，在弹出的快捷菜单中执行"添加图"→"活动图"命令。

（2）输入：Display Balance 活动图。按 Enter 键。

（3）在活动图编辑区的空白处右击，然后在弹出的快捷菜单中依次执行"添加 UML"→"分区"命令。

（4）在"项目资源管理器"中，单击新建的"分区"元素，在"属性"的"常规"页中输入名称 Customer/Teller。

（5）在"选用板"视图中双击"初始"图标，命名为 Initial node。

（6）在"活动图编辑器"中单击选中 Initial node，然后拖曳到适当的位置。

（7）在"选用板"视图中双击"操作"图标，命名为 Customer/Teller selects Display balance from menu。

(8) 在"活动图编辑器"中单击新建的操作,并拖曳到适当的位置。

(9) 在"选用板"视图中单击"流"图标。

(10) 在"活动图编辑器"中单击 Initial node 初始节点,拖曳到 Customer/Teller selects Display balance from menu 操作。活动图如图9.2所示。

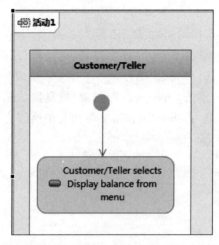

图9.2　添加了 Customer/Teller 活动分区的活动图

用相同的方法创建 System 活动分区,如图9.3所示。

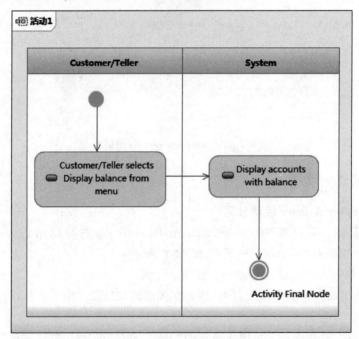

图9.3　Display Balance 活动图

2. 创建 Transfer Money 活动图

用同样的方法,创建 Transfer Money 活动图,如图9.4所示。

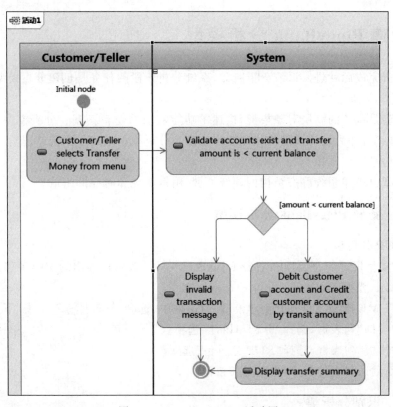

图 9.4　Transfer Money 活动图

3. 创建 Cash Check 活动图

用同样的方法,创建 Cash Check 活动图,如图 9.5 所示。

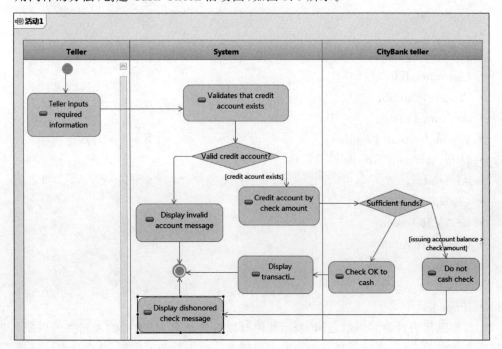

图 9.5　Cash Check 活动图

9.3 创建 PiggyBank 分析模型

需求分析完成后就进入系统分析阶段,系统分析阶段的任务是创建分析模型,进一步描述系统结构。

分析模型是系统的高层对象模型,描述了功能需求的逻辑实现。分析模型是建立在用例模型的基础上,并为设计模型的建立奠定基础。分析模型描述了系统的逻辑结构,但是不提供实现的信息。

分析模型由描述系统静态结构的领域模型、用例实现和时序图组成。

9.3.1 新建 PiggyBank 分析模型

创建 RUP 分析包。

(1) 在"项目资源管理器"中,右击 PiggyBank 项目,然后在弹出的快捷菜单中依次执行"新建"→"UML 模型"命令。

(2) 在"UML 模型"向导的"创建模型"对话框中,选择"标准模板",单击"下一步"按钮。

(3) 在"类别"列表框,选择"分析和设计"选项。

(4) 在"模板"列表框,选择"RUP 分析包"选项。

(5) 接受默认的文件名,单击"完成"按钮。

9.3.2 识别分析类

识别分析类的方法是,首先分析用例模型文档,列出出现的所有名词。PiggyBank 用例模型中出现的名词如下。

- Customer
- Account
- Owner
- Customer ID
- Account Number
- Account Balance
- Credit Account Number
- Debit Account Number
- Amount
- Check
- Check Reference
- Check Amount
- Amount to Credit
- CityBank Account
- Transfer

然后剔除代表对象实例的名词、表示其他对象属性的名词、重复的或相关的对象名词、不很重要的对象名词,从而得到一个新的名词列表。对于复杂的系统,这个过程可能需要进行多次,直到得到满意的名词列表。PiggyBank 的最终名词列表如下。

- Customer
- Account
- Check
- Transfer

9.3.3 创建 PiggyBank 领域模型

1. 创建 PiggyBank 领域模型

(1) 在"项目资源管理器"中,展开"RUP 分析模型",展开<< ModelLibrary >> Analysis Building Blocks,右击 ${functional. area}包,在弹出的快捷菜单中选择"复制"命令。

(2) 右击"RUP 分析模型"包,在弹出的快捷菜单中选择"粘贴"命令。

(3) 右击粘贴的 ${functional. area}包,在弹出的快捷菜单中选择"查找/替换"命令。

(4) 输入查找的内容: ${functional. area},单击"替换"按钮。

(5) 输入替换的内容:Account Operations,单击"全部替换"按钮。

2. 增加 Display Balance,Transfer Money 和 Cash Check 用例实现

(1) 在"项目资源管理器"中,展开"RUP 分析模型"→<< ModelLibrary >> Analysis Building Blocks,右击包 ${use. case},在弹出的快捷菜单中选择"复制"命令。

(2) 右击包 Account Operations,在弹出的快捷菜单中选择"粘贴"命令。

(3) 右击包 ${use. case},在弹出的快捷菜单中选择"查找/替换"命令。

(4) 输入要查找的内容: ${use. case},单击"替换"按钮。

(5) 输入替换后的内容:Display Balance,单击"全部替换"按钮。

(6) 重复步骤(1)~步骤(5),增加 Transfer Money 和 Cash Check 用例实现,在步骤(5)分别执行下面的操作。

① 输入替换后的内容:Transfer Money,单击"全部替换"按钮。

② 输入替换后的内容:Cash Check,单击"全部替换"按钮。

3. 创建领域模型图

(1) 在"项目资源管理器"中,展开"RUP 分析模型"→Account Operations→Account Operations Analysis Elements。

(2) 双击 Account Operations Analysis Classes,在这个图中,增加类 Customer、Account、Transfer、Check,并建立相关类之间的使用关系,其领域模型图如图 9.6 所示。

4. 创建领域模型概览图

(1) 在"项目资源管理器"中,展开"RUP 分析模型",右击"<<透视图>> Overviews",然后在弹出的快捷菜单中选择"查找/替换"命令。

(2) 输入要查找的内容: ${project},单击"替换"按钮。

(3) 输入替换后的内容:PiggyBank,单击"全部替换"按钮。

(4) 双击 PiggyBank Domain Model 图。

(5) 在"项目资源管理器"中,展开 Account Operations→Account Operations Analysis Elements。

(6) 将 Customer、Account、Transfer、Check 拖曳到 PiggyBank Domain Model 图。

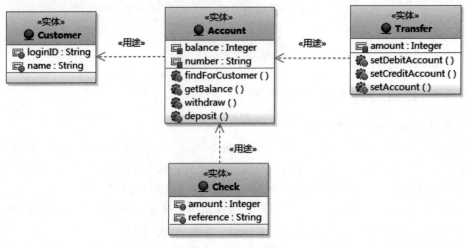

图 9.6　领域模型图

注意：本示例中领域模型概览图与领域模型图相同。

9.3.4　创建 Account Operations 用例实现概览图

创建 Account Operations 用例实现概览图

（1）在"项目资源管理器"中，展开 Account Operations 包，双击 Account Operations Analysis-Level Use Case Realizations 图。

（2）展开"用例模型"→Account Operations。

（3）选中 Display Balance 用例，将其拖曳到 Account Operations Analysis-Level Use Case Realizations 图。

（4）在"项目资源管理器"中，展开"RUP 分析模型"→Account Operations，单击 Display Balance 用例实现，拖曳到图编辑器中。

（5）在"选用板"视图中选中"实现"。

（6）在图编器中单击 Display Balance 用例实现，拖曳到 Display Balance 用例。

（7）重复步骤（3）～步骤（6），增加 Transfer Money 和 Cash Check 用例实现到 Account Operations 概览图中，替换第（3）步中的 Display Balance 用例和步骤（4）中的 Display Balance 用例实现。

① 在步骤（3）中选择 Transfer Money 用例和步骤（4）中单击 Transfer Money 用例实现；在步骤（6）中单击 Transfer Money 用例实现，拖曳到 Transfer Money 用例。

② 在步骤（3）中选择 Cash Check 用例和步骤（4）中单击 Cash Check 用例实现；在步骤（6）中单击 Cash Check 用例实现，拖曳到 Cash Check 用例。

Account Operations 用例实现概览图如图 9.7 所示。

9.3.5　创建 Display Balance Participants 图

Display Balance Participants 图对 Display Balance 用例的静态结构建模，它显示了参与

Account Operations Analysis Level Use-Case Realizations

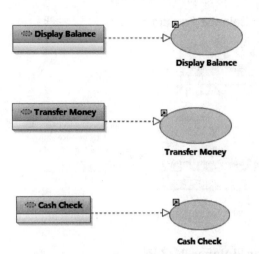

图 9.7　Account Operations 用例实现概览图

Display Balance 用例的类,以便描述系统的领域。除了实体类以外,它还包含了与主要实体类交互的边界类,以便实现系统的功能。

1. 创建 Display Balance Participants 图,在图中增加 Account 类

(1) 在"项目资源管理器"中,展开"RUP 分析模型"→Account Operations→Display Balance,双击 Display Balance Participants。

(2) 在"项目资源管理器"中,展开 Account Operations Analysis Elements,单击 Account 类,将其拖曳到图编辑器中。

2. 在 Display Balance Participants 图中增加 DisplayBalanceForm 类

(1) 在"选用板"视图中双击"类"图标,将新建的类命名为 DisplayBalanceForm。

(2) 在图编辑器中,单击 DisplayBalanceForm 类,在其"属性"视图的"构造型"页,单击"应用构造型"按钮。

(3) 在"应用构造型"对话框选择"边界",单击"确定"按钮。

(4) 在"选用板"视图中选择"实例化"图标。

(5) 在图编辑器中连接 DisplayBalanceForm 类和 Account 类,箭头指向 Account 类。

(6) 在图编辑器中,单击"实例化"模型元素,在其"属性"视图的"构造型"页,单击"取消应用构造型"按钮。

3. 在 Display Balance Participants 图中增加 MenuForm 类

(1) MenuForm 类是一个边界类,它是 PiggyBank 系统的主菜单。MenuForm 类与 DisplayBalanceForm 类交互。

(2) 在"选用板"视图中双击"类"图标,将新建的类命名为 MenuForm。

(3) 在图编辑器中,单击 MenuForm 类,在其"属性"视图的"构造型"页,单击"应用构造型"按钮。

(4) 在"应用构造型"对话框选择"边界",单击"确定"按钮。

(5) 在"选用板"视图中选择"实例化"图标。

（6）在图编辑器中连接 MenuForm 类和 DisplayBalanceForm 类,箭头指向 DisplayBalanceForm 类。Display Balance Participants 图如图 9.8 所示。

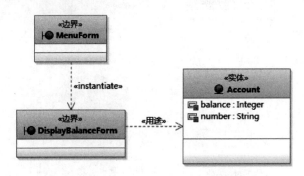

图 9.8　Display Balance Participants 图

9.3.6　创建 Display Balance 时序图

1. 创建时序图和生命线

创建时序图和生命线的步骤如下。

（1）在"项目资源管理器"中,展开"RUP 分析模型"→Account Operations→Display Balance→Display Balance-Basic Flow,双击 Display Balance-Basic Flow 图。

（2）在"项目资源管理器"中,展开"用例模型"。

（3）展开 Account Operations 包,单击 Customer 参与者,将其拖曳到 Display Balance-Basic Flow 图编辑器中。

（4）在"项目资源管理器"中,展开"RUP 分析模型"→Account Operations 包,单击 MenuForm 类,将其拖曳到 Customer 生命线的右边。

（5）在"项目资源管理器"的 Account Operations 包中单击 DisplayBalanceForm 类,将其拖曳到 MenuForm 生命线的右边。

（6）在"项目资源管理器"的 Account Operations 包中,展开 Account Operations Analysis Elements 包,单击 Account 类,将其拖曳到 DisplayBalanceForm 生命线的右边。

2. 创建 select Display Balance 消息

（1）在"选用板"视图中单击"异步消息"图标。

（2）在图编辑器中,单击 Customer 生命线,拖曳到 MenuForm 生命线。

（3）在"输入操作名称"窗口,输入消息名称为 select Display Balance。

3. 创建 display 消息

（1）在"选用板"视图中单击"异步消息"图标。

（2）在图编辑器中,单击 MenuForm 生命线,拖曳到 DisplayBalanceForm 生命线。

（3）在"输入操作名称"窗口,输入消息名称为 display。

4. 创建 findForCustomer 消息

（1）在"选用板"视图中单击"异步消息"图标。

（2）在图编辑器中,单击 DisplayBalanceForm 生命线,拖曳到 Account 生命线。

（3）在"输入操作名称"窗口,输入消息名称为 findForCustomer。

5. 创建"循环组合片断"

（1）在"选用板"视图中"选项组合片断"下单击"循环组合片断"图标。

（2）在图编辑器中,单击 findForCustomer 消息下方,拖出一个覆盖 DisplayBalanceForm 生命线和 Account 生命线的矩形。

6. 创建 getBalance 消息

（1）在"选用板"视图中单击"异步消息"图标。

（2）在图编辑器中,在"循环组合片断"内部单击 DisplayBalanceForm 生命线,拖曳到 Account 生命线。

（3）在弹出的快捷菜单中选择"新建操作"命令。

（4）在"输入操作名称"窗口,输入消息名称为 getBalance。

建模结果如图 9.9 所示。

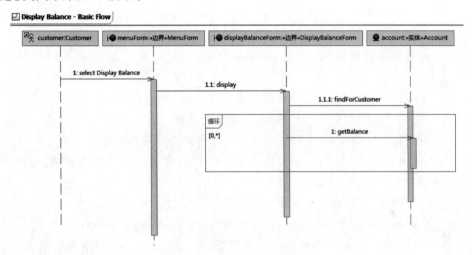

图 9.9 Display Balance 时序图

现在,已经完成了对 Display Balance 功能的静态和动态建模。如果打开 Display Balance Participants 图,将会看到它现在包含了在时序图中创建的操作,如图 9.10 所示。

Display Balance Participants

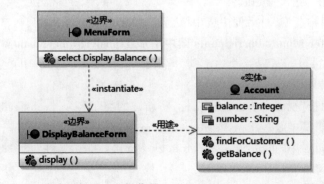

图 9.10 类中增加了一些操作的 Display Balance Participants 图

9.3.7　创建 Transfer Money Participants 图

Transfer Money Participants 图对 Transfer Money 用例的静态结构建模,它显示了参与 Transfer Money 用例的类,以便描述系统的领域。除了实体类、边界类以外,它还包含了 TransferMoneyControl 控制类,控制类表示业务规则和逻辑的实现。一个控制类表示与边界类交互的自包含的过程。

1. 在 Account Operations 包中创建 Transfer Money Participants 图,在图中增加 Account、Transfer、MenuForm 类

(1) 在"项目资源管理器"中,展开"RUP 分析模型"→Account Operations→Transfer Money,双击 Transfer Money Participants 图。

(2) 在"项目资源管理器"中,展开 Account Operations Analysis Elements,单击 Account 类,将其拖曳到图编辑器中。

(3) 在"项目资源管理器"中,展开 Account Operations Analysis Elements,单击 Transfer 类,将其拖曳到图编辑器中。

(4) 在"项目资源管理器"中,展开 Account Operations,单击 MenuForm 类,将其拖曳到图编辑器中。

2. 在 Transfer Money Participants 图中增加 TransferMoneyControl 类

(1) 在"选用板"视图中双击"类"图标,将新建的类命名为 TransferMoneyControl。

(2) 在图编辑器中,将 TransferMoneyControl 类调整到适当的地方。

(3) 在图编辑器中,单击 TransferMoneyControl 类,在其"属性"视图的"构造型"页,单击"应用构造型"按钮。

(4) 在"应用构造型"对话框中选中"控制"选项,单击"确定"按钮。

3. 在 Transfer Money Participants 图中增加 TransferMoneySummaryForm 类

TransferMoneySummaryForm 是一个边界类,当 Transfer Money 交易完成时,将显示一个结果表单。

(1) 在"选用板"视图中双击"类"图标,将新建的类命名为 TransferMoneySummaryForm。

(2) 在图编辑器中,将 TransferMoneyControl 类调整到适当的地方。

(3) 在图编辑器中,单击 TransferMoneySummaryForm 类,在其"属性"视图的"构造型"页,单击"应用构造型"按钮。

(4) 在"应用构造型"对话框中选中"边界",单击"确定"按钮。

4. 在 Transfer Money Participants 图中增加 TransferMoneyForm 类

TransferMoneyForm 是一个边界类,当用户在在线用户接口中单击 Transfer Money 时,将显示一个转账表单。

(1) 在"选用板"视图中双击"类"图标,将新建的类命名为 TransferMoneyForm。

(2) 在图编辑器中,将 TransferMoneyForm 类调整到适当的地方。

(3) 在图编辑器中,单击 TransferMoneyForm 类,在其"属性"视图的"构造型"页,单击"应用构造型"按钮。

(4) 在"应用构造型"对话框中选中"边界",单击"确定"按钮。

创建了 Transfer Money 用例中的所有参与者之后,还需要创建类之间的关系。

创建类之间关系的方法已经介绍过了,这里不再重复。最后得到的结果如图 9.11 所示。

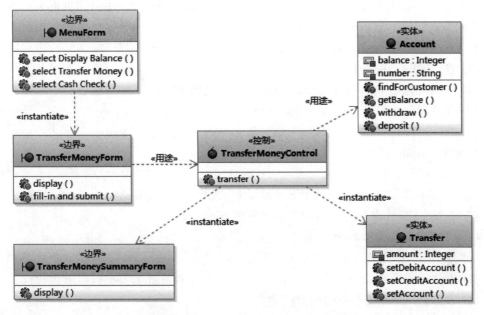

图 9.11 Transfer Money Participants 图

9.3.8 创建 Transfer Money 时序图

1. 创建时序图和生命线

(1) 在"项目资源管理器"中,展开 "RUP 分析模型"→Account Operations→Transfer Money→Transfer Money-Basic Flow,双击 Transfer Money-Basic Flow 图。

(2) 在"项目资源管理器"中,展开 Account Operations 包中的"用例模型",单击 Customer 参与者,将其拖曳到图编辑器中。

(3) 在"项目资源管理器"中,展开"RUP 分析模型"中的 Account Operations 包,单击 MenuForm 类,将其拖曳到 Customer 生命线的右边。

(4) 在"项目资源管理器"中,单击 Account Operations 包中的 TransferMoneyForm 类,将其拖曳到 MenuForm 生命线的右边。

(5) 在"项目资源管理器"中,单击 Account Operations 包中的 TransferMoneySummaryForm 类,将其拖曳到 TransferMenuForm 生命线的右边。

(6) 在"项目资源管理器"中,单击 Account Operations 包中的 TransferMoneyControl 类,将其拖曳到 TransferMoneySummaryForm 生命线的右边。

(7) 在"项目资源管理器"中,单击 Account Operations Analysis Elements 包中的 Account 类,将其拖曳到 TransferMoneyControl 生命线的右边。

(8) 在"项目资源管理器"中,单击 Account 生命线,在其"属性"视图的常规页,输入生命线名称为 debit。

(9) 在"项目资源管理器"中,单击 Account Operations Analysis Elements 包中的

Account 类,将其拖曳到 debit:Account 生命线的右边。

(10) 在"项目资源管理器"中,单击 Account 生命线,在其"属性"视图的常规页,输入生命线名称为 credit。

(11) 在"项目资源管理器"中,单击 Account Operations Analysis Elements 包中的 Transfer 类,将其拖曳到 credit:Account 生命线右边。

2. 创建 select Transfer Money 消息

(1) 在"选用板"视图中单击"异步消息"图标。

(2) 在图编辑器中,单击 Customer 生命线,拖曳到 MenuForm 生命线。

(3) 在悬浮菜单中选择"新建操作"命令。

(4) 在"输入操作名称"窗口,输入消息名称 select Transfer Money。

3. 创建 display 消息

(1) 在"选用板"视图中单击"异步消息"图标。

(2) 在图编辑器中,单击 MenuForm 生命线,拖曳到 TransferMoneyForm 生命线。

(3) 在"输入操作名称"窗口,输入消息名称 display。

4. 创建 fill-in and submit 消息

(1) 在"选用板"视图中单击"异步消息"图标。

(2) 在图编辑器中,单击 Customer 生命线,拖曳到 TransferMoneyForm 生命线。

(3) 在悬浮菜单中选择"新建操作"命令。

(4) 在"输入操作名称"窗口,输入消息名称 fill-in and submit。

5. 创建 transfer 消息

(1) 在"选用板"视图中单击"异步消息"图标。

(2) 在图编辑器中,单击 TransferMoneyForm 生命线,拖曳到 TransferMoneyControl 生命线。

(3) 在悬浮菜单中选择"新建操作"命令。

(4) 在"输入操作名称"窗口,输入消息名称 transfer。

(5) 在"项目资源管理器"中找到 TransferMoneyControl 的操作 transfer,在其"属性"视图的参数页签为操作 transfer 增加参数 debit、credit、amount。

6. 创建 withdraw 消息

(1) 在"选用板"视图中单击"异步消息"图标。

(2) 在图编辑器中,单击 TransferMoneyControl 生命线,拖曳到 debit:Account 生命线。

(3) 在悬浮菜单中选择"新建操作"命令。

(4) 在"输入操作名称"窗口,输入消息名称 withdraw。

(5) 同样地,为操作 withdraw 增加参数 amount。

7. 创建 deposit 消息

(1) 在"选用板"视图中单击"异步消息"图标。

(2) 在图编辑器中,单击 TransferMoneyControl 生命线,拖曳到 credit:Account 生命线。

(3) 在悬浮菜单中选择"新建操作"命令。

(4) 在"输入操作名称"窗口,输入消息名称 deposit。

（5）同样地，为操作 deposit 增加参数 amount。

8. 创建"创建"消息

（1）在"选用板"视图中单击"创建消息"图标。

（2）在图编辑器中，单击 TransferMoneyControl 生命线，拖曳到 Transfer 生命线。

9. 创建 setDebitAccount 消息

（1）在"选用板"视图中单击"异步消息"图标。

（2）在图编辑器中，单击 TransferMoneyControl 生命线，拖曳到 Transfer 生命线。

（3）在悬浮菜单中选择"新建操作"命令。

（4）在"输入操作名称"窗口，输入消息名称 setDebitAccount。

（5）同样地，为操作 setDebitAmount 增加参数 debit。

10. 创建 setCreditAccount 消息

（1）在"选用板"视图中单击"异步消息"图标。

（2）在图编辑器中，单击 TransferMoneyControl 生命线，拖曳到 Transfer 生命线。

（3）在悬浮菜单中选择"新建操作"命令。

（4）在"输入操作名称"窗口，输入消息名称 setCreditAccount。

（5）同样地，为操作 setCreditAmount 增加参数 credit。

11. 创建 setAmount 消息

（1）在"选用板"视图中单击"异步消息"图标。

（2）在图编辑器中，单击 TransferMoneyControl 生命线，拖曳到 Transfer 生命线。

（3）在悬浮菜单中选择"新建操作"命令。

（4）在"输入操作名称"窗口，输入消息名称 setAccount。

（5）同样地，为操作 setAmount 增加参数 amount。

12. 创建 display 消息

（1）在"选用板"视图中单击"异步消息"图标。

（2）在图编辑器中，单击 TransferMoneyControl 生命线，拖曳到 TransferMoneySummaryForm 生命线。

（3）在悬浮菜单中选择"新建操作"命令。

（4）在"输入操作名称"窗口，输入消息名称 display。

（5）同样地，为操作 display 增加参数 transfer。

绘制好的时序图如图 9.12 所示。

现在，已经完成了对 Transfer Money 功能的静态和动态建模。如果打开 Transfer Money Participants 图，将会看到它现在包含了在时序图中创建的操作，如图 9.13 所示。

9.3.9 创建 Cash Check Participants 图

1. 在 Account Operations 包中创建 Cash Check Participants 图，在图中增加类 Account、MenuForm

Cash Check Participants 图对 Cash Check 用例的静态结构建模，它显示了参与 Cash Check 用例的类，以便描述系统的领域。

（1）在"项目资源管理器"中，展开"RUP 分析模型"→ Account Operations → Cash

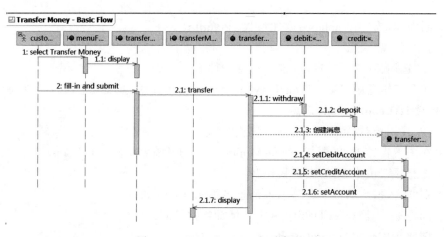

图 9.12 Transfer Money 时序图

Transfer Money Participants

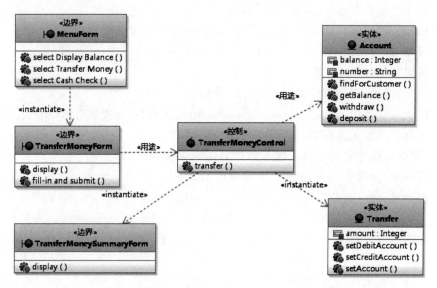

图 9.13 类中增加了一些操作的 Transfer Money Participants 图

Check,双击 Cash Check Participants 图。

(2) 在"项目资源管理器"中,展开 Account Operations Analysis Elements,单击 Account 类,将其拖曳到图编辑器中。

(3) 在"项目资源管理器"中,展开 Account Operations,单击 MenuForm 类,将其拖曳到图编辑器中。

2. 在 Cash Check Participants 图中增加 CashCheckControl 类

(1) 在"选用板"视图中双击"类"图标,将新建的类命名为 CashCheckControl。

(2) 在图编辑器中,将 CashCheckControl 类调整到适当的地方。

(3) 在图编辑器中,单击 CashCheckControl 类,在其"属性"视图的"构造型"页,单击"应用构造型"按钮。

(4) 在"应用构造型"对话框选择"控制",单击"确定"按钮。

3. 在 Cash Check Participants 图中增加 CashCheckSummaryForm 类

(1) 在"选用板"视图中双击"类"图标,将新建的类命名为 CashCheckSummaryForm。

(2) 在图编辑器中,将 CashCheckSummaryForm 类调整到适当的地方。

(3) 在图编辑器中,单击 CashCheckSummaryForm 类,在其"属性"视图的"构造型"页,单击"应用构造型"按钮。

(4) 在"应用构造型"对话框选择"边界",单击"确定"按钮。

4. 在 Cash Check Participants 图中增加 CashCheckForm 类

(1) 在"选用板"视图中双击"类"图标,将新建的类命名为 CashCheckForm。

(2) 在图编辑器中,将 CashCheckForm 类调整到适当的地方。

(3) 在图编辑器中,单击 CashCheckForm 类,在其"属性"视图的"构造型"页,单击"应用构造型"按钮。

(4) 在"应用构造型"对话框选择"边界",单击"确定"按钮。

5. 在 Cash Check Participants 图中增加 CityBank 类

(1) 在"选用板"视图中双击"类"图标,将新建的类命名为 CityBank。

(2) 在图编辑器中,将 CityBank 类调整到适当的地方。

(3) 在图编辑器中,单击 CityBank 类,在其"属性"视图的"构造型"页,单击"应用构造型"按钮。

(4) 在"应用构造型"对话框中选中"边界",单击"确定"按钮。

6. 创建 CashCheckControl Participant 关系

因为 CashCheckControl 是一个控制类,它是用例的中心,依赖于用例中的其他类。创建过程不再重复,如图 9.14 所示。

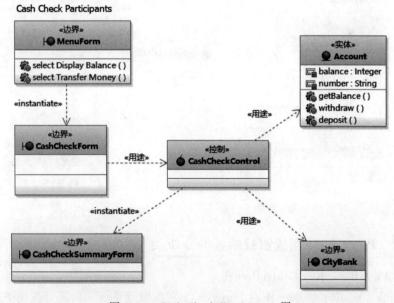

图 9.14　Cash Check Participants 图

9.3.10　创建 CashCheck 时序图

CashCheck 时序图如图 9.15 所示。

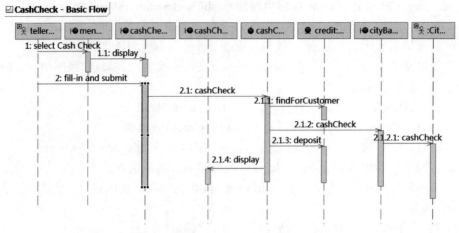

图 9.15　CashCheck 时序图

　　现在,已经完成了对 CashCheck 功能的静态和动态建模。如果打开 CashCheck Participants 图,将会看到它现在包含了在时序图中创建的操作,如图 9.16 所示。

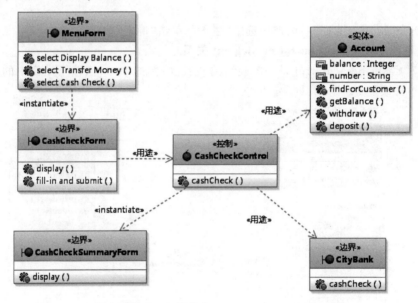

图 9.16　类中增加了一些操作的 CashCheck Participants 图

9.3.11　PiggyBank 在线银行系统的分析类

1. 创建 PiggyBank Key Controllers 图

PiggyBank Key Controllers 图对 PiggyBank 在线银行系统中的所有控制类进行描述。

(1) 在"项目资源管理器"中,展开 "RUP 分析模型"→"<<透视图>> Overviews"。

(2) 双击 PiggyBank Key Controllers 图。

(3) 在"项目资源管理器"中,展开 Account Operations。

(4) 在"项目资源管理器"中,单击控制类 CashCheckControl,将其拖曳到图编辑器。

（5）在"项目资源管理器"中，单击控制类 TransferMoneyControl，将其拖曳到图编辑器。

结果如图 9.17 所示。

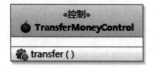

图 9.17 PiggyBank Key Controllers 图

2. 创建 PiggyBank Key Abstractions 图

PiggyBank Key Abstractions 图描述了 PiggyBank 在线银行系统关键功能。

（1）在"项目资源管理器"中，展开"RUP 分析模型"，展开"<<透视图>> Overviews"。

（2）双击 PiggyBank Key Abstractions 图。

（3）在"项目资源管理器"中，展开 Account Operations→Account Operations Analysis Elements。

（4）在"项目资源管理器"中，单击分析类 Account，将其拖曳到图编辑器。

（5）在"项目资源管理器"中，单击分析类 CityBank，将其拖曳到图编辑器。

（6）在"项目资源管理器"中，单击分析类 CashCheckControl，将其拖曳到图编辑器。

（7）在"项目资源管理器"中，单击分析类 TransferMoneyControl，将其拖曳到图编辑器。

结果如图 9.18 所示。

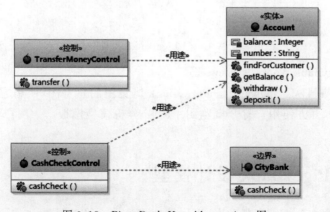

图 9.18 PiggyBank Key Abstractions 图

3. 创建 PiggBank UI 图

PiggBank UI 图描述了 PiggyBank 在线银行系统的主要用户接口。

（1）在"项目资源管理器"中，展开"RUP 分析模型"→"<<透视图>> Overviews"。

（2）双击 PiggyBank UI 图。

（3）在"项目资源管理器"中，展开 Account Operations→Account Operations Analysis Elements。

（4）在"项目资源管理器"中，依次单击下面的边界类，将它们拖曳到图编辑器。

① TransferMoneyForm。

② CashCheckSummaryForm。

③ DisplayBalanceForm。

④ CashCheckForm。

⑤ TransferMoneySummaryForm。

结果如图 9.19 所示。

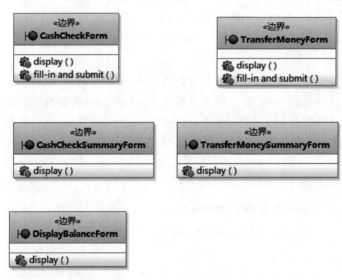

图 9.19　PiggBank UI 图

4. 创建 PiggyBank Analysis Views 图

PiggyBank Analysis Views 图是 PiggyBank 概览图的总览图，使用它可以看到所有的 PiggyBank 概览图，并方便用户打开概览图。RUP 分析模型模板已为用户创建了 PiggyBank Analysis Views 图。

9.4　创建 PiggyBank 设计模型

设计模型建立在分析模型基础上，更详细地描述了系统的结构和如何实现系统。对分析模型中识别的类进行细化可获得设计类。用户可以用包图、状态图、组件图、部署图等描述如何实现系统。

9.4.1 新建 PiggyBank 设计模型

1. 创建设计模型的步骤

(1) 在"项目资源管理器"中,右击 PiggyBank 项目,然后在弹出的快捷菜单中依次执行"新建"→"UML 模型"命令。

(2) 在"UML 模型"向导,接受默认的标准模板选择,单击"下一步"按钮。

(3) 在类别列表框选中"分析和设计"类别,在模板列表框选中"企业 IT 设计包"模板。

(4) 接受默认的文件名,单击"完成"按钮。

2. 重命名项目

(1) 在"项目资源管理器"中,右击"企业 IT 设计模型"包,然后在弹出的快捷菜单中选择"查找/替换"命令。

(2) 输入要查找的内容:＄{project}。单击"替换"按钮。

(3) 输入替换后的内容:PiggyBank。单击"全部替换"按钮。

9.4.2 识别实现设计子包和创建包图

1. 创建 itso. ad. business,itso. ad. citybank,itso. ad. common 设计子包

创建子包的步骤如下。

(1) 在"项目资源管理器"中,展开"企业 IT 设计模型"包→Design Building Blocks,右击＄{functional. area. impldesign}包,然后在弹出的快捷菜单中选择"复制"命令。

(2) 右击 PiggyBank Implementation Designs,然后在弹出的快捷菜单中选择"粘贴"命令。

(3) 展开 PiggyBank Implementation Designs,右击＄{functional. area. impldesign},然后在弹出的快捷菜单中执行"查找/替换"命令。

(4) 输入要查找的内容:＄{functional. area. impldesign}。单击"替换"按钮。

(5) 输入替换后的内容:itso. ad. business。单击"全部替换"按钮。

① 重复步骤(1)~步骤(5),替换后的内容改为:itso. ad. citybank。创建 itso. ad. citybank 子包。

② 重复步骤(1)~步骤(5),替换后的内容改为:itso. ad. common。创建 itso. ad. common 子包。

2. 创建包图

(1) 在"项目资源管理器"中,展开 PiggyBank Implementation Designs,双击 PiggyBank Implementation Design Packages 图。

(2) 在图编辑器中右击图注释;然后在弹出的快捷菜单中选择"从图中删除"命令。

(3) 在"项目资源管理器"中,单击 itso. ad. business,将其拖曳到图编辑器。

(4) 在"项目资源管理器"中,单击 itso. ad. citybank,将其拖曳到图编辑器。

(5) 在"项目资源管理器"中,单击 itso. ad. common,将其拖曳到图编辑器。

9.4.3 创建 CityBank 集成设计层

1. 创建 CityBank 数据访问子包

(1) 在"项目资源管理器"中,依次展开"企业 IT 设计模型"→PiggyBank Implementation Designs→itso. ad. citybank,右击 control 子包;然后在弹出的快捷菜单中执行"重构"→"重

命名"命令。

（2）命名该包为 dao。

（3）在 dao 包中,右击 itso. ad. citybank Control Layer Design Elements,然后在弹出的快捷菜单中执行"重构"→"重命名"命令。

（4）命名该图为 dao-Data Access Object for CityBank Web service。

2. 创建 CityBankDataAccessObject 类

（1）在"项目资源管理器"中,展开 PiggyBank Implementation Designs。

（2）在 itso. ad. citybank 包中,右击 itso. ad. citybank Design Elements 图,然后在弹出的快捷菜单中执行"重构"→"重命名"命令。

（3）命名该图为 DAO Design Elements。

（4）双击 DAO Design Elements 图。

（5）在图编辑器中,重命名图的标题为 DAO Design Elements。

（6）在"选用板"视图中,双击"类"图标,命名新建的类为 CityBankDataAccessObject。

（7）在图编辑器中,右击 CityBankDataAccessObject 类,然后在弹出的快捷菜单中执行"添加 UML"→"操作"命令,将操作命名为 checkCityBankAccount。

（8）在图编辑器中,单击 checkCityBankAccount 操作。

（9）在操作的"属性"视图中的常规页,单击"设置返回类型"按钮。

（10）在"选择类型的元素"窗口,单击浏览页。

（11）展开 PiggyBank →模型 →企业 IT 设计模型→UMLPrimitiveTypes。

（12）单击 Boolean,再单击"确定"按钮。

（13）在操作的"属性"视图参数页中,右击后在弹出的快捷菜单中执行"插入新的参数"命令,输入操作的输入参数 amount、checkReference。

3. 创建 CityBank Web Service 组件

（1）在"项目资源管理器"中,展开 PiggyBank Implementation Designs→ itso. ad. citybank→dao,双击 dao-Data Access Object for CityBank Web service 图。

（2）在"选用板"视图中,双击"组件"图标,将新建的组件命名为 CityBank。

（3）在图编辑器中,单击 CityBank 组件。

（4）在"属性"视图的构造型页,单击"应用构造型"按钮。

（5）在"应用构造型"窗口,选中 Specification 和 Service 复选框,然后单击"确定"按钮。

（6）在"选用板"视图双击"接口"图标,将新建的接口命名为 CityBank。

（7）在图编辑器中,右击 CityBank 接口,然后在弹出的快捷菜单中执行"添加 UML"→"操作"命令,将新建的操作命名为 validateCheck。

（8）在图编辑器中,单击 validateCheck 操作。

（9）在"属性"视图的常规页,单击"设置返回类型"按钮。

（10）在"选择类型的元素"窗口,单击浏览页。

（11）展开 PiggyBank →模型 →企业 IT 设计模型→UMLPrimitiveTypes。

（12）单击 Boolean,再单击"确定"按钮。

（13）在"属性"视图的参数页,右击后在弹出的快捷菜单中单击"插入新的参数",输入操作的输入参数 amount、checkReference。

（14）在"选用板"视图中，单击"接口实现"图标。

（15）在图编辑器中，单击 CityBank 组件拖曳到 CityBank 接口。

结果如图 9.20 所示。

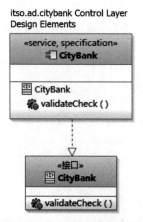

图 9.20 CityBank 集成设计层

9.4.4 创建业务设计层包结构

创建 itso.ad.business 包结构

包 itso.ad.business 包含了 ejb，ejb.delegate 和 framework 子包。

（1）在"项目资源管理器"中，展开"企业 IT 设计模型"→PiggyBank Implementation Designs。

（2）在 itso.ad.business 包中，删除 control，domain，presentation 和 resource 子包。不需要 RUP 分析模型模板提供的这些子包。

（3）在"项目资源管理器"中，双击 itso.ad.business Design Elements 图。

（4）在"选用板"视图中，双击"包"图标，将新建的包命名为 framework。

（5）在"选用板"视图中，双击"包"图标，将新建的包命名为 delegate.ejb。

（6）在"选用板"视图中，双击"包"图标，将新建的包命名为 ejb。

（7）在"选用板"视图中，单击"相关性"图标。

（8）在图编辑器中，单击 delegate.ejb 包，将其拖曳到 framework 包。

（9）在"选用板"视图中，单击"相关性"左边的箭头，单击"用途"图标。

（10）在图编辑器中，单击 delegate.ejb 包，将其拖曳到 ejb 包。

结果如图 9.21 所示。

9.4.5 创建 framework 组件层

1. 创建 ICustomerTO 接口的步骤

（1）在"项目资源管理器"中，展开"企业 IT 设计模型"→PiggyBank Implementation Designs。

（2）在包 itso.ad.business 中，右击 framework 包，然后在弹出的快捷菜单中依次执行"添加 UML"→"包"命令。

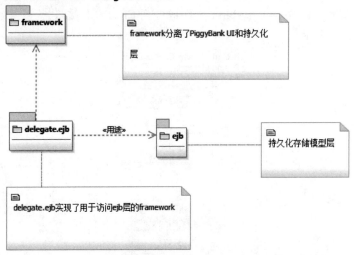

图 9.21 itso. ad. business 包结构

(3) 将新建的包命名为 interfaces. to。

(4) 在"项目资源管理器"中，双击 Main 图，添加图标题 interfaces. to-Transfer Object interfaces。

(5) 在"选用板"视图中，双击"接口"图标，将新建的接口命名为 ICustomerTO。

(6) 在图编辑器中，右击 ICustomerTO 接口；然后在弹出的快捷菜单中依次执行"添加 UML"→"操作"命令。

(7) 将新建的操作命名为 getId。

(8) 在"属性"视图的常规页，单击 "设置返回类型"按钮。

(9) 在"选择类型的元素"窗口，单击浏览页。依次执行 PiggyBank→"模型"→"企业 IT 设计模型"→UMLPrimitiveTyps 命令，然后单击 String 模型元素后单击"确定"按钮。

(10) 在图编辑器中，右击 ICustomerTO 接口；然后在弹出的快捷菜单中依次执行"添加 UML"→"操作"命令。

(11) 将新建的操作命名为 getName。

(12) 在"属性"视图的常规页，单击"设置返回类型"按钮。

(13) 在"选择类型的元素"窗口，单击 String 元素后单击"确定"按钮。

2. 创建 IAccountTO 接口

(1) 在"选用板"视图中，双击"接口"图标，将新建的接口命名为 IAccountTO。

(2) 在图编辑器中，右击 IAccountTO 接口；然后在弹出的快捷菜单中依次执行"添加 UML"→"操作"命令。

(3) 将新建的操作命名为 getBalance。

(4) 在"属性"视图的常规页，单击"设置返回类型"按钮。

(5) 在"选择类型的元素"窗口，单击浏览页。依次执行 PiggyBank→"模型"→"企业 IT 设计模型"→UMLPrimitiveTypes 命令。选中 Integer 模型元素，再单击"确定"按钮。

(6) 在图编辑器中，右击 IAccountTO 接口，然后在弹出的快捷菜单中依次执行"添加 UML"→"操作"命令。

（7）将新建的操作命名为 getNumber。

（8）在"属性"视图的常规页，单击"设置返回类型"按钮。

（9）在"选择类型的元素"窗口，选中 String 模型元素，再单击"确定"按钮。

结果如图 9.22 所示。

interfaces.to - Transfer Object Interfaces

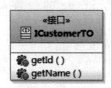 

图 9.22 IAccountTO 接口

3. 创建业务委托接口

业务委托接口描述了业务委托方法和生成业务委托实现的工厂组件。IPiggyBankBusinessDelegate 接口定义了与 PiggyBank 业务逻辑的接口。类 AbstractBusinessDelegateFactory 实例化接口 IPiggyBankBusinessDelegate。

1）创建 IPiggyBankBusinessDelegate 接口

（1）在"项目资源管理器"中，展开"企业 IT 设计模型"→PiggyBank Implementation Designs。

（2）在包 itso. ad. business 中，右击包 framework，然后在弹出的快捷菜单中依次执行"添加 UML"→"包"命令。

（3）将新建的包命名为 interface. delegates。

（4）在"项目资源管理器"中，双击"Main"图，增加图标题 interface. delegates-Delegate interfaces。

（5）在"选用板"视图中，双击"接口"图标，将新建的接口命名为 IPiggyBankBusinessDelegate。

2）创建 cashCheck 操作

（1）在图编辑器中，右击 IPiggyBankBusinessDelegate 接口，然后在弹出的快捷菜单中执行"添加 UML"→"操作"命令。

（2）将新建的操作命名为 cashCheck。

（3）在"属性"视图的参数页，右击后在弹出的快捷菜单中执行"插入新的参数"命令，插入 3 个参数。参数的名称分别是 accountToCredit、checkAmount、checkReference。类型分别是 String、Integer 和 String。

3）创建 getAccountByCustomer 操作

（1）在图编辑器中，右击 IPiggyBankBusinessDelegate 接口，然后在弹出的快捷菜单中执行"添加 UML"→"操作"命令。

（2）将新建的操作命名为 getAccountByCustomer。

（3）在"属性"视图的参数页，增加参数 customer，并设置其多重性为"1.. ＊"。

（4）在"属性"视图的常规页，单击"设置返回类型"按钮。

（5）在"选择类型的元素"窗口，单击浏览页，展开 itso. ad. business→framework，在 interface. to 包，单击 IAccountTO 模型元素。

（6）在"属性"视图的常规页，选择"已排序"复选框，取消选择"唯一"复选框。

4）创建 getBalance 操作

（1）在图编辑器中，右击 IPiggyBankBusinessDelegate 接口；在弹出的快捷菜单中执行"添加 UML"→"操作"命令。

（2）将新建的操作命名为 getBalance。

（3）在"属性"视图的参数页，添加类型为 String 的参数 accountNumber 和类型为 ICustomerTO 的参数 customer。

（4）在"属性"视图的常规页，单击"设置返回类型"按钮。

（5）在"选择类型的元素"窗口，单击浏览页。依次执行 PiggyBank→"模型"→"企业 IT 设计模型"→UMLPrimitiveTypes 命令。选中 Integer 模型元素，再单击"确定"按钮。

5）创建 getCustomerById 操作

（1）在图编辑器中，右击 IPiggyBankBusinessDelegate 接口；在弹出的快捷菜单中执行"添加 UML"→"操作"命令。

（2）将新建的操作命名为 getCustomerById。

（3）在"属性"视图的参数页，添加类型为 String 的参数 customerId。

（4）在"属性"视图的常规页，单击"设置返回类型"按钮。

（5）在"选择类型的元素"窗口，单击浏览页，展开"企业 IT 设计模型"→PiggyBank Implementation Design → itso. ad. business → framework，在 interface. to 包中，单击 ICustomerTO 模型元素。

6）创建 transfer 操作

（1）在图编辑器中右击 IPiggyBankBusinessDelegate 接口，在弹出的快捷菜单中执行"添加 UML"→"操作"命令。

（2）将新建的操作命名为 transfer。

（3）在"属性"视图的参数页，添加 4 个参数，分别是类型为 Integer 的参数 amountToTransfer、类型为 String 的参数 creditAccount、类型为 ICustomerTO 的参数 customer、类型为 String 的参数 debitAccount。

（4）在"属性"视图的常规页，单击"设置返回类型"按钮。

（5）在"选择类型的元素"窗口，单击浏览页。依次执行 PiggyBank→"模型"→"企业 IT 设计模型"→UMLPrimitiveTypes 命令。选中 Boolean 模型元素，再单击"确定"按钮。

7）创建 AbstractBusinessDelegateFactory 接口

（1）在"选用板"视图中，双击"接口"图标，将新建的接口命名为 AbstractBusiness DelegateFactory。

（2）在图编辑器中，右击 AbstractBusinessDelegateFactory 接口，在弹出的快捷菜单中执行"添加 UML"→"操作"命令。

（3）将新建的操作命名为 createPiggyBankBusinessDelegate。

（4）在"属性"视图的常规页，单击"设置返回类型"按钮。

（5）在"选择类型的元素"窗口，单击"浏览"页，展开"企业 IT 设计模型"→PiggyBank Implementation Design→itso. ad. business→framework，在 interface. delegates 包中，单击 IPiggyBankBusinessDelegate 模型元素，最后单击"确定"按钮。

结果如图 9.23 所示。

图 9.23 AbstractBusinessDelegateFactory 和 IPiggyBankBusinessDelegate 接口

4. 创建业务委托工厂

BusinessDelegateFactory 类用于动态创建委托工厂实例。

1) 创建 BusinessDelegateFactory 类

(1) 在"项目资源管理器"中,展开 "企业 IT 设计模型"→PiggyBank Implementation Designs。

(2) 在包 itso. ad. business 中,右击包 framework,在弹出的快捷菜单中依次执行"添加 UML"→"包"命令。

(3) 将新建的包命名为 factory。

(4) 在"项目资源管理器"中,双击图 Main,增加图标题 factory-Business Delegate Factory abstract implementation。

(5) 在"选用板"视图中,双击"类"图标,将新建的类命名为 BusinessDelegateFactory。

(6) 单击类 BusinessDelegateFactory。

(7) 在"属性"视图的常规页,选中"抽象"复选框。

2) 创建 delegateFactory 属性

(1) 在图编辑器中,右击类 BusinessDelegateFactory,在弹出的快捷菜单中依次执行 "添加 UML"→"属性"命令。

(2) 将新建的属性命名为 delegateFactory。

(3) 单击属性 delegateFactory。

(4) 在"属性"视图的常规页,单击"选择类型"按钮。

(5) 在"选择类型的元素"窗口,单击"浏览"页,展开"企业 IT 设计模型"→PiggyBank Implementation Design→itso. ad. business→framework,在包 interface. delegates 中,单击 AbstractBusinessDelegateFactory 模型元素。

（6）在"属性"视图的常规页，选中"静态"复选框。

3）创建 getInstance 操作

（1）在图编辑器中，右击类 BusinessDelegateFactory，在弹出的快捷菜单中依次执行"添加 UML"→"操作"命令。

（2）将新建的操作命名为 getInstance。

（3）单击 getInstance 操作。

（4）在"属性"视图的常规页，单击"设置返回类型"按钮。

（5）在"选择类型的元素"窗口，单击"浏览"页，展开"企业 IT 设计模型"→PiggyBank Implementation Design→itso. ad. business→framework，在包 interfance. delegates 中，单击 AbstractBusinessDelegateFactory 模型元素。

（6）在"属性"视图的常规页，选中"静态"复选框。

4）创建 init 操作

（1）在图编辑器中，右击类 BusinessDelegateFactory，在弹出的快捷菜单中依次执行"添加 UML"→"操作"命令。

（2）将新建的操作命名为 init。

（3）在"属性"视图的参数页，添加类型为 String 的参数 factoryClassName。

（4）在"属性"视图的常规页，选中"静态"复选框。

5）创建实现关系

（1）在"项目资源管理器"中，在包 interfance. delegate 中，单击接口 AbstractBusinessDelegateFactory，将其拖曳到图编辑器中。

（2）在"选用板"视图中，单击"实现"图标。

（3）在图编辑器中，单击类 BusinessDelegateFactory，拖曳到类 AbstractBusinessDelegateFactory，创建两个类之间的实现关系。

结果如图 9.24 所示。

factory - Business Delegate Factory abstract implementation

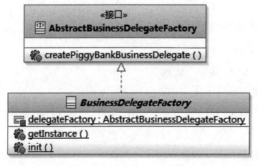

图 9.24　业务委托工厂抽象实现

5. 创建 itso. ad. business framework. exception 包

框架组件层包含两个异常实现：DataAccessException（业务层出错时抛出这个异常）和 ServiceException（服务失效时抛出这个异常）。

创建类 DataAccessException 和 ServiceException。

（1）在"项目资源管理器"中展开"企业 IT 设计模型"→PiggyBank Implementation Designs。

（2）在包 itso. ad. business 中右击包 framework，然后在弹出的快捷菜单中依次执行"添加 UML"→"包"命令。

（3）将新建的包命名为 exception。

（4）在"项目资源管理器"，双击图 Main，添加图标题 exception。

（5）在"选用板"视图中，双击"类"图标，将新建的类命名为 DataAccessException。

（6）在"选用板"视图中，双击"类"图标，将新建的类命名为 ServiceException。

（7）在"项目资源管理器"中，单击包 factory 和 exception，将它们拖曳到 itso. ad. business Design Elements 图中。

结果如图 9.25 所示。

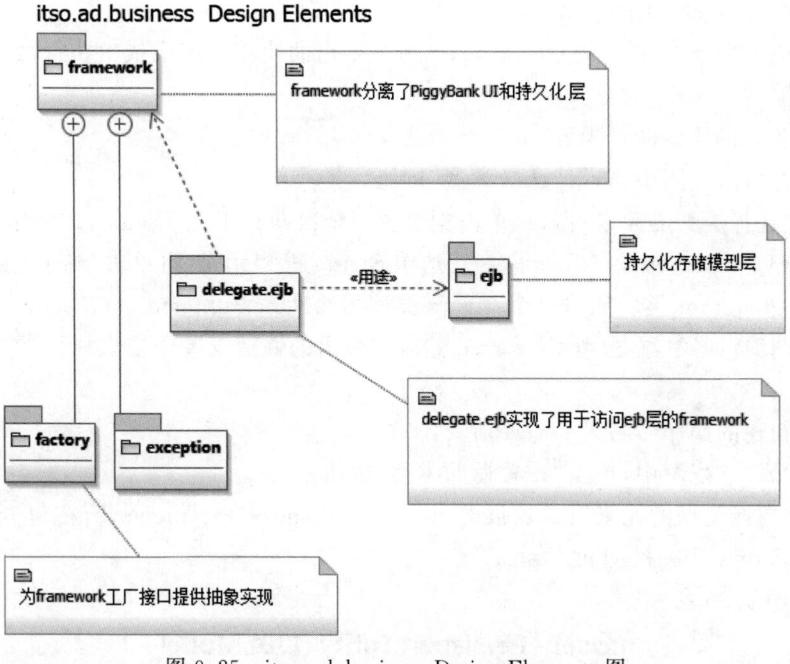

itso.ad.business Design Elements

framework

framework分离了PiggyBank UI和持久化层

delegate.ejb «用途» ejb

持久化存储模型层

delegate.ejb实现了用于访问ejb层的framework

factory exception

为framework工厂接口提供抽象实现

图 9.25 itso. ad. business Design Elements 图

9.4.6 创建 EJB 组件子包

EJB 组件子包对 EJB 层建模，EJB 层包含了对应用数据持久化的域模型，实现了 itso. ad. business 层的业务逻辑。

包 ejb 包含 3 个子包：

（1）model 包：该包包含了分析模型中定义的类 Customer 和 Account，这两个类对应用数据持久化。

（2）to 包：该包包含了类 Customer 和 Account 实现的接口，这些接口从设计层提取信息。

（3）façade 包：该包包含了 PiggyBank 在线银行系统业务逻辑的实现。包 façade 包含了类 PiggyBankController。

接下来将在 framework 中创建 Customer 和 Account EJB 类，IAccount 和 ICustomer 接口。Customer 和 Account EJB 用于持久化应用数据。

1. 创建 EJB 类 Customer

(1) 在"项目资源管理器"中，展开"企业 IT 设计模型"→PiggyBank Implementation Designs。

(2) 右击包 itso. ad. business，然后在弹出的快捷菜单中依次执行"添加 UML"→"包"命令。

(3) 将新建的包命名为 model。

(4) 在"项目资源管理器"中右击图 Main。

(5) 在图编辑器中，添加图标题 model-Persistent Entity (EJB) Model。

(6) 在"选用板"视图中，双击"类"图标，将新建的类命名为 Customer。

2. 创建 Customer 类的参数

(1) 在图编辑器中，右击类 Customer，然后在弹出的快捷菜单中依次执行"添加 UML"→"属性"命令。

(2) 将新建的属性命名为 name。

(3) 在"属性"视图中，单击"选择类型"按钮。

(4) 在"选择类型的元素"窗口，单击浏览页。依次执行 PiggyBank→"模型"→"企业 IT 设计模型"→UMLPrimitiveTypes 命令。选中 String 模型元素，再单击"确定"按钮。

(5) 为 Customer 类增加另一个 String 类型的属性 customerId。

(6) 在图编辑器中，右击类 Customer，然后在弹出的快捷菜单中依次执行"添加 UML"→"操作"命令。

(7) 将新建的操作命名为 getData。

(8) 在"属性"视图中，单击"设置返回类型"按钮。

(9) 在"选择类型的元素"窗口，展开 itso. ad. business→framework，在包 interfaces. to 中，单击 ICustomerTO 模型元素。

结果如图 9.26 所示。

model - Persistent Entity (EJB) Model

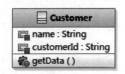

图 9.26 增加了 Customer 类的持久化 EJB 模型

3. 创建 EJB 类 Account

(1) 在"选用板"视图中，右击"类"图标，将新建的类命名为 Account。

(2) 在图编辑器中，右击类 Account，然后在弹出的快捷菜单中依次执行"添加 UML"→"属性"命令。

(3) 将新建的属性命名为 balance。

（4）在"属性"视图中，单击"选择类型"按钮。

（5）在"选择类型的元素"窗口，单击浏览页。依次执行 PiggyBank→"模型"→"企业 IT
设计模型"→UMLPrimitiveTypes 命令。选中 Integer 模型元素，再单击"确定"按钮。

（6）在图编辑器中，右击类 Account，然后在弹出的快捷菜单中依次执行"添加 UML"→
"属性"命令。

（7）将新建的属性命名为 accountNumber。

（8）在"属性"视图中，单击"选择类型"按钮。

（9）在"选择类型的元素"窗口，单击浏览页。依次执行 PiggyBank→"模型"→"企业 IT
设计模型"→UMLPrimitiveTypes 命令。选中 String 模型元素，再单击"确定"按钮。

（10）在图编辑器中，右击类 Account；然后在弹出的快捷菜单中依次执行"添加 UML"→
"操作"命令。

（11）将新建的操作命名为 getData。

（12）在"属性"视图中，单击"设置返回类型"按钮。

（13）在"选择类型的元素"窗口，展开 itso. ad. business→framework，在包 interfaces. to
中，单击 IAccountTO 模型元素。

（14）在"选用板"视图中，单击"关联"图标。

（15）在图编辑器中，单击类 Customer 拖曳到类 Account，建立这两个类的"关联"
关系。

（16）在图编辑器中，单击新建的关联。

（17）在"属性"视图中，设置 Account 多重性为（ * ）。

结果如图 9.27 所示。

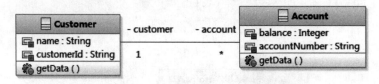

图 9.27 增加了 Account 类的持久化 EJB 模型

4. 创建 PiggyBankEJBCustomerTO 接口

（1）在"项目资源管理器"中，展开"企业 IT 设计模型"→PiggyBank Implementation
Designs。

（2）右击包 itso. ad. business. ejb；然后在弹出的快捷菜单中依次执行"添加 UML"→"包"
命令。

（3）将新建的包命名为 to。

（4）在"项目资源管理器"中，双击图 Main。

（5）在图编辑器中，添加图标题 interfaces. to-Transfer Object Implementations。

（6）在"选用板"视图中，双击"类"图标，将新建的类命名为 PiggyBankEJBCustomerTO。

5. 创建类 PiggyBankEJBCustomerTO 的属性和操作

（1）在图编辑器中，右击类 PiggyBankEJBCustomerTO，然后在弹出的快捷菜单中执行

"添加 UML"→"属性"命令。

(2) 将新建的属性命名为 id。

(3) 在"属性"视图中,单击"选择类型"按钮。

(4) 在"选择类型的元素"窗口,单击浏览页。依次执行 PiggyBank→"模型"→"企业 IT 设计模型"→UMLPrimitiveTypes 命令。选中 Integer 模型元素,再单击"确定"按钮。

(5) 为类 PiggyBankEJBCustomerTO 增加类型为 String 的属性 name。

(6) 在图编辑器中,右击类 PiggyBankEJBCustomerTO,然后在弹出的快捷菜单中执行 "添加 UML"→"操作"命令。

(7) 将新建的操作命名为 PiggyBankEJBCustomerTO。

(8) 在"属性"视图的参数页中,添加类型为 Integer 的参数 newId、类型为 String 的参数 newName。

6. 创建实现关系

(1) 在"项目资源管理器"中,展开"企业 IT 设计模型"→PiggyBank Implementation Designs→itso. ad. business→framework。

(2) 在包 interfaces. to 中,单击类 ICustomerTO,将其拖曳到图编辑器。

(3) 在"选用板"视图中,单击"实现"图标。

(4) 在图编辑器中,单击类 PiggyBankEJBCustomerTO,拖曳到接口 ICustomerTO。

结果如图 9.28 所示。

interfaces.to - Transfer Object Implementations

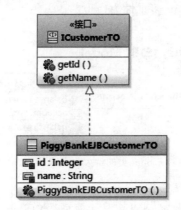

图 9.28　itso. ad. business. to 的实现关系

7. 创建 PiggyBankEJBAccountTO 类

(1) 在"选用板"视图中,双击"类"图标,将新建的类命名为 PiggyBankEJBAccountTO。

(2) 在图编辑器中,右击类 PiggyBankEJBAccountTO,然后在弹出的快捷菜单中执行 "添加 UML"→"属性"命令。

(3) 将新建的属性命名为 balance。

(4) 在"属性"视图中,单击"选择类型"按钮。

(5) 在"选择类型的元素"窗口,单击浏览页。依次执行 PiggyBank→"模型"→"企业 IT 设计模型"→UMLPrimitiveTypes 命令。选中 Integer 模型元素,再单击"确定"按钮。

(6) 为类 PiggyBankEJBAccountTO 添加另一个类型是 String 的属性 number。

（7）在图编辑器中，右击类 PiggyBankEJBAccountTO，然后在弹出的快捷菜单中执行"添加 UML"→"操作"命令。

（8）将新建的操作命名为 PiggyBankEJBAccountTO。

（9）在"属性"视图的参数页中，添加类型是 String 的参数 newAccountNumber 和类型为 Integer 的参数 newBalance。

8. 创建实现关系

（1）在"项目资源管理器"中，展开"企业 IT 设计模型"→PiggyBank Implementation Designs→itso. ad. business→framework。

（2）在包 interfaces. to 中，单击接口 IAccountTO，拖曳到图编辑器中。

（3）在"选用板"视图中，单击"实现"图标。

（4）在图编辑器中，单击类 PiggyBankEJBAccountTO，拖曳到接口 IAccountTO。

结果如图 9.29 所示。

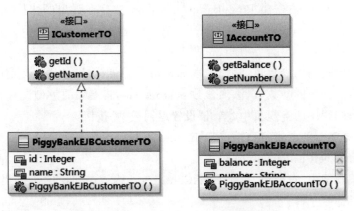

图 9.29 itso. ad. business. to 的实现关系

9. 创建 PiggyBankController 类

（1）在"项目资源管理器"中，展开"企业 IT 设计模型"→PiggyBank Implementation Designs。

（2）在包 itso. ad. business 中，右击包 ejb，然后在弹出的快捷菜单中执行"添加 UML"→"包"命令。

（3）将新建的包命名为 façade。

（4）在"项目资源管理器"中，双击图 Main，添加图标题 facade-Session Facade（EJB Stateless Bean）on model。

（5）在"选用板"视图中，双击"类"图标，将新建的类命名为 PiggyBankController。

10. 创建操作 cashCheck

（1）在图编辑器中，右击类 PiggyBankController，然后在弹出的快捷菜单中执行"添加 UML"→"操作"命令。

（2）将新建的操作命名为 cashCheck。

（3）在"属性"视图的参数页，添加参数 accountToCredit，将参数的类型设置为 String。

(4) 在"属性"视图的参数页,添加参数 checkAmount,将参数的类型设置为 Intege。

(5) 在"属性"视图的参数页,添加参数 checkReference,将参数的类型设置为 String。

11. 创建操作 getAccountByCustomerId

(1) 在图编辑器中,右击类 PiggyBankController,然后在弹出的快捷菜单中执行"添加 UML"→"操作"命令。

(2) 将新建的操作命名为 getAccountByCustomerId。

(3) 在"属性"视图的参数页,添加参数 customerId,将参数的类型设置为 String。

(4) 在"属性"视图的常规页中,单击"设置返回类型"按钮。

(5) 在"选择类型的元素"窗口,展开 itso. ad. business→framework,在包 interfaces. to 中,单击 IAccountTO 类型。

(6) 在"属性"视图的常规页中,选中"已排序"和"唯一"复选框。

(7) 在"属性"视图的参数页中,设置返回参数的多重性为"1..＊"。

12. 创建操作 getBalance

(1) 在图编辑器中,右击类 PiggyBankController,然后在弹出的快捷菜单中执行"添加 UML"→"操作"命令。

(2) 将新建的操作命名为 getBalance。

(3) 在"属性"视图的参数页,添加参数 accountNumber,将参数的类型设置为 String。

(4) 在"属性"视图的参数页,添加参数 customerId,将参数的类型设置为 String。

(5) 在"属性"视图的常规页中,单击"设置返回类型"按钮。

(6) 在"选择类型的元素"窗口,单击 Integer 类型。

13. 创建操作 getCustomerById

(1) 在图编辑器中,右击类 PiggyBankController,然后在弹出的快捷菜单中执行"添加 UML"→"操作"命令。

(2) 将新建的操作命名为 getCustomerById。

(3) 在"属性"视图的参数页,添加参数 customerId,将参数的类型设置为 String。

(4) 在"属性"视图的常规页中,单击"设置返回类型"按钮。

(5) 在"选择类型的元素"窗口,展开 itso. ad. business→framework,在包 interfaces. to 中,单击 ICustomerTO 模型元素。

14. 创建操作 transfer

(1) 在图编辑器中,右击类 PiggyBankController,然后在弹出的快捷菜单中执行"添加 UML"→"操作"命令。

(2) 将新建的操作命名为 transfer。

(3) 在"属性"视图的参数页,添加参数 amountToTransfer,将参数的类型设置为 Integer。

(4) 在"属性"视图的参数页,添加参数 creditAccountNr,将参数的类型设置为 String。

(5) 在"属性"视图的参数页,添加参数 customerId,将参数的类型设置为 String。

(6) 在"属性"视图的参数页,添加参数 debitAccountNr,将参数的类型设置为 String。

结果如图 9.30 所示。

facade - Session Facade (EJB Stateless Bean) on model

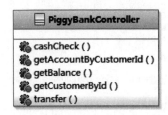

图 9.30 PiggyBankController 类及其操作

9.4.7 创建 EJB delegate 组件包

EJB delegate 组件包包含了连接 EJB 组件层的业务委托,这个包有如下两个类。

(1) PiggyBankEJBDelegateFactory 类:该工厂类创建 PiggyEJBDelegateImpl 类的实例。

(2) PiggyBankEJBDelegateImpl 类:该类包含了业务委托的实现,是 EJB session façade 的包装类。

1. 在 EJB Implementation 图中创建业务委托实现

(1) 在"项目资源管理器"中,展开包 delegate. ejb。

(2) 双击图 Main。

(3) 在图编辑器中,添加图标题 delegate. ejb-Business Delegate Implementation for EJB Implementation。

2. 创建类 PiggyBankEJBDelegateImpl

(1) 在"选用板"视图中,双击"类"图标,将新建的类命名为 PiggyBankEJBDelegateImpl。

(2) 在图编辑器中,右击类 PiggyBankEJBDelegateImpl,然后在弹出的快捷菜单中依次执行"添加 UML"→"属性"命令。

(3) 将新建属性命名为 pIGGY_BANK_CONTROLLER_EJB_REF。

(4) 在"属性"视图,单击"选择类型"按钮。

(5) 在"选择类型"窗口,选择 String。

(6) 在"属性"视图的常规页中,选中"静态"复选框。

(7) 在图编辑器中,右击类 PiggyBankEJBDelegateImpl,然后在弹出的快捷菜单中依次执行"添加 UML"→"属性"命令。

(8) 将新建属性命名为 piggyBankController。

(9) 在"属性"视图中单击"选择类型"按钮。

(10) 在"选择类型"窗口,展开 itso. ad. business→ejb→façade,单击 PiggyBankController,单击"确定"按钮。

(11) 在图编辑器中,右击 PiggyBankEJBDelegateImpl,然后在弹出的快捷菜单中依次执行"添加 UML"→"操作"命令。

(12) 将新建操作命名为 piggyBankEJBDelegateImpl。

结果如图 9.31 所示。

delegate.ejb - Business Delegate Implementation for EJB Implementation

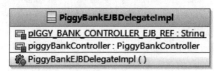

图 9.31 EJB delegate 组件包中的 PiggyBankEJBDelegateImpl 类

3. 创建类 PiggyBankEJBDelegateFactory

(1) 在"选用板"视图中,双击"类"图标,将新建的类命名为 PiggyBankEJBDelegateFactory。

(2) 在图编辑器中,右击类 PiggyBankEJBDelegateFactory,然后在弹出的快捷菜单中执行"添加 UML"→"属性"命令。

(3) 将新建属性命名为 piggyBankDelegateImpl。

(4) 在"属性"视图中单击"选择类型"按钮。

(5) 在"选择类型"窗口,展开 itso. ad. business→delegate. ejb,选中 PiggyBankEJBDelegateImpl 模型元素,单击"确定"按钮。

(6) 在"属性"视图的常规页中,选中"静态"复选框。

(7) 在图编辑器中,右击类 PiggyBankEJBDelegateFactory,然后在弹出的快捷菜单中执行"添加 UML"→"操作"命令。

(8) 将新建操作命名为 PiggyBankEJBDelegateFactory。

4. 创建关系

(1) 在"项目资源管理器"中,展开 itso. ad. business→framework。

(2) 在包 factory 中,单击类 BusinessDelegateFactory,拖曳到图编辑器中适当的位置。

(3) 在"项目资源管理器"的包 interfaces. delegates 中,单击接口 AbstractBusinessDelegateFactory,拖曳到图编辑器中适当的位置。

(4) 在"项目资源管理器"的包 interfaces. delegates 中,单击接口 IPiggyBankBusinessDelegate,拖曳到图编辑器中适当的位置。

(5) 在"选用板"视图中单击"实现"图标。

(6) 在图编辑器中,单击类 PiggyBankEJBDelegateImpl,拖曳到接口 IPiggyBank BusinessDelegate。

(7) 在"选用板"视图中单击"实现"图标。

(8) 在图编辑器中,单击类 BusinessDelegateFactory,拖曳到接口 AbstractBusiness DelegateFactory。

(9) 在"选用板"视图中单击"泛化"图标。

(10) 在图编辑器中,单击类 PiggyBankEJBDelegateFactory,拖曳到类 BusinessDelegate Factory。

结果如图 9.32 所示。

9.4.8 对设计模型应用概要文件

对 UML 模型应用概要文件的目的是定义变换的输出。可以使用 EJB 变换概要文件指

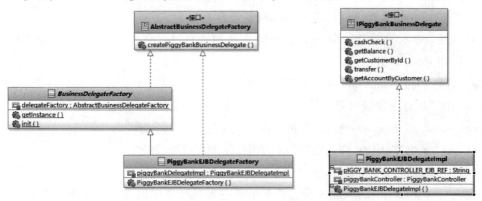

图 9.32 EJB delegate 组件包之间的关系

定 PiggyBank 设计模型中的哪些元素将被转换为企业 Bean。EJB 变换概要文件定义了 EJB 变换用于生成企业 Bean 的构造型。例如,当对模型中的类应用<<实体>>构造型时,变换将从这个类生成实体 Bean。

为了生成企业 Bean,对 PiggyBank 设计模型中的子包 itso.ad.business 应用 EJB 概要文件。然后对该模型中的元素应用该概要文件中的构造型。

1. 将 EJB 概要文件应用于包 ejb

(1) 在"项目资源管理器"中,展开"企业 IT 设计模型"→PiggyBank Implementation Designs,在包 itso.ad.business 中,单击 ejb。

(2) 在"属性"视图的"概要文件"页中,单击"添加概要文件"按钮。

(3) 在"选择概要文件"窗口,在"部署的概要文件"下方的下拉框中,单击箭头选择概要文件。为了使用 EJB 3.0 变换,需要选择 EJB 3.0 变换和 Java 持久性 API 变换。

2. 对类 Customer 和 Account 应用构造型

(1) 在"项目资源管理器"中,展开"企业 IT 设计模型"→PiggyBank Implementation Designs→itso.ad.business→ejb,在包 model 中单击类 Account。

(2) 在"属性"视图的"构造型"页中,单击"应用构造型"按钮。

(3) 在"应用构造型"窗口,选中"实体"复选框。

(4) 在"项目资源管理器"中,单击类 Customer。

(5) 在"属性"视图的"构造型"页中,单击"应用构造型"按钮。

(6) 在"应用构造型"窗口,选中"实体"复选框。

3. 对属性 accountNumber 和 customerId 应用构造型

(1) 在"项目资源管理器"中,展开"企业 IT 设计模型"→PiggyBank Implementation Designs→itso.ad.business→ejb→model。

(2) 单击类 Account 的属性 accountNumber。

(3) 在"属性"视图的"构造型"页中,单击"应用构造型"按钮。

(4) 在"应用构造型"窗口,选中"标识"复选框。

(5) 在"项目资源管理器"中,单击类 Customer 的属性 customerId。

（6）在"属性"视图的"构造型"页中，单击"应用构造型"按钮。

（7）在"应用构造型"窗口，选中"标识"复选框。

对属性 accountNumber 和 customerId 应用构造型"标识"后，当进行模型变换时，这些属性将存储 Bean 的 ID。

4. 对类 PiggyBankController 应用构造型

（1）在"项目资源管理器"中，展开"企业 IT 设计模型"→PiggyBank Implementation Designs→itso. ad. business→ejb，在包 facade，单击类 PiggyBankController。

（2）在"属性"视图的"构造型"页中，单击"应用构造型"按钮。

（3）在"应用构造型"窗口，选中"无状态"复选框。

现在已经完成了 PiggyBank 设计模型的业务层和集成层的建模。值得注意的是，以上操作中没有对 common 设计层建模，这是因为 common 设计层只包含一些实用类。

实训任务

参考下面的描述对"移动办公微应用"进行建模。

1. 项目概览

无论是什么企业，移动办公越来越受到企业领导和管理人员的重视，因为它不仅为用户提供便捷，而且大大提高了工作效率。

1）项目描述

用户要求开发一个"移动办公微应用"，通过与用户的初步沟通，了解到用户要求"移动办公微应用"实现如下功能。

（1）显示公告：①提供公司即时信息，可以列表的形式展现也可用其他形式；②单击某个公告后可展现公告信息；③区分已读或未读信息。

（2）签到功能：可根据当前手机的位置签到并提交。

（3）审批功能：流程审批，流程的类型包括请假、出差、报销。要求提交审批项后，可查看本人提交的信息（包含已审批和未审批）。可查看本人待审批和已审批的信息。

（4）预约会议室：①显示所有会议室基本信息（含位置，楼层，会议室名称，可容纳人数，是否支持 Wi-Fi，是否有投影机等软硬件信息）；②预约会议室（选择日期，时间段，议题等），提交后提示预约成功与否；③显示所有已成功预约过会议室的信息，内容包含时间，日期，议题和状态（未开始，进行中，已结束）。

除了以上功能需求外，用户还要求在 Android 和 IOS 的移动设备上有优秀的用户体验和功能设计。

软件开发项目组接受了"移动办公微应用"开发任务后，为了更好地与用户沟通，更明确地了解用户的需求，并获得用户对需求的确认。决定采用 UML 软件建模技术，在"移动办公微应用"软件开发过程中对分析、设计建模。为此，需要首先在 IBM RSA 中创建模型项目。

2）创建项目

（1）依次执行"文件"→"新建"→"模型项目"命令，在弹出的"模型项目"窗口中输入项目名称 OAAPP，如图 9.33 所示。

图9.33 "模型项目"向导窗口:输入项目名称

单击"下一步"按钮。

(2) 创建项目中的模型,可选择"空白用例包"或"用例包"模板。"空白用例包"模板用于创建新的空白用例UML包,该模板仅启用了最适合用例建模的UML工具。但只包括用例图的工具。"用例包"模板遵循Rational UML建模产品的"模型结构指南"来创建新的UML用例模型,包括用例图、活动图和自由格式图。

(3) 选择"类别"→"需求"中的"空白用例包"模板,在"文件名"文本框输入"用例包",如图9.34所示。

(4) 单击"下一步"按钮,可以进行更多的选择,直到完成选择后,单击"完成"按钮。也可以跳过这些选择,直接单击"完成"按钮,如图9.35所示。

步骤(3)、步骤(4)可以用下面的步骤(5)、步骤(6)代替。

(5) 选择"需求"类别中的"用例包"模板,在"文件名"文本框输入"用例模型",如图9.36所示。

(6) 单击"下一步"按钮,可以进行更多的选择,直到完成所有选择后,单击"完成"按钮。也可以跳过这些选择,直接单击"完成"按钮,如图9.37所示。

注意:"空白用例包"模板与"用例包"模板的区别在于,"空白用例包"是一般的用例模型,而"用例包"模板是遵循Rational UML建模产品的"模型结构指南"来创建新的UML用例模型。换句话说,在用"空白用例包"模板创建的用例模型中,一般来说只能包含用例图,

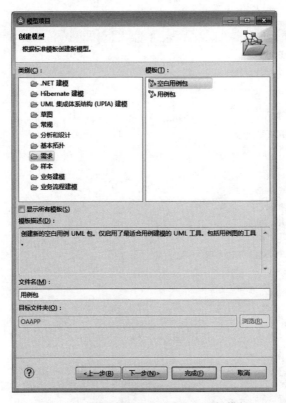

图 9.34 "模型项目"向导窗口：选择模板

图 9.35 创建了一个模型项目后的界面之一

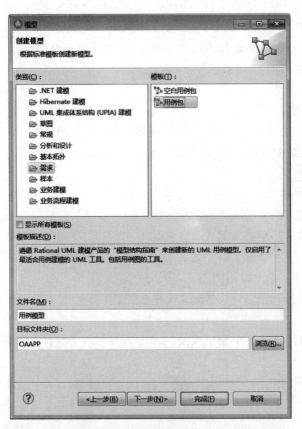

图 9.36 "模型项目"向导窗口：选择模板

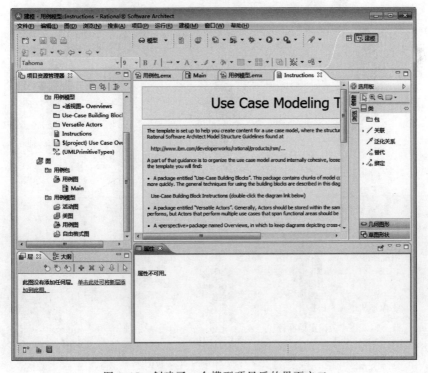

图 9.37 创建了一个模型项目后的界面之二

而在"用例包"模板创建的用例模型中,包含了用例图、活动图和自由格式图。还可以说"用例包"模板是 Rational 提供的最佳实践。本书第4～6章就是按照 Rational 的最佳实践讲解软件开发过程中的建模的。

2. 用例模型

1) 用例图的创建

创建用例图的方法是:在"项目资源管理器"中,展开模型项目下的模型,右击用例模型,在弹出的快捷菜单中依次执行"添加图"→"用例图"命令。

(1) 识别参与者。

通过分析,识别"移动办公微应用"的参与者如下。

①员工;②部门经理;③人力资源经理;④财务经理;⑤总经理;⑥公告发布者;⑦公告阅读者;⑧考勤员;⑨审批发起者;⑩审批核准者;⑪会议室预订者;⑫系统管理员。

(2) 识别用例。

"移动办公微应用"的主要用例如下。

①发布公告;②阅读公告;③签到;④统计考勤;⑤发起审批;⑥核准审批;⑦预定会议室。

(3) 在 Actors Overview 中画出系统的参与者及参与者之间的关系,如图9.38所示。

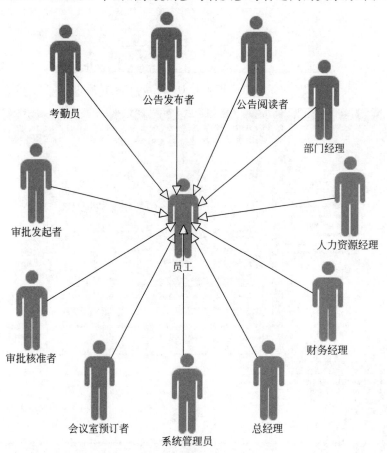

图9.38 参与者及参与者之间的关系

（4）在 Context Diagram 中画出系统的主要用例图，如图 9.39 所示。

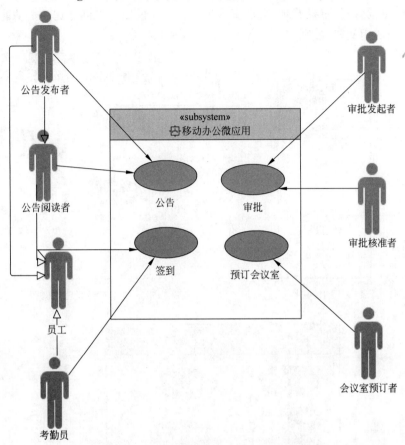

图 9.39 系统的主要用例图

（5）在 Versatile Actors 中画出系统的多用途参与者，如图 9.40 所示。

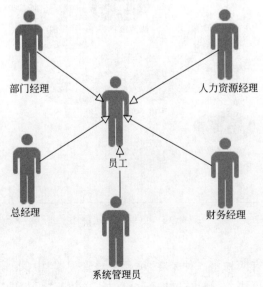

图 9.40 系统的多用途参与者

（6）对 Context Diagram 中的公告、签到、审批、预订会议室用例进行细化，将系统划分为公告管理、签到管理、审批管理、会议室管理 4 个功能模块。先创建这 4 个功能模块，然后分别画出相应的用例图，分别如图 9.41～图 9.44 所示。

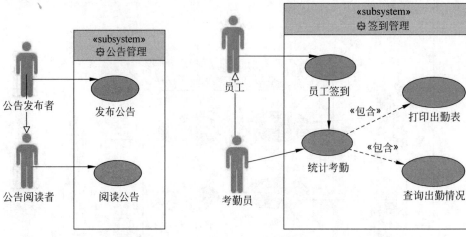

图 9.41　公告管理用例图　　　　　　　　图 9.42　签到管理用例图

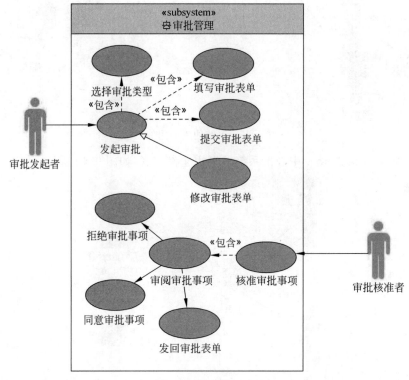

图 9.43　审批管理用例图

2）活动图的创建

创建活动图的方法有两种。一种是在"项目资源管理器"中，展开模型项目下的模型，右击"用例模型"下的功能模块，在弹出的快捷菜单中依次执行"添加图"→"活动图"命令，再填

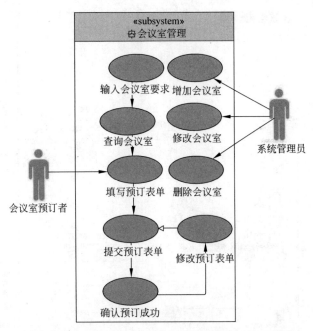

图 9.44　会议室管理用例图

充相应的活动图；另一种是复制 Use-Case Building Blocks 子包下的模型元素 ${use. case}，通过"查找/替换"将模型元素 ${use.case} 下的所有 ${use.case} 替换为用例名称，再填充相应的活动图。

（1）发起审批用例对应的活动图如图 9.45 所示。

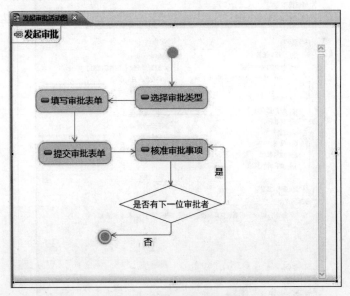

图 9.45　发起审批活动图

（2）核准审批事项用例对应的活动图如图 9.46 所示。

3. 分析模型

1）分析模型的创建

在"项目资源管理器"中，右击模型项目下的模型，在弹出的快捷菜单中选择"创建模型"

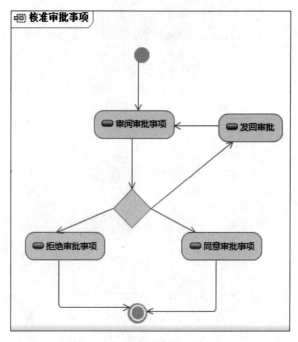

图 9.46　核准审批事项活动图

命令。弹出"模型"窗口,单击"下一步"按钮,选择"分析和设计"类别下的"RUP 分析包"。在"文件名"文本框输入"分析模型",如图 9.47 所示。

图 9.47　创建分析模型

然后单击"完成"按钮。

这样创建的分析模型中,可以增加类图、用例图、活动图、时序图和自由格式图。

2)类图的创建

分析模型中创建的类图是分析类,IBM Rational 的最佳实践将分析类分成了 3 类:边界类、控制类和实体类,它们与"模型—视图—控制"(Model-View-Control:MVC)一致。以下以会议室管理功能块为例,创建类图,其他功能模块的类图留给读者自己完成。

(1)在"项目资源管理器"中展开分析模型,右击 ${functional. aera}包,在弹出的快捷菜单中执行"查找/替换"命令,在"查找/替换"对话框输入 ${functional. area},如图 9.48 所示。

图 9.48 "查找/替换"对话框

(2)单击"替换"按钮,在"替换为"文本框输入"会议室管理",单击"全部替换"按钮,然后单击"是"按钮,如图 9.49 所示。

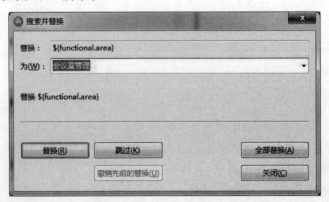

图 9.49 "搜索并替换"窗口

(3)在"项目资源管理器"中,按住 Ctrl 键,将 Analysis Building Blocks 包下的"<<边界>> ${boundary}""<<控制>> ${control}""<<实体>> ${entity}"拖曳到"会议室管理"子包下。

(4) 在"项目资源管理器"中,选择"会议室管理"子包,用"查找/替换"的方法将 $\${control}$、$\${entity}$、$\${boundary}$ 分别替换为"会议室列表""会议室列表控制""会议室"。

双击"会议室管理 Analysis Classes",按住 Ctrl 键,将"会议室管理"子包下的"<<边界>>会议室列表""<<控制>>会议室列表控制"" <<实体>>会议室"拖曳到"会议室管理 Analysis Classes"编辑区,如图 9.50 所示。

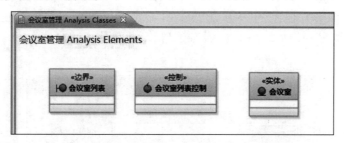

图 9.50　会议室管理 Analysis Classes(一)

(5) 重复步骤(3)和步骤(4),可以在"会议室管理 Analysis Classes"编辑区增加其他边界类、控制类和实体类。选择"选用板"视图中的关联,建立类与类之间的关系,如图 9.51 所示。

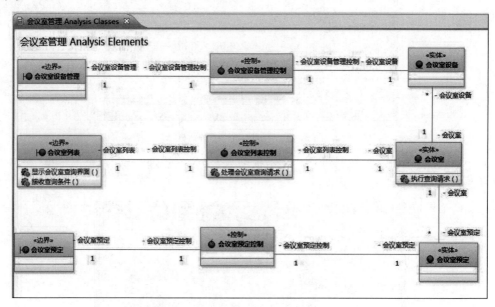

图 9.51　会议室管理 Analysis Classes(二)

注意：也可以选择"选用板"视图中的类,将它拖曳到"会议室管理 Analysis Classes"编辑区,输入类的名称,修改类的构造型,增加新的分析类。

3) 时序图的创建

下面以"会议室列表"用例的时序图为例,给出时序图的创建步骤。是否需要为其他用例创建时序图以及如何创建其他用例的时序图留给读者自己思考。

(1) 在"项目资源管理器"中,按住 Ctrl 键,将 Analysis Building Blocks 包下的 $\${use.case}$ 拖曳到"会议室管理"包下。

（2）右击"会议室管理"包下的 $ \{use.case\} 子包，将 $ \{use.case\} 子包下所有的 $ \{use. case\} 替换为"会议室列表"。

（3）双击"会议室列表 Participants"，将"会议室列表""会议室列表控制""会议室"3个分析类拖曳到"会议室列表 Participants"编辑区。

（4）双击"会议室列表-Basic Flow"打开其编辑区。在"选用板"视图中选定"生命线"图标，拖曳到编辑区。在弹出的快捷菜单中选中"创建参与者"，在"分类器名称"文本框输入"用户"。

（5）将"会议室管理"子包下的"<<边界>>会议室列表""<<控制>>会议室列表控制""<<实体>>会议室"拖曳到"会议室列表-Basic Flow"编辑区，如图9.52所示。

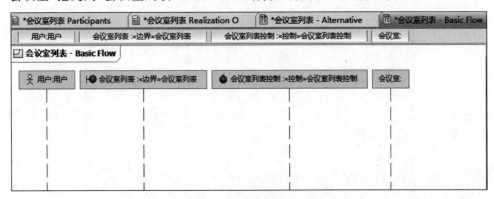

图 9.52　会议室列表-Basic Flow

（6）在"选用板"视图中选择"同步消息"，连接相应的生命线，输入操作的名称，完成会议室列表时序图的绘制，如图9.53所示。

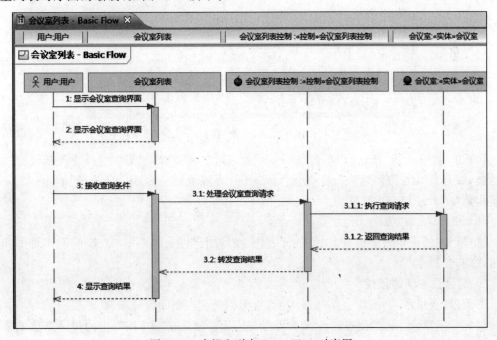

图 9.53　会议室列表-Basic Flow 时序图

4. 设计模型

1) 设计模型的创建

(1) 在"项目资源管理器"中,右击模型项目下的模型,在弹出的快捷菜单中选择"创建模型"命令。在弹出的"模型"窗口中,单击"下一步"按钮,选择"分析和设计"类别下的"空白设计包"。在"文件名"文本框输入设计模型,如图9.54所示。

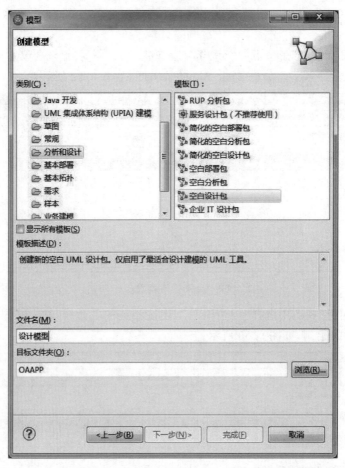

图9.54 "模型"窗口

(2) 单击"下一步"按钮,再单击"下一步"按钮,在"模型功能"窗口选择要与新模型关联的功能,展开"UML图构建块",并勾选"部署图""状态机图""结构图"等,同时勾选"UML元素构建块",如图9.55所示。

(3) 单击"完成"按钮。

这样创建的设计模型中,可以增加部署图、结构图、类图、时序图、状态机图、组件图和自由格式图。

2) 组合结构图的创建

下面以"会议室"类的组合结构图为例,给出组合结构图的创建步骤。

(1) 展开"设计模型",右击"会议室管理"包下的"会议室"类,在弹出的快捷菜单中依次执行"添加图"→"组合结构图"命令。将新建的组合结构图名称修改为"会议室组合结构图"。

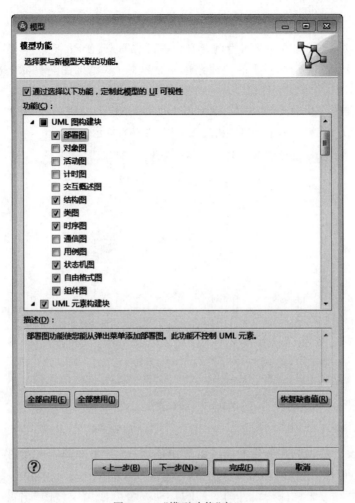

图 9.55　"模型功能"窗口

（2）双击新建的"会议室组合结构图"打开"会议室组合结构图"编辑区，在"选用板"视图中选择适当的 UML 元素，画出会议室类的组合结构图，如图 9.56 所示。

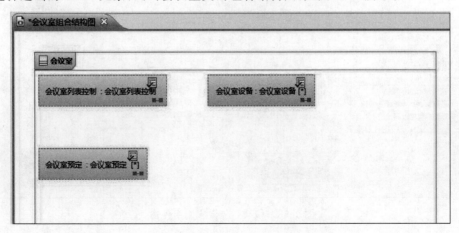

图 9.56　会议室类的组合结构图

3)状态图的创建

下面以"会议室"对象的状态图为例,给出状态图的创建步骤。

(1)右击"设计模型",在弹出的快捷菜单中依次执行"添加图"→"状态机图"命令。将新建的状态机名改为"会议室状态",状态机图名称改为"会议室状态图"。

(2)双击"会议室状态图"打开"会议室状态图"编辑区,在"选用板"视图中选择状态、转移、选项点等 UML 元素,画出会议室状态图,如图 9.57 所示。

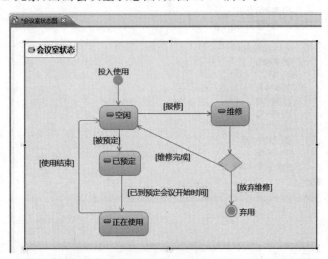

图 9.57 会议室状态图

4)组件图的创建

(1)右击"设计模型",在弹出的快捷菜单中依次执行"添加图"→"组件图"命令。将新建的组件图名称修改为"移动办公微应用组件图"。

(2)双击"移动办公微应用组件图"打开"移动办公微应用组件图"编辑区,在"选用板"视图中选择包、接口等 UML 元素,画出"移动办公微应用组件图",如图 9.58 所示。

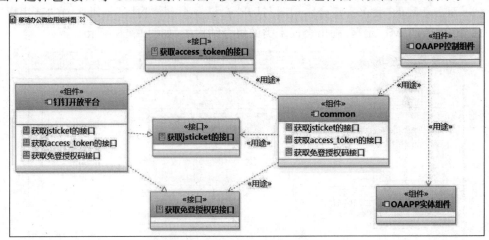

图 9.58 移动办公微应用组件图

5)部署图的创建

(1)右击"设计模型",在弹出的快捷菜单中依次执行"添加图"→"部署图"命令。将新建部署图名称修改为"移动办公微应用部署图"。

(2) 双击"移动办公微应用部署图"打开"移动办公微应用部署图"编辑区,在"选用板"视图中选择节点、设备、通信路径、用途等 UML 元素,画出"移动办公微应用部署图",如图 9.59 所示。

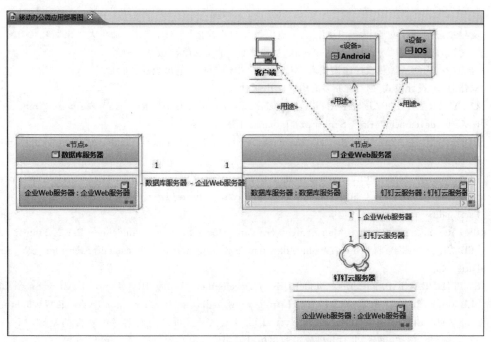

图 9.59　移动办公微应用部署图

参 考 文 献

[1] 谢星星,刘小松,王坚宁,等. UML 统一建模教程与实验指导[M]. 北京：清华大学出版社,2013.

[2] 王爱国,陈辉林. UML 基础与建模实践[M]. 北京：清华大学出版社,2012.

[3] 曹静,罗炜,刘洁,等. 软件建模技术[M]. 北京：中国水利水电出版社,2011.

[4] 刘伟. Java 设计模式[M]. 北京：清华大学出版社,2018.

[5] QUARTRANI T, PALISTRANT J. Visual Modeling with IBM® Rational® Software Architect and UMLT：developerWorks® Series[M]. Indiana：IBM Press，2006.

[6] PODESWA H. UML for the IT Business Analyst [M]. Canada：Thomson Course Technology PTR. 2008.

[7] IBM Rational Architecture Management Software Model Structure Guidelines Part1. Fundamentals [EB/OL]. [2022-10-11]. http://public. dhe. ibm. com/software/dw/rational/pdf/ArchtMgt_SW_series_Part1. pdf.

[8] IBM Rational Architecture Management Sofware Model Structure Guidelines Part2. Fundamentals [EB/OL]. [2022-10-11]. http://public. dhe. ibm. com/software/dw/rational/pdf/ArchtMgt_SW_series_Part2. pdf.

[9] SWITHINBANK P. Patterns：Model-Driven Development Using IBM Rational Software Architect [EB/OL]. (2005-12-06)[2022-10-08]. http://www. redbooks. ibm. com/abstracts/sg247105. html.

[10] GAMMA E,HELM R,JOHNSON R,et al. 设计模式——可复用面向对象软件的基础[M]. 李英军,马晓星,蔡敏,等译. 北京：机械工业出版社,2019.

[11] BRUEGGE B,DUTOIT A. H. 面向对象软件工程——使用 UML、模式与 Java[M]. 叶俊明,汪望珠,译. 3 版. 北京：清华大学出版社,2011.

[12] SCHACH S. R. 面向对象软件工程[M]. 黄林鹏,徐小辉,伍建煜,等译. 北京：机械工业出版社,2009.

[13] WIEGERS K,BEATTY J. 软件需求[M]. 李忠利,李淳,孔晨辉,等译. 3 版. 南京：东南大学出版社,2014.

图 书 资 源 支 持

感谢您一直以来对清华版图书的支持和爱护。为了配合本书的使用,本书提供配套的资源,有需求的读者请扫描下方的"书圈"微信公众号二维码,在图书专区下载,也可以拨打电话或发送电子邮件咨询。

如果您在使用本书的过程中遇到了什么问题,或者有相关图书出版计划,也请您发邮件告诉我们,以便我们更好地为您服务。

我们的联系方式:

地　　址: 北京市海淀区双清路学研大厦 A 座 714

邮　　编: 100084

电　　话: 010-83470236　010-83470237

客服邮箱: 2301891038@qq.com

QQ: 2301891038 (请写明您的单位和姓名)

资源下载: 关注公众号"书圈"下载配套资源。

资源下载、样书申请	图书案例	
书圈	清华计算机学堂	观看课程直播